U0934815

冶金建设工程

主　编　李慧民
副主编　武　乾

北　京
冶金工业出版社
2014

内容提要

本书旨在使冶金建设工程及其他相关专业技术人员对冶金生产过程有一个全面的了解；熟悉冶金生产工艺技术和主要生产设备；进一步掌握冶金建设工程施工、组织、管理、质量控制与安全环保等技术。全书在理论联系实际的基础上，融合了冶金工程与建筑工程两大知识体系，具有较强的实践指导意义。

本书供从事冶金建设工程及相关专业工程技术人员、工程管理人员使用，也可作为高校相关专业的教材。

图书在版编目(CIP)数据

冶金建设工程/李慧民主编．—北京：冶金工业出版社，2010.9（2014.3 重印）

ISBN 978-7-5024-5355-8

Ⅰ.①冶…　Ⅱ.①李…　Ⅲ.①冶金工业—建筑工程—工程施工—施工管理　Ⅳ.①TU273

中国版本图书馆 CIP 数据核字（2010）第 167463 号

出 版 人　谭学余
地　　址　北京北河沿大街嵩祝院北巷 39 号，邮编 100009
电　　话　(010)64027926　电子信箱　yjcbs@cnmip.com.cn
责任编辑　杨　敏　美术编辑　李　新　版式设计　孙跃红
责任校对　石　静　责任印制　牛晓波
ISBN 978-7-5024-5355-8
冶金工业出版社出版发行；各地新华书店经销；三河市双峰印刷装订有限公司印刷
2010 年 9 月第 1 版，2014 年 3 月第 2 次印刷
787mm×1092mm　1/16；14.5 印张；345 千字；219 页
35.00 元

冶金工业出版社投稿电话：(010)64027932　投稿信箱：tougao@cnmip.com.cn
冶金工业出版社发行部　电话：(010)64044283　传真：(010)64027893
冶金书店　地址：北京东四西大街 46 号(100010)　电话：(010)65289081(兼传真)
（本书如有印装质量问题，本社发行部负责退换）

前　言

本书是在《冶金建设工程技术》(冶金工业出版社,2005)的基础上,进一步对内容和结构进行了调整,并且吸收了冶金建设工程行业的新工艺、新技术和新方法后编写而成,旨在使冶金建设工程及其他相关专业技术人员对冶金生产过程有一个全面的了解;熟悉冶金生产工艺技术和主要生产设备;进一步掌握冶金建设工程施工、组织、管理、质量与安全等技术。全书在理论联系实际的基础上,融合了冶金工程与建筑工程两大知识体系,具有较强的实践指导意义。本书供从事冶金建设工程及相关专业工程技术人员、工程管理人员使用,也可作为高校相关专业的教材。

本书主要内容包括:冶金工程及冶金建设工程的基础知识,冶金建设工程的组成,冶金建设工程地下施工技术,冶金建设工程结构施工技术,冶金建设工程施工组织技术,冶金建设工程施工质量控制技术,冶金建设工程安全与环境管理技术等。

本书由西安建筑科技大学李慧民任主编,武乾任副主编。其中李慧民参与了第1、4、5、6章的编写;武乾参与了第1、2、7章的编写;胡长明参与了第3、5章的编写;赵平参与了第2、6章的编写;蒋红妍参与了第4、5章的编写;陈旭参与了第3、6章的编写;黄莺参与了第3、4章的编写;樊胜军参与了第2、4章的编写;张建参与了第2、7章的编写;李勤参与了第6、7章的编写。

在编写过程中,得到了中国冶金建设协会、冶金建设工程定额总站的大力支持;许多从事冶金建设工程项目管理的专家、学者为本书的编写提供了最新研究成果及相关资料,并对编写的框架、内容提出了宝贵意见,在此一并表示诚挚的谢意。

由于编写水平所限,书中不足之处,恳请广大读者批评指正。

编　者

2010年5月

目　　录

1 综　述

1.1 冶金工程基础知识

金属通常具有高强度和优良的导电性、导热性、延展性，其中部分金属还具有放射性。除汞外，金属在常温下都是以固体状态存在。在目前已知的 112 种元素中，金属元素 72 种，非金属元素 22 种。金属元素中，黑色金属元素 3 种，有色金属元素 69 种。金属元素根据其性质、用途、产量及其冶炼方法的特点，各有不同的分类方法。既可分为铁金属和非铁金属两大类：铁金属指铁和铁基合金，其中包括生铁、铁合金和钢，非铁金属则指铁及铁合金以外的金属元素；也可分为黑色金属和有色金属两大类：即将铁、铬、锰归为黑色金属，将铁、铬、锰以外的金属归为有色金属。可见，人们所指的黑色金属即铁金属，有色金属即非铁金属。

人们常将用矿石或精矿生产金属的工业部门称为冶金工业。矿石和精矿是由各种有用矿物组成的，从矿石或精矿中冶炼加工成多种金属材料，运用于人们生产、生活的各个领域，从而构成了冶金工业的有机联系。所以，国民经济各部门所使用的黑色金属、有色金属和稀有金属都是冶金工业的产品。只有冶金工业产品的不断增长，才有工业、农业、交通运输业，乃至于当代崛起的第三产业的迅速发展和提高。

随着科学技术的迅猛向前发展，工业生产不断地朝原子能、高速、高温、高压及自动化和遥控方向发展，钢铁产品的质量、品种和性能都远远不能达到当代科技要求的水平，这就需要各种有色金属作为铁的添加剂而形成各种合金钢，如加入铬、镍、钨、钛、钒等元素，可以使钢材增加某种特殊性能。随着钢铁工业的迅速发展和壮大，对于推动汽车、造船、机械、电器等工业的发展和经济腾飞都发挥了至关重要的作用。

20 世纪 90 年代中期，在改革开放政策的推动下，我国钢铁材料工业进入了持续、快速的发展阶段，取得了举世瞩目的辉煌成就，其主要的标志就是 1995 年我国生铁产量超过 1 亿吨。1996 年我国钢产量首次突破 1 亿吨，2003 年我国钢产量首次突破 2 亿吨，跃居世界第一位，也是全球第一个年产钢量突破 2 亿吨的国家，在中国钢铁工业发展历史上具有里程碑重大意义。目前，我国钢铁工业在经济快速发展的拉动下，全行业实现持续、高速发展，在结构调整、品种质量、降低消耗、提高经济效益、走新型工业化道路、可持续发展等各方面均取得了新的进步。据国家统计局统计数据，2009 年，我国粗钢、生铁和钢材产量分别为 5.6784 亿吨、5.4375 亿吨和 6.9244 亿吨，粗钢产量占全球总产量的百分比提高至47%。

1.1.1 冶金工程概论

冶金是一门研究如何经济地从矿石或精矿和其他材料中提取金属，并使之经过加工处理，适于人类应用的科学。

广义的冶金包括矿石的开采、选矿、冶炼和金属加工。由于科学技术的进步和工业的发展，采矿、选矿和金属加工已形成各自独立的学科。因而通常所说的冶金，是指矿石或精矿的冶炼。

冶金主要是采用化学的方法,因而又常被称为化学冶金;同样,冶金是由原料中提取金属,也常被称为提取冶金。

冶金和其他学科领域一样,涉及的范围很广,它与化学、物理化学、热工、化工、仪表、机械、计算机等学科有极其密切的关系。由于原料条件的不同和金属性质的差异,冶金方法是多种多样的。根据冶炼方法的不同,冶金方法大致可分为四种类型:

(1)火法冶金。火法冶金是在高温条件下,使矿石或精矿中的有用矿物部分或全部在高温下进行一系列的物理化学反应,达到提取、提纯金属与脉石和其他杂质分离的目的。高温的获得,可以外加燃料,个别的也可以利用自身的反应生成热。比如,硫化矿的氧化焙烧可产生大量的热,不需要外部加入燃料。此过程没有水溶液参加,故又称为干法冶金。目前,金属冶炼仍以火法冶金占主导地位。

(2)湿法冶金。湿法冶金在低温下(一般低于100℃,现代湿法冶金的高温高压过程,其温度可达200~300℃),常温(或低于100℃)常压或高温(100~300℃)高压下,用溶剂来处理矿石和精矿,并在低温溶液中进行一系列的物理化学反应,达到提取、提纯金属与脉石和其他杂质分离的目的。由于绝大部分溶剂为水溶液,故也称水法冶金。该方法主要包括浸出、分离、富集和提取等工序。湿法冶金的设备和操作都比较简单,是很有发展前途的冶金方法。

(3)电冶金。它是利用电能来提取、提纯金属的方法,可分为电热冶金和电化学冶金。

电热冶金与火法冶金类似,其不同之处是电热冶金的热能由电能转换而成,火法冶金则以燃料燃烧产生高温热源。但两者的物理化学反应过程是基本相同的。

电化学冶金是利用电化学反应,使金属从含金属盐类的溶液或熔体中析出。如果是低温水溶液,在电化学作用下,使金属从含金属盐类的水溶液析出(如铅电解精炼和锌电积),称为水溶液电化学冶金,亦可列入湿法冶金之中。如果是高温,在电化学作用下,使金属从含盐类熔体中析出的(如铝电解)为熔盐电化学冶金。它不仅利用电能的化学效应,而且也利用电能转变为热能加热金属盐类成为熔体。因此,熔盐电解也可列为火法冶金的一类。

(4)粉末冶金。它是制取金属或用金属粉末作为原料,经过成形和烧结,制取金属材料。要想得到大块的致密金属和金属零部件,可采用粉末冶金的方法。

粉末冶金由以下几个主要工艺步骤组成:配料、压制成形、坯块烧结和后处理。对于大型的制品,为了获得均匀的密度,还需要采取静压(各方向同时受压)的方法成形。粉末冶金的生产工艺与陶瓷产品的生产工艺非常相近。这种方法对于制造切削用的硬质合金(碳化钨、碳化钛等难熔碳化物的混合物)刀头特别重要,钨、铌、钽等高熔点块状合金一般用粉末冶金法制造,致密的钛零件也可用粉末冶金法生产。粉末冶金工艺发展很快,现在常常用来制作减磨材料、摩擦材料、结构材料、刀具和模具材料、过滤材料等。

冶金方法的选择和应用,有时可能是单一的,有时可能是既有火法又有湿法的联合使用过程。采用哪种方法提取金属,按怎样的顺序进行,很大程度上取决于金属及其化合物的性质、所用的原料以及要求的产品性能。冶金方法基本上是火法和湿法。钢铁冶金主要用火法,而有色金属冶金则火法和湿法兼有。电冶金是获得高纯度金属的一种有效办法,火法和湿法的产品常常是作为初级产品,通过电冶金工艺进一步提纯。粉末冶金实际上是把金属原料粉制成块状金属和零件的过程,是对其他冶金方法的一种补充,在一定程度上也可以看做是一种加工工艺。

冶金方法的采用,正面临着能源的节省、环境保护以及综合利用的紧迫问题。在一定程度上,它支配着冶炼厂的生产、设计、建厂和冶金技术的发展。凡是有利于解决这三大课题的技术和方法,都受到普遍的重视,并得到迅速的发展。如重金属无污染提取冶金,世界上各先进工业国,对重金属硫化矿的火法无污染的直接熔炼,湿法无污染的直接浸出以及其后的全湿法冶金过程等,作了大量的研究工作,并进行了工业性或半工业性的生产。

此外,冶金方法的采用,除了上述四大课题以外,还有冶金过程的机械化、自动化,也是不可忽视的重要方面。

1.1.2 钢铁冶金工艺流程

1.1.2.1 冶金工艺流程

冶金工业是指对金属矿物的勘探、开采、精选、冶炼以及轧制成材的工业部门,包括黑色冶金工业(即钢铁工业)和有色冶金工业两大类。冶金工业是重要的原材料工业部门,为国民经济各部门提供金属材料,也是经济发展的物质基础。

由矿石或精矿提取和提纯金属不是一步可以完成的,需要分为若干个阶段才能实现,但各个阶段的冶炼方法和使用的设备都不尽相同。把各个阶段系统地连接起来,就构成了某一种金属的冶炼的工艺流程。如果把工艺流程用示意图的方法表示出来,就叫做工艺流程图。一条完整的钢铁生产线按工艺可分为:炼焦、烧结球团、炼铁、炼钢、连铸、轧钢等部分。钢铁冶金生产的工艺流程如图 1-1 所示。

1.1.2.2 冶金过程

从钢铁冶金的工艺流程图可知,一种金属的冶炼工艺流程包括几个冶炼阶段,而每一个冶炼阶段可能采用火法、湿法或电冶金的方法。所以,通常把每一个冶炼阶段称为冶金过程。如高炉炼铁是一火法冶金过程,锌焙砂浸出是湿法冶金过程,而净化液电积则为电化学冶金过程。冶金过程又可分为许多单元过程。如矿石或精矿的干燥、造球或制团、焙解、焙烧(包括氧化、还原、磁化、氯化等焙烧过程)、烧结、还原熔炼(包括固体碳、氢、一氧化碳,金属热还原等过程)、造锍熔炼、氧化吹炼、火法精炼、浸出或溶出、浸出液的净化、矿浆的絮凝、沉降和澄清、浓缩或浓稠、过滤、洗涤、结晶、离子交换,细菌冶金、氯化冶金、汞齐冶金、真空冶金、蒸馏和蒸发、烟化、水溶液电解、熔盐电解、金属的熔铸等等。

考虑某种金属的工艺流程选择时,应注意分析原料条件(包括化学组成、颗粒大小、脉石和有害杂质等)、冶炼原理、冶炼设备、冶炼技术条件、产品质量和技术经济指标等。另外还有水电供应、交通运输等。根据具体情况,以过程越少、工艺流程越短越好。

由于冶金原料成分的复杂性,使用的冶金设备也是多种多样的。如火法冶金中的高炉、烧结机、沸腾炉、闪速炉、转炉、回转窑、反射炉、鼓风炉、电炉、炉外精炼设备等,湿法冶金中各种形式的电解槽和各种反应器。除此以外,还有收尘设备、液固分离设备。这些设备的使用选择,同样决定着冶金过程的效果,是冶金生产能否取得成功的关键。

需要提及的是,冶炼金属的工艺流程,除了提取提纯金属以外,还要同时回收伴生有价金属,三废(废气、废渣、废液)治理和综合利用等方面的问题。因此,完整的工艺流程是很复杂的,所包含的冶金过程也是很多的。

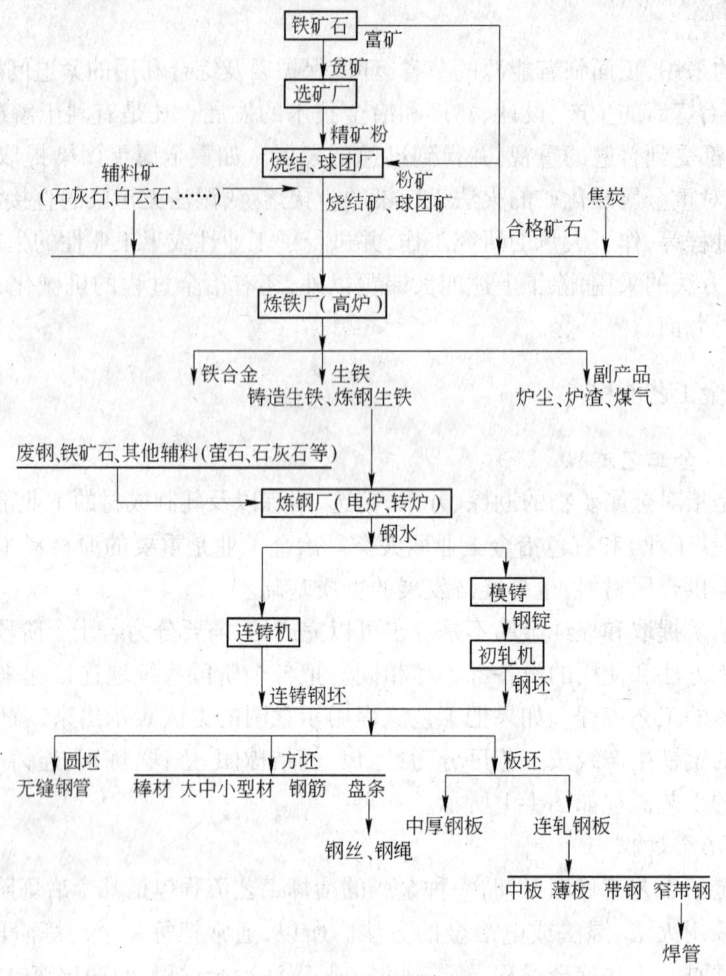

图 1-1 钢铁冶金生产流程简图

1.1.3 钢铁冶金主要设备

1.1.3.1 焦炉

焦炉又称炼焦炉,如图 1-2 所示。煤炼焦的设备是焦化技术中的关键。

现代焦炉炉体由炭化室、燃烧室和蓄热室三个主要部分构成。一般炭化室宽 0.4 ~ 0.5m、长 10 ~ 17m、高 4 ~ 7.5m,顶部设有加煤孔和煤气上升管(在机侧或焦侧),两端用炉门封闭。燃烧室在炭化室两侧,由许多立火道构成。蓄热室位于炉体下部,分空气蓄热室和贫煤气蓄热室。

现代化焦炉主要部分用硅砖砌筑,火道温度可达 1400℃。成焦时间依炭化室宽度和火道温度不同,一般为 13 ~ 18h。焦炉机械有装煤车、推焦车、导焦车和熄焦车等。由装煤车把煤装入炭化室,炼成的焦炭用推焦车推出,赤热的焦炭经导焦车落入熄焦车内,经水熄或回收热能的干法熄焦,熄过的焦炭放到焦台上,焦炭经过筛选后作为产品外送。

1.1.3.2 高炉

炼铁一般是在高炉(见图 1-3)里连续进行的。高炉又叫鼓风炉,这是因为要把热空气

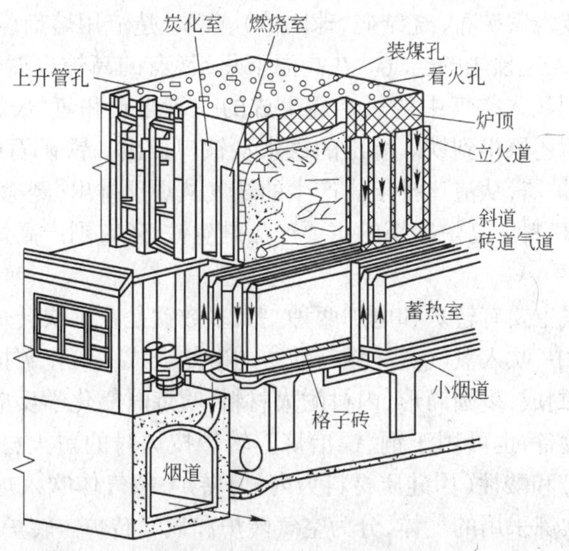

图 1-2 焦炉炉体结构

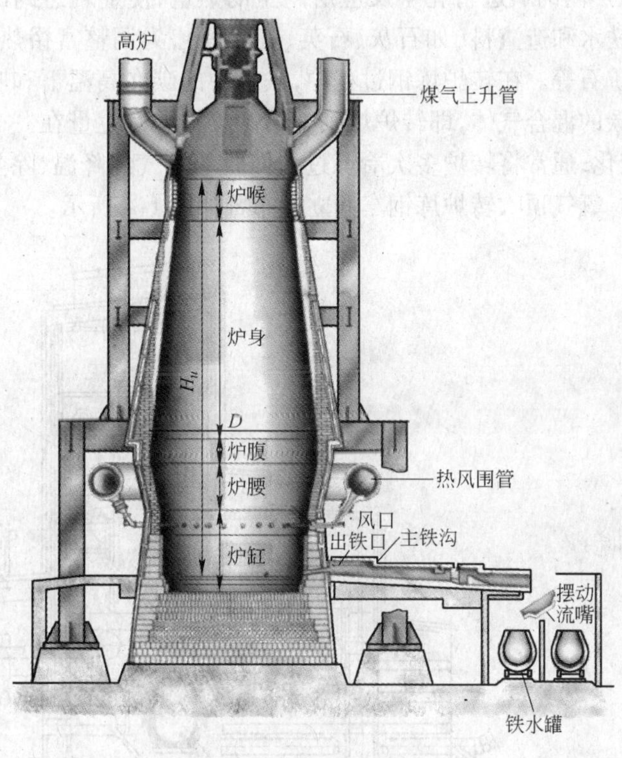

图 1-3 高炉构造模型

吹入炉中使原料不断加热而得名的。高炉所用原料主要是铁矿石(烧结矿、球团矿)、石灰石及焦炭。因为碳的性质比铁活泼,所以它能从铁矿石中把氧夺走,而把金属铁留下。

高炉横断面为圆形的炼铁竖炉,用钢板作炉壳,壳内砌耐火砖内衬。高炉本体自上而下分为炉喉、炉身、炉腰、炉腹 、炉缸 5 部分。由于高炉炼铁技术经济指标良好,工艺简单,生产量大,劳动生产效率高,能耗低等优点,故这种方法生产的铁占世界铁总产量的绝大部分。

高炉生产时,从炉顶装入铁矿石(烧结矿、球团矿)、焦炭、造渣用熔剂(石灰石),从位于炉子下部沿炉周的风口吹入经预热的空气。在高温下焦炭(有的高炉也喷吹煤粉、重油、天然气等辅助燃料)中的碳同鼓入空气中的氧燃烧生成的一氧化碳和氢气,在炉内上升过程中除去铁矿石中的氧,从而还原得到铁。炼出的铁水从铁口放出。铁矿石中未还原的杂质和石灰石等熔剂结合生成炉渣,从渣口排出。产生的煤气从炉顶排出,经除尘后,作为热风炉、加热炉、焦炉、锅炉等的燃料。高炉冶炼的主要产品是生铁,还有副产高炉渣和高炉煤气。

1.1.3.3　转炉

目前,炼钢的方法主要有转炉和电炉两种。大多数铁是在顶吹转炉中炼成钢的,铁与废钢混合在一起倒入炉中,吹入氧气流。氧与铁中的碳结合成一氧化碳把碳带走。

转炉炉体用钢板制成,呈圆筒形,内衬耐火材料,吹炼时靠化学反应热加热,不需外加热源,是最重要的炼钢设备,也可用于铜、镍冶炼。转炉按炉衬的耐火材料性质分为碱性(用镁砂或白云石为内衬)和酸性(用硅质材料为内衬)转炉;按气体吹入炉内的部位分为底吹、顶吹和侧吹转炉;按吹炼采用的气体,分为空气转炉和氧气转炉。转炉炼钢主要是以液态生铁为原料的炼钢方法。其主要特点是:靠转炉内液态生铁的物理热和生铁内各组分(如碳、锰、硅、磷等)与送入炉内的氧进行化学反应所产生的热量,使金属达到出钢要求的成分和温度。炉料主要为铁水和造渣料(如石灰、石英、萤石等),为调整富裕热量,可加入废钢及少量的冷生铁块和矿石等。在转炉炼钢过程中,铁水中的碳在高温下和吹入的氧生成一氧化碳和少量二氧化碳的混合气体,即转炉煤气。转炉煤气的发生量在一个冶炼过程中并不均衡,且成分也有变化,通常将转炉多次冶炼过程回收的煤气经降温、除尘,输入储气柜,混匀后再输送给用户。氧气顶吹转炉炼钢车间立面布置如图1-4所示。

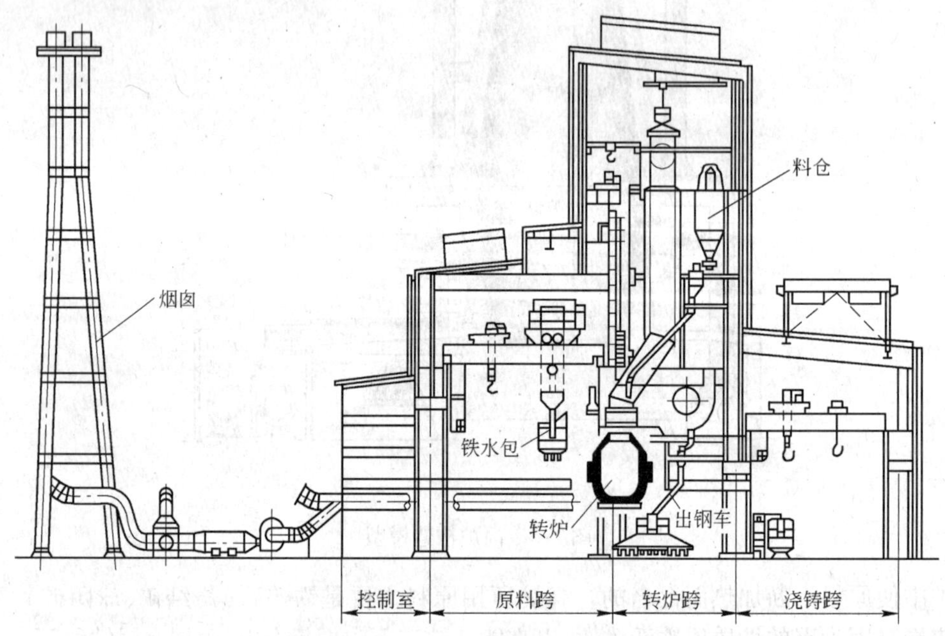

图1-4　氧气顶吹转炉炼钢车间立面布置

1.1.3.4　电炉

电炉(见图1-5)主要用于冶炼优质钢和合金钢。目前电炉正在向大型、超高功率以及计算机自动控制等方面发展。电炉炼钢设备包括机械设备和电气设备两部分。

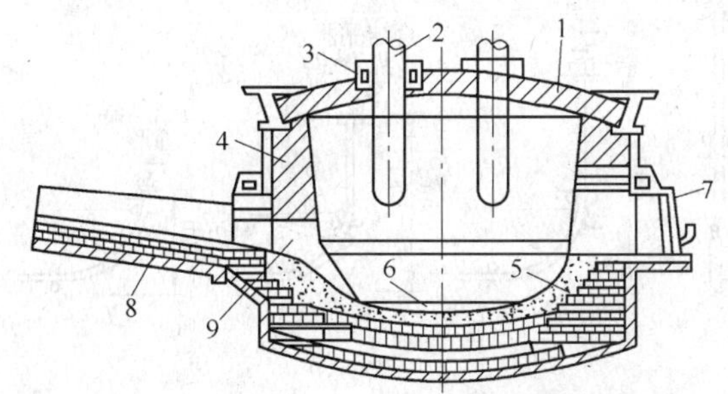

图 1-5 电炉炉体结构图

1—炉盖;2—电极;3—水冷圈;4—炉墙;5—炉坡;6—炉底;7—炉门;8—出钢口;9—出钢槽

电炉是利用电热效应供热的冶金炉。电炉设备通常是成套的,包括电炉炉体、电力设备(电炉变压器、整流器、变频器等)、开闭器、附属辅助电器(阻流器、补偿电容等)、真空设备、检测控制仪表(电工仪表、热工仪表等)、自动调节系统、炉用机械设备(进出料机械、炉体倾转装置等)。

同燃料炉比较,电炉的优点有:炉内气氛容易控制,甚至可抽成真空;物料加热快,加热温度高,温度容易控制;生产过程较易实现机械化和自动化;劳动卫生条件好;热效率高;产品质量好等。冶金工业上电炉主要用于钢铁、铁合金、有色金属等的熔炼、加热和热处理。电炉在冶金炉设备中的份额逐年上升。电炉可分为电阻炉、感应炉、电弧炉、等离子炉、电子束炉等。

1.1.3.5 连铸

转炉生产出来的钢水经过精炼炉精炼以后,需要将钢水铸造成不同类型、不同规格的钢坯。连铸工段就是将精炼后的钢水连续铸造成钢坯的生产工序,主要设备包括回转台、中间包,结晶器、拉矫机等。

在连续铸造、真空吸铸、单向结晶等铸造方法中,使铸件成形并迅速凝固结晶的特种金属铸型。结晶器是连铸机的核心设备之一,直接关系到连铸坯的质量。

40 多年来,连铸生产技术取得了巨大进展。连铸机的机型,由最初的立式发展到立弯式、弧形式、椭圆式、水平式(见图 1-6),铸机机身的高度由 20 ~30m 降低至 3 ~5m。铸机的流数(一台铸机同时浇注铸坯的根数称为这台铸机的流数)也由最初的一机单流,发展成了一机多流或多机多流。连铸机浇注的钢种,已由普碳钢发展到了合金钢、不锈钢等几乎所有钢种。铸坯的断面形状也由简单的方形、矩形、圆形,发展到中空圆形、工字形、多角形、H 形、T 形。

在连铸工艺中,连铸机拉坯辊速度控制是连铸机的三大关键技术之一,拉坯速度控制水平直接影响连铸坯的产量和质量,而拉坯辊电机驱动装置的性能又在其中发挥着重要作用。

电磁搅拌器的实质是借助在铸坯液相穴中感生的电磁力,强化钢水的运动。具体地说,搅拌器激发的交变磁场渗透到铸坯的钢水内,就在其中感应起电流,该感应电流与当地磁场相互作用产生电磁力,电磁力是体积力,作用在钢水体积元上,从而能推动钢水运动。

1.1.3.6 轧机

轧机是实现金属轧制过程的设备。连铸工段的钢坯经加热后,首先经过粗轧机轧制,以

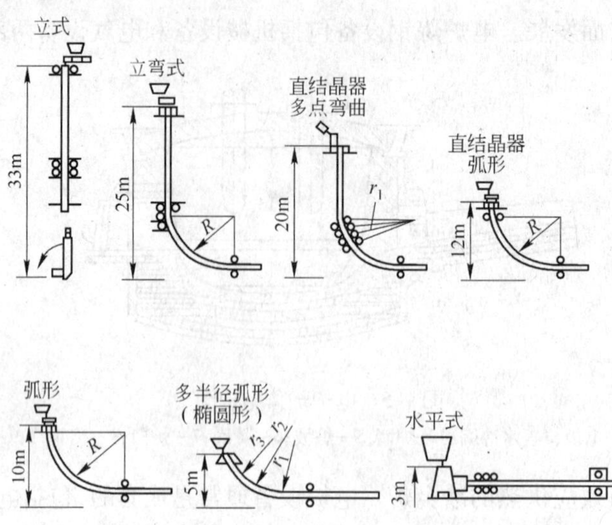

图 1-6 各种连铸机的机型简图

后再经过中轧、精轧后才能成为成品。粗轧机的尺寸决定了能够进行加工的最大钢坯尺寸。一般轧制出的产品直径介于 300 ~ 400mm 的轧机为中轧机。精轧机是最后一道轧制工序，精轧后的产品经剪切和冷却后，即为成品。轧机的组成如图 1-7 所示。

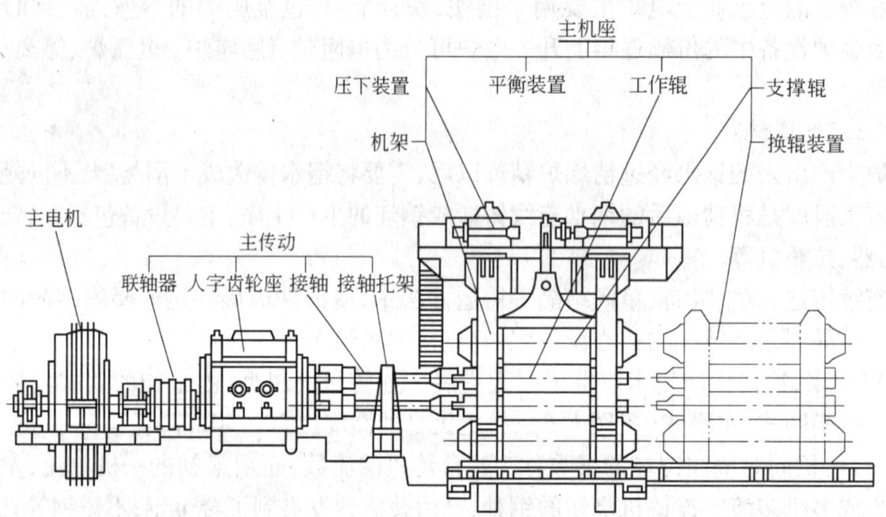

图 1-7 轧机的组成

轧机是实现金属轧制过程的设备，泛指完成轧材生产全过程的装备，包括主要设备、辅助设备、起重运输设备和附属设备等。人们一般所说的轧机往往仅指主要设备。英国于 1766 年有了串行式小型轧机，19 世纪中叶，第一台可逆式板材轧机在英国投产，并轧出了船用铁板。1848 年德国发明了万能式轧机，1853 年美国开始用三辊式的型材轧机，并用蒸汽机传动的升降台实现机械化。接着美国出现了劳特式轧机，1859 年建造了第一台连轧机。万能式型材轧机是在 1872 年出现的。20 世纪初制成半连续式带钢轧机，由两架三辊粗轧机和五架四辊精轧机组成。

轧机的主要设备有工作机座和传动装置。工作机座由轧辊、轧辊轴承、机架、轨座、轧辊调整装置、上轧辊平衡装置和换辊装置等组成。传动装置由电动机、减速机、齿轮座和连接轴等组成。齿轮座将传动力矩分送到两个或几个轧辊上。

辅助设备包括轧制过程中一系列辅助工序的设备。如原料准备、加热、翻钢、剪切、矫直、冷却、探伤、热处理及酸洗等设备。

起重运输设备包括吊车、运输车、辊道和移送机等。

附属设备包括有供、配电,轧辊车磨,润滑,供、排水,供燃料,压缩空气,液压,清除氧化铁皮,机修,电修,排酸,油、水、酸的回收以及环境保护等设备。

1.1.3.7 水处理主要设备

水处理的目的是废水回用,减少生产耗水量,提高排放废水的质量。

现代钢铁工业的生产过程包括材选、烧结、炼铁、炼钢(连铸)、轧钢等生产工艺。钢铁工业废水主要来源于生产工艺过程用水、设备与产品冷却水、烟气洗涤和场地冲洗等,但70%的废水还是源于冷却用水。间接冷却水在使用过程中仅受热污染,经冷却后即可回用;直接冷却水因与产品物料等直接接触,含有污染物质,需经处理后方可回用或串级使用。

水处理的主要工艺设备是:

(1) 水泵。水泵有很多种,从原理上可以分为气压泵、离心泵、轴流泵、混流泵、螺旋泵等,使用最多的是离心泵。离心泵是依靠叶轮叶片的转动产生离心作用,将液体甩出。所以,其输送效果依赖于叶轮的转速,直径等因素。

(2) 冷却塔。冷却塔是工业中使热水冷却的一种设备。水被输送到塔内,使水和空气之间进行热交换,或热、质交换,以达到降低水温的目的。

(3) 沉淀池。沉淀池是应用沉淀作用去除水中悬浮物的一种构筑物。沉淀池在废水处理中广为使用。它的形式很多,按池内水流方向可分为平流式、竖流式和辐流式三种。

(4) 厢式压滤机。厢式压滤机的滤室是由相邻两块凹陷的滤板构成的,滤布固定在每块滤板上,该机型主要优点是效率较高、效果较好、滤板也相对耐用(相同条件下),缺点是更换滤布有点麻烦。不过现在自动化程度都较高,清洗滤布也有自动装置,一般更换滤布的次数也不会频繁。

(5) 真空过滤器。真空过滤器是在滤液出口处形成负压作为过滤的推动力。这种过滤机又分为间歇操作和连续操作两种。间歇操作的真空过滤机可过滤各种浓度的悬浮液,连续操作的真空过滤机适于过滤含固体颗粒较多的稠厚悬浮液。

1.1.3.8 废气处理主要设备

冶金工业是重型工业,污染比较严重,主要是烟气尘污染,对我们生存环境造成严重破坏,必须节能降耗、节水、资源综合利用。污染严重的炼铁、焦化污染控制关键技术主要对冶金过程中产生的烟气尘加以有效再利用,对于废气经过除尘减害后再排放。常用的废气处理设备有:

(1) 透平机。透平机是将流体工质中蕴有的能量转换成机械功的机器。不仅是压缩机,汽轮机、涡轮机、烟气轮机、膨胀机都可以叫做透平机。离心式压缩机是一种叶片旋转式压缩机(即透平式压缩机)。在离心式压缩机中,高速旋转的叶轮给予气体的离心力作用,以及在扩压通道中给予气体的扩压作用,使气体压力得到提高。随着气体动力学研究的成就使离心压缩机的效率不断提高,又由于高压密封,小流量窄叶轮的加工,多油楔轴承等技术关键的研制成功,解决了离心压缩机向高压力,宽流量范围发展的一系列问题,使离心式压缩机的应用范围大为扩展,以致在很多场合可取代往复压缩机,而大大地扩大了应用范围。

(2) 除尘器。常用的除尘设备分三类:

1)粗除尘设备。粒度大于60μm(一般为60~100μm)的颗粒除尘设备称为粗除尘设备。常用的有重力除尘、旋风除尘等。

2)半精除尘设备。粒度在20~60μm的颗粒除尘设备称为半精除尘设备。常用洗涤塔、一级文氏管、一次布袋除尘等。

3)精除尘设备。粒度小于20μm的颗粒除尘设备称为精除尘设备。常见的有静电除尘器、布袋除尘等。

1.2 冶金建设工程施工技术

1.2.1 基础工程施工技术

1.2.1.1 人工地基施工技术

(1) 地基加固。有换土、预压、强夯、水泥土旋喷、深层搅拌技术等。

(2) 承载桩。有渣土桩、水泥土桩、木桩、混凝土桩(混凝土预制桩、预应力管桩、现浇灌注桩)、钢桩(钢管桩、H形钢桩)、特殊桩(成槽机施工的巨型桩、扩头桩)等。

目前我国施工的灌注桩最大直径达3m、深度达104m,工艺上可加注浆。国外有的更大,还可以扩大头部。如果用连续墙成槽机制作巨型现浇灌注桩,还可以做得更大更深,例如日本的水平多轴式回转钻机(EM型),成桩壁厚1200~3200mm,深度可达170m。

1.2.1.2 基坑支护技术

A 挡土结构

(1) 重力坝式。用深层搅拌、旋喷等工艺形成的水泥土重力坝形式,起挡土、隔水作用,可不用支撑。上海博物馆工程基坑就采用该类型挡土结构,深度达到9.8m。

(2) 各种板桩。有木板桩、钢筋混凝土板桩、钢板桩,主要作挡土用,同时也起一定的隔水作用。

(3) 钢筋混凝土地下连续墙。这种工艺在世界上已经有50年历史,可以挡土和隔水,有现场浇筑与成槽后插入预制地下墙两种。对于现场浇筑地下墙,我国已做到深度60m,有的国家已经在考虑生产成槽能力200m以上的水平多轴式回转钻机,壁厚可达到4m。

(4) 灌注排桩。用人工开挖就地灌注成桩,并做成连续排桩,可起到地下连续墙一样的作用,但由于接槎不可能密贴,只能起挡土作用。

(5) 劲性水泥土桩(SMW工法)。在水泥土排桩内插入型钢,以型钢受力,水泥土作为隔水帷幕。如上海静安寺环球广场、东方明珠二期工程等基坑支护即应用该技术。此法在日本使用较多。

(6) 其他挡土结构。有喷锚护坡、钢桩插板等。

B 隔水帷幕

隔水帷幕有水泥土排桩、注浆帷幕、薄型地下连续墙等。日本最近制成名为TRUST-21型的成槽机,成槽最小壁厚仅为0.2m,深度200m,采用泥浆固化成壁,透水系数10.6~

10.8cm/s。

C 支撑技术

(1) 钢支撑。传统采用型钢支撑。

(2) 钢筋混凝土支撑。为适应不规则基坑的体形并使挖土有较大空间,在我国创造与发展了一种钢筋混凝土支撑体系,有对撑、角撑、排撑及拱形、环圈形支撑。上海最大环圈直径达92m,天津也正在施工直径100余米的大环圈。采用钢筋混凝土支撑体系的优点是一次性投入少、适应性强,最大的缺点是只能一次性使用,社会资源浪费大,爆破拆除时对环境有影响。

(3) 双向双股复加预应力钢管支撑。双股井字形接头可以解决传统的钢支撑空间小的缺点,以提供挖土方便。双向施加预应力还可以针对土的流变特性,复加预应力控制变形。

(4) 土锚杆(土钉)拉锚。在挡土结构处侧向向基坑外土体深部打入锚杆,可以加预应力,以达到锚桩挡土的目的。

D 降水技术

在地下水位较高的地区,较深的基坑都需要采取降水措施。常用的方法有:

(1) 轻型井点,可深至3~7m。

(2) 喷射井点,可深至7~15m。

(3) 深井及加真空深井,可深至10m以下。

(4) 大口径明排水管井,在土质好的地区常有应用。

E 环境保护技术

(1) 井点回灌技术。目的是控制基坑外的水位,防止坑外管线、道路、建筑物产生固结沉降。

(2) 堵漏技术。目的是控制向基坑内渗水,有各种即时堵漏及注浆技术。

(3) 信息监测与信息化施工技术。基坑支护的应力应变计算往往由于参数选取不准,有时计算值只能是一个参考值。为保护环境,需在工程进行中监测即时变形,并采取可靠的即时加固措施,以防事故发生。目前随着工程规模增大及环境保护意识的加强,上海地区的监测技术发展很快,开始应用计算机,可以提供施工过程中支护体系及环境的受力状态及变形数据。由于信息技术及各种加固技术的提高,已经可以实现毫米级的变形控制。如香港广场工程对附近地铁隧道变形控制在7mm之内,时代广场工程对红线附近1930年代的900mm直径自来水管变形控制在几毫米之内。

(4) 调节变形的技术手段。可以在基坑内外进行双液快硬注浆;可以对支撑施加预应力或增加支撑;也可以调整挖土速度及支撑施工的程序。充分考虑土体变形的时空效应以速度减少变形。

1.2.1.3 逆作法施工技术

逆作法是基础与上部结构同时施工的先进工艺,有减少和取消临时支护措施,降低成本及大大加快施工速度等优点,1970年代前后被一些发达国家采用。我国于1980年代进行研究试验,1990年代在广州、上海等地应用。上海地铁工程曾在淮海路3个车站采用半逆作法施工,1995~1997年进行的上海恒积大厦工程地下4层、地上4层同时完成,为全逆作法施工典型。逆作法施工的关键技术是:

(1) 用地下连续墙作为永久地下室外壁。

(2) 对建筑主体结构柱子下的承载桩,在成桩过程中要预先增加型钢支柱。

(3) 先施工地面板,支承在型钢支柱与地下墙上,此地面板又是在挖土过程中对地下墙的支撑。

(4) 在地下室最下部底板施工前,上部结构施工高度要控制在钢支柱桩的安全承载力之内。

(5) 各支柱及地下墙在施工过程中的沉降差要控制在结构允许范围之内。

(6) 施工有顶盖的地下部分要保证安全与一定的效率。

1.2.1.4 大体积混凝土施工技术

筑构件三个方向的最小尺寸超过800mm的混凝土施工,称为大体积混凝土施工。由于水泥在水化过程中发热,引起混凝土构件在升、降温过程中,因各部位温差应力加上本身的收缩等因素,易产生危及结构安全的裂缝。过去,大体积混凝土施工是一个重大技术问题,20多年前,南京梅山铁矿高炉基础浇筑时曾因温度裂缝出现质量问题。但自从宝钢转炉基础7200m^3一次浇捣无裂缝获得成功后,上海地区大体积混凝土施工技术开始有了新的飞跃,其中主要采取了五类措施:

(1) 减少混凝土本身发热量。

(2) 内降温、外保温,运用信息监测技术,及时调整和控制结构体内外部分的温差在25℃之内。

(3) 在混凝土内增加抗裂配筋。

(4) 延长并做好养护工作。

(5) 尽可能科学地组织施工,提高浇筑强度。

1.2.2 主体结构施工技术

1.2.2.1 钢筋混凝土工程模板技术

(1) 爬模体系。上海市四建公司最早将直爬模板使用于共和新路工房,以后大量推广应用于高层建筑。斜爬模为黄浦江上3座大桥的桥塔及武汉、广东几座斜拉桥工程所采用。其原理是利用模板与爬架交替支承在结构上,并用简易起重设备交替上升,安装支架与模板。

(2) 滑模体系。滑模是相对成熟的施工技术,在烟囱等筒体施工中早有应用,以后又在高层建筑的剪力墙、框架施工中应用。滑模又分直接滑模浇捣与滑框倒模等工艺,上海康乐路高层住宅、徐家汇槽溪路9幢高层住宅均为早期的滑模施工建筑。北京、天津电视塔为滑模施工最高的筒体结构;武汉国贸大厦是墙柱梁整体滑升最大的滑模工程,平台面积达2300m^2,结构高度为200m。

(3)整体提升模板体系。滑模的缺点是每次只能滑升若干厘米,混凝土要连续浇捣,混凝土结构体与模板一直在相对运动,所以混凝土表面容易出现横条纹甚至被拉裂,施工安排也比较繁琐。近年来在原滑模技术的基础上有所改进,原滑模动力体系仅作为提升设备,并加强支柱的力量,将模板做成整体,从而使模板可每层一次整体提升到位,混凝土分层浇筑。

(4) 分块提升式大模板体系。作为一种专用模板体系,如德国的PERI,在国外使用很多。该模板体系支承在已完成的结构上,由专用液压机进行自升,技术较先进,但价格较贵。马来西亚吉隆坡双塔大厦工程就应用了该项技术。

（5）升板机整体式提升模板脚手体系。利用升板机较大的提升能力，借助结构自身强度，提升钢制平台，而模板与脚手架就悬挂在钢平台上，随结构的上升而上升，是一种比较经济高效的模板体系。1970年代，上海五建公司就曾在江湾冷库工程上采用，以后在陆家嘴沪办大楼、东方明珠电视塔、金茂大厦等工程上采用，最高施工速度达一个月13层。这种体系快速、安全、经济，其成本仅是德国PERI液压提升模板的1/10。

1.2.2.2 钢筋施工技术

（1）钢筋点焊网片。由钢筋工厂生产焊接卷网，在施工现场进行钢筋焊接骨架整体安装。

（2）钢筋接头。有长度搭接、帮条焊接、对焊、电渣焊、压力焊接、套筒冷压连接、套筒斜螺纹连接、可调螺纹连接等多种方式。这里特别要提出的是直螺纹等强接头，它利用加工过程使钢筋螺纹接头强度提高，可以保证接头强度超过母材，使接头位置与数量不受限制。

（3）预应力技术。预应力技术早在1930年代已有方案提出，到1950年代在世界上开始推广，此项技术使钢筋与混凝土充分发挥各自特性达到结构的最佳组合，以提高结构刚度和抗裂性能，减少结构物断面。现在在一些大型大跨度的钢筋混凝土结构工程上几乎均采用预应力技术。按预应力施加时间可分为先张法与后张法；按混凝土的连接程度分有粘结和无粘结两种；按预应力施加程度分为预应力结构及部分预应力结构。以上海地区为例，东方明珠电视塔竖向预应力结构连续长度为300m，南浦大桥大梁的水平方向预应力结构一次张拉长达100m，国际航运大厦基础地下室采用了无粘结钢绞线预应力结构，等等。

1.2.2.3 混凝土施工技术

A 混凝土组分的发展

混凝土组分已在一般的水泥（胶凝料）、砂子（细骨料）、石子（粗骨料）加水的基础上，发生了很多变化。

（1）增加掺合料。如粉煤灰（可改善混凝土性能）、磨细矿渣粉（可提高强度，改善性能）等。

（2）掺加化学外加剂。可适当减少水泥用量、快硬、增塑、增稠、缓凝、抗冻、可泵送、自密实等功能的要求。

（3）掺加各种纤维。如玻璃纤维、钢纤维、塑料纤维、碳纤维等，以提高混凝土强度与抗裂性。

B 混凝土强度的发展

1950年代前，我国主要以1:2:4和1:3:6体积配比的混凝土为主，50年代主要为110号、140号、170号、210号混凝土；60~70年代主要为150号~300号混凝土；80年代主要为200号、300号、400号混凝土；90年代发展为C20~C80级高强混凝土。如上海杨浦大桥采用C50混凝土，东方明珠电视塔采用C60混凝土，新上海国际大厦第21层试点采用C80混凝土，辽宁物产大厦下部柱采用C80混凝土，北京静安中心大厦地下三层柱采用C80混凝土等。我国已能在实验室配制C100级以上混凝土，但在实际应用中最高的是C80级混凝土，如上海明天广场是较大量应用C80混凝土的工程。

在国外，如美国ACJ在1984年确定C50以上为高强混凝土，马来西亚吉隆坡双塔大厦底层受压结构采用C80混凝土，美国芝加哥SOUTH WACKER大厦底层柱为C95混凝土，美国西雅图双联大厦3m直径的钢管混凝土采用C130混凝土，为国际上混凝土应用的最高强度等级。虽然理论上可以配制C200以上的混凝土,只是由于强度太高带来的脆性问题尚未根本解决,因此目前在使用高强混凝土方面仍有一定的局限。

C　商品混凝土及泵送混凝土

商品混凝土发展很快,发达国家的一些大城市几乎都采用商品混凝土,达总量的60%~80%。我国近10年来发展也很快,1996年全国预拌混凝土已接近3000万立方米,仅上海一地已达1000万立方米。泵送混凝土是与商品混凝土一起发展起来的,与此同时,泵送技术也有了很大提高。

D　高性能混凝土及其发展

高性能混凝土(即HPC),国际上提出这个名词尚不过20年,但不少发达国家都在这方面大做文章,因为社会发展对建筑结构功能的要求越来越高,而混凝土可以利用掺合料的变化,实现符合多种要求的特殊功能,如高强、耐久、耐油、抗裂。目前世界各国都有许多研究与实施计划,如日本1988年提出新P.C计划,并在明石海峡大桥的两个桥墩上分别实现24万立方米与15万立方米不用振捣的自密实混凝土;英国北海油田海上平台的混凝土28天抗压强度达100MPa,可在海水中耐久100年;法国也提出了混凝土新法,着重解决混凝土的耐久性问题。现在看来,我国混凝土的耐久性也存在极大问题,需要在高性能混凝土(HPC)上下大力气研究。由于国外高性能混凝土取得了突破,混凝土施工也打破了传统习惯,20m高的混凝土墙体可以一次浇捣。

1.2.2.4　结构吊装技术

A　整体提升吊装

(1) 卷扬机整体提升。如上海万人体育馆屋顶结构采用整体提升技术。日本某体育馆屋顶结构分3次提升就位。

(2) 计算机控制、钢绞线承重、液压整体提升。

B　平面滑行安装技术

当安装机具无施工位置时,利用已安装的结构单体进行平面滑行安装,也是非常实用的方法。如日本博多饭店大楼就采用此法施工;上海浦东国际机场候机楼由于形状复杂,长度、跨度皆大,也采用此法施工。

1.2.3　特种工程施工技术

(1) 顶管法施工技术。顶管法是用千斤顶将预制的钢筋混凝土管道分节顶进,并利用最前面的工具头进行挖土的一项地下掘进技术。以往对地下直径较小的管道可采用顶管法施工,目前随着技术进步,直径较大的管道也可以用顶管法施工,甚至可与盾构法媲美。我国从1978年开始,由上海基础工程公司研制成功三段双铰型工具头,解决了百米长度的顶管问题;1981年采用中继环法,将直径2.6m的钢管穿越甬江,顶进581m;1987年采用激光陀螺仪定位、计算机监控等,在黄浦江过江引水管道工程中,将直径3m的钢管一次顶进1120m;1995年在上海奉贤星火开发区排污工程中,将直径1.6m的钢管一次顶进1511m;1996年底又设计成功工具式可调换止水带的中继环,在上海黄浦江上游引水工程中,将直径3.5m的钢管一次顶进1743m,创世界之最。国外顶管技术最先进的国家是德国,最高纪录为1987年完成的西柏林供热水管道,内径4.1m、外径5m的钢筋混凝土管道一次顶进1088m,工程管道总长度3607m。

(2) 盾构法施工技术。盾构法是一种在地下进行机械化暗挖作业的隧道施工方法,它靠盾构头部掘土,或用大力盘切削土体,然后拼装预制的混凝土管片建成隧道环。边前进边建环,环环相接,最终形成长距离的隧道,施工既快速又安全。我国自 1963 年开始在上海试验性地采用盾构法掘进隧道,最初为直径仅 4.2m 的敞胸干挖法,后逐步发展为干出土的网格式盾构和水力出土的盾构施工法。60 年代末北京也试验用盾构法建造地铁,以直径 7m 的半机械化盾构成洞 78m 长,后由于北京有条件采用明挖法,从经济上考虑而停止试验。1991 年上海地铁一号线引进 7 台加泥式土压平衡盾构,采用大刀盘开挖、螺旋输送机排土,同时备有同步压浆、计算机控制系统等,性能比较完善。上海建工集团机械施工公司、基础公司与城建集团隧道公司联手,利用这 7 台盾构机完成了 18.5km 长的隧道施工,建成上海地铁一号线隧道。其直径为 5.5 ~ 6.2m,衬砌混凝土块,厚度 0.35m,每环 6 块,环宽 1m,单块最大重 3.75t,隧道经过淤泥土和淤泥质粉质黏土,覆盖深度 5 ~ 18m,盾构进尺为 4 ~ 6m/d,最高达 18m/d,地面沉降控制在 10 ~ 30mm。在上海繁华闹市地段南京路、西藏路地下施工时,人们在地面上没有感觉。可以说,我国的盾构法施工技术达到了国际先进水平。

1.3 冶金建设工程管理

1.3.1 工程管理的内涵

冶金建设工程管理是指对工程前期、设计、建设、运行和拆除的全过程实施的管理。其一般过程包括工程项目的提出、初步可行性及可行性研究、评审与决策、基本设计与技术交流合同谈判、施工图设计、施工准备与施工、设备调试与试车、生产准备与投产、运行、报废或拆除。

当管理对象是一个特定的项目,当工程管理的企业主体或组织机构就是为了这个特定项目而创设,那么,这时的工程管理就具有与一般项目管理相同的含义。因此,此时的工程管理对象也就是若干个一次性项目构成的项目体系,工程管理原则也就是项目管理原则,工程管理的具体工作就是相对独立又相互联系的项目进行的管理工作。

工程管理还可以从许多角度进行描述,主要有:

(1) 工程管理是对工程全部生命期的管理,包括对工程的前期决策的管理、设计和计划的管理、施工的管理、运营维护管理等。

(2) 工程管理是涉及工程各方面的管理工作,包括技术、质量、安全和环境、造价、进度、资源和采购、现场、组织、法律和合同、信息等。这些构成工程管理的主要内容。

(3) 将管理学中的对“管理”的定义进行扩展,则“工程管理”就是以工程为对象的管理,即通过计划、组织、人事、领导和控制等职能,设计和保持一种良好的环境,使工程参加者在工程组织中高效率地完成既定的工程任务。

(4) 工程管理就是以工程为对象的系统管理方法,通过一个临时性的、专门的柔性组织,对工程建设和运营过程进行高效率的计划、组织、指导和控制,以对工程进行全过程的动态管理,实现过程目标。

(5) 工程项目管理是指从事工程项目管理的企业(以下简称工程项目管理企业)受业主委托,按照合同约定,代表业主对工程项目的组织实施进行全过程或若干阶段的管理和服务。工程项目管理企业不直接与该工程项目的总承包企业或勘察、设计、供货、施工等企业签订合同,但可以按合同约定,协助业主与工程项目的总承包企业或勘察、设计、供货、施工等企业签订合同,并受业主委托监督合同的履行。工程项目管理的具体方式及服务内容、权限、取费和责任等,由业主与工程项目管理企业在合同中约定。

1.3.2　工程管理的基本任务

工程管理是全过程管理,从开始投资预测、招投标,到项目运行中的全过程管理,包括成本、进度、工期等管理。

按照一般管理工作的过程,工程管理又可分为在工程中的预测、决策、计划、控制、反馈等工作。

从建设阶段划分,工程管理包括:策划与决策阶段的管理;勘察设计阶段的管理;施工招投标阶段的管理;施工阶段的管理;竣工验收阶段的管理。

从管理职能和工程特点看,工程管理主要包括:组织及人力资源的管理;工程范围的管理;工程进度的管理;工程费用的管理;工程质量的管理;工程信息的管理;工程风险的管理;工程项目招投标与合同的管理;工程环境保护的管理。

在工程过程中有如下两种性质的工作任务:

(1)为完成工程所必须的专业性工作任务。包括工程设计、建筑施工、安装、设备和材料供应、技术咨询等工作。这些工作常常由工程的专业要素和工程的过程决策决定。

(2)工程管理工作。在现代工程中,投资者委托业主负责工程的建设和运营管理,而业主委托项目管理公司具体管理工程建设。工程实施单位在不同阶段承担着不同的工作任务,他们都有自己工程管理的工作任务和职责,也都有自己相应的工程管理组织。

尽管工程项目的种类繁多,特点各异,工程项目管理的主要任务就是在可行性研究、投资决策的基础上,对建设准备、勘察设计、施工、竣工验收等全过程的一系列活动进行规划、协调、监督、控制和总结评价,以保证工程项目质量、进度、投资目标的顺利实现。

1.3.2.1　合同管理

建设工程合同是业主和参与项目实施各主体之间明确责任、权利关系的具有法律效力的协议文件,也是运用市场经济体制、组织项目实施的基本手段。从某种意义上讲,项目的实施过程就是建设工程合同订立和履行的过程。一切合同所赋予的责任、权利履行到位之日,也就是建设工程项目实施完成之时。

建设工程合同管理,主要是指对各类合同的依法订立过程和履行过程的管理,包括合同文本的选择,合同条件的协商、谈判,合同书的签署;合同履行、检查、变更和违约、纠纷的处理;总结评价等等。

1.3.2.2　组织协调

组织协调是管理技能和艺术,也是实现项目目标必不可少的方法和手段。在项目实施过程中,各个项目参与单位需要处理和调整众多复杂的业务组织关系,主要内容包括:

(1) 外部环境协调。与政府管理部门之间的协调,如规划、城建、市政、消防、人防、环保、城管部门的协调;资源供应方面的协调,如供水、供电、供热、电信、通讯、运输和排水等方面的协调;生产要素方面的协调,如图纸、材料、设备、劳动力和资金方面的协调;社区环境方面协调等。

(2) 项目参与单位之间的协调。主要有业主、监理单位、设计单位、施工单位、供货单位、加工单位等。

(3) 项目参与单位内部的协调。指项目参与单位内部各部门、各层次之间及个人之间的协调。

1.3.2.3 目标控制

目标控制是项目管理的重要职能,它是指项目管理人员在不断变化的动态环境中为保证既定计划目标的实现而进行的一系列检查和调整活动。工程项目目标控制的主要任务就是在项目前期策划、勘察设计、施工、竣工交付等各个阶段采用规划、组织、协调等手段,从组织、技术、经济、合同等方面采取措施,确保项目总目标的顺利实现。

1.3.2.4 风险管理

随着工程项目规模的大型化和工艺技术的复杂化,项目管理者所面临的风险越来越多。工程建设客观现实告诉人们,要保证工程建设项目的投资效益,就必须对项目风险进行科学管理。

风险管理是一个确定和度量项目风险,以及制定、选择和管理风险处理方案的过程。其目的是通过风险分析减少项目决策的不确定性,以便决策更加科学,以及在项目实施阶段,保证目标控制的顺利进行,更好地实现项目质量、进度和投资目标。

1.3.2.5 信息管理

信息管理是工程项目管理的基础工作,是实现项目目标控制的保证。只有不断提高信息管理水平,才能更好地承担起项目管理的任务。

工程项目的信息管理主要是指对有关工程项目的各类信息的收集、储存、加工整理、传递与使用等一系列工作的总称。信息管理的主要任务是及时、准确地向项目管理各级领导、各参加单位及各类人员提供所需的综合程度不同的信息,以便在项目进展的全过程中,动态地进行项目规划,迅速正确地进行各种决策,并及时检查决策执行结果,反映工程实施中暴露的各类问题,为项目总目标服务。

信息管理工作的好坏,将会直接影响项目管理的成败。在我国工程建设的长期实践中,由于缺乏信息,难以及时取得信息,所得到的信息不准确或信息的综合程度不满足项目管理的要求,信息存储分散等原因,造成项目决策、控制、执行和检查的困难,以至影响项目总目标实现的情况屡见不鲜,应该引起广大项目管理人员的重视。

1.3.2.6 环境保护

工程建设可以改造环境、为人类造福,优秀的设计作品还可以增添社会景观,给人们带来观赏价值。但一个工程项目的实施过程和结果,同时也存在着影响甚至恶化环境的种种因素。因此,应在工程建设中强化环保意识,切实有效地把环境保护和克服损害自然环境、破坏生态平衡、污染空气和水质、扰动周围建筑物和地下管网等现象的发生,作为项目管理的重要任务之一。项目管理者必须充分研究和掌握国家和地区的有关环保法规和规定,对于环保方面有要求的工程建设项目在项目可行性研究和决策阶段,必须提出环境影响报告及其对策措施,并评估其措施的可行性和有效性,严格按建设程序向环保管理部门报批。在项目实施阶段,做到主体工程与环保措施工程同步设计、同步施工、同步投入运行。在工程施工承发包中,必须把依法做好环保工作列为重要的合同条件加以落实,并在施工方案的审查和施工过程中,始终把落实环保措施、克服建设公害作为重要的内容予以密切注视。

1.3.3 工程管理的基本方法

工程管理的基本方法有系统工程管理方法、工程集成化管理方法、控制工程管理方法、信息工程管理方法、组织工程管理方法、运筹学工程管理方法等等。

系统工程方法是处理工程问题最有效的方法。它贯穿于工程相关的各专业的理论和方法中。在工程管理的各专业课程中都体现了系统工程方法的应用。

在解决各种工程问题时,人们都采用系统工程方法,从“总体”上去考察、分析与研究问题。这体现在:第一,全局的观念,系统地观察问题,解决问题,作全面的整体的计划和安排,减少系统失误。在采取措施,作出决策和计划并付诸实施都要考虑各方面的联系和影响。第二,追求工程的整体最优化,强调系统目标的一致性,强调工程的总目标和总效果,而不是局部优化。这个整体常常不仅指整个工程建设过程,而且指整个工程的全生命期,甚至还包括对工程的整个上层系统的影响。

工程集成化管理方法是将工程的全过程、全部管理职能、所有工程专业、全部工程子项纳入一个统一的管理系统中,以保证管理的连续性和一致性。它的关键问题是工程全生命期的目标系统设计、统一的责任体系,保持组织责任的连续性和一致性。

所谓控制是指施控主体对受控客体的一种能动作用,这种作用能够使受控客体根据预定目标而运动,并最终达到这一目标。控制的目标就是保证预定目标的实现。

工程中的控制室综合性控制过程内容:多目标控制;综合采用事前控制、事中控制和事后控制的方法;采用主动控制和被动控制相结合的方法;采用循环过程的闭合回路控制方法——PDCA 循环法。

工程的信息管理就是对工程的信息进行收集、整理、储存、传递与应用的总称。

通过信息管理可以使上层决策者能及时准确地获得决策所需的信息,能够有效、快速决策;实现工程组织成员之间信息资源的共享,消除信息孤岛的现象,防止信息的堵塞,达到高度协调一致;有效地控制和指挥工程的实施;让外界和上层组织了解工程的实施状况,更有效地获得各方面对工程实施的支持。

工程组织理论是将现代组织理论与工程的特殊性相结合而产生的工程管理理论,是工程管理最富有特色的地方。组织结构侧重于组织的静态研究,以建立精干、合理、高效的组织结构为目的。组织行为侧重于组织的动态研究,以建立良好的人际关系,保证组织有效地沟通和高效运行为目的。

运筹学是用数学的方法研究经济、社会和国防等部门,以及工程在内外环境的约束条件下合理调配人力、物力、财力等资源,使系统有效运行的技术科学。它可以用来预测系统发展趋势、制定行动规划或优选可行方案。

运筹学在工程管理中的应用主要有:施工计划、库存管理、运输问题、人事管理、财务和会计等等。

工程项目管理主要有如下方式:

(1) 项目管理服务(PM)。项目管理服务是指工程项目管理企业按照合同约定,在工程项目决策阶段,为业主编制可行性研究报告,进行可行性分析和项目策划;在工程项目实施阶段,为业主提供招标代理、设计管理、采购管理、施工管理和试运行(竣工验收)等服务,代表业主对工程项目进行质量、安全、进度、费用、合同、信息等管理和控制。工程项目管理企业一般应按照合同约定承担相应的管理责任。

(2) 项目管理承包(PMC)。项目管理承包是指工程项目管理企业按照合同约定,除完成项目管理服务(PM)的全部工作内容外,还可以负责完成合同约定的工程初步设计(基础工程设计)等工作。对于需要完成工程初步设计(基础工程设计)工作的工程项目管理企业,应当具有相应的工程设计资质。项目管理承包企业一般应当按照合同约定承担一定的管理风险和经济责任。

2 冶金建设工程的组成

2.1 铁矿采选工程

2.1.1 工艺流程

2.1.1.1 *采矿生产工艺流程*

地质部门采用勘探手段探明地下矿体工业储量，经过设计，从地表向地下矿体开掘等一系列矿体物理生产过程，以形成提升、运输、通风、排水、供电、采矿和地表工程等生产系统，通过采矿生产技术，将采下的矿石经过装载、运输、粗碎、提升到地表，即为商品铁矿石。再进行选矿后成为商品精矿。由于矿体地质情况不同，生产工艺也有变化，采矿生产工艺按建设内容可分为井下开采和露天采矿两大类。本处介绍井下矿石生产工程。图2-1所示为一般的矿石采选生产工艺流程。

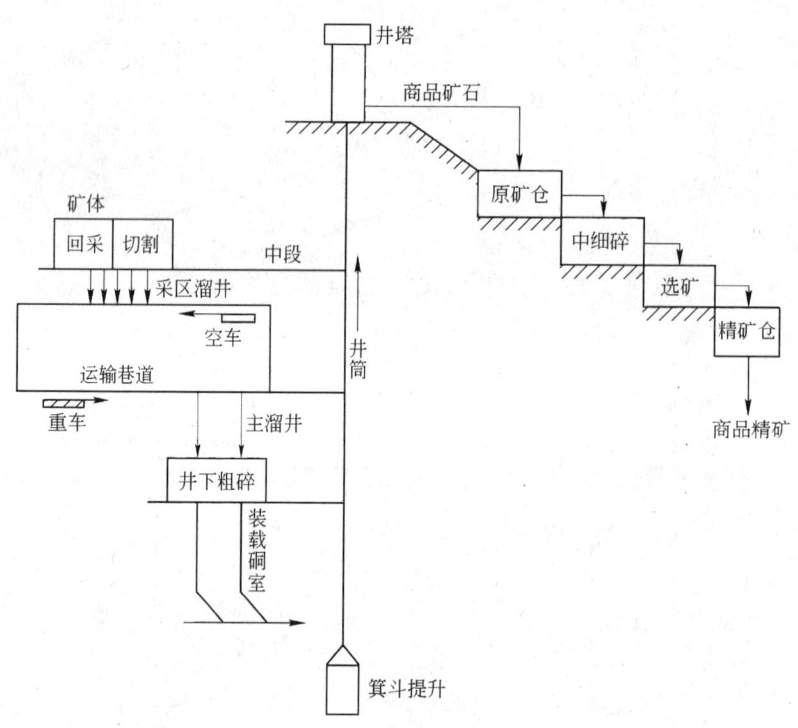

图2-1 矿石采选生产工艺流程

2.1.1.2 *选矿生产工艺流程*

选矿是冶炼前的准备工作，从矿山开采出矿石以后，首先需要将含铁、铜、铝、锰等金属元素高的矿石甄选出来，为下一步的冶炼活动做准备。选矿一般分为破碎、磨矿、分选三部分。其中,破碎又分为粗破、中破和细破;分选依方式不同也可分为磁选、重选、浮选等。图2-2 所示为矿石浮选工艺流程。

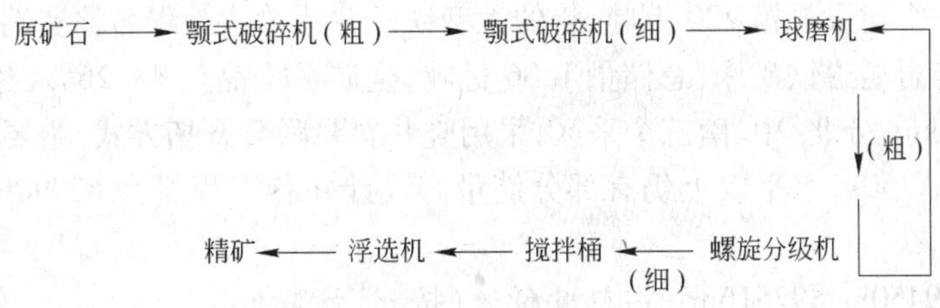

图2-2 浮选工艺流程图

2.1.2 项目构成

这里以采矿工程为例,加以说明。

矿山基建工程分为三大类:

(1) 井巷工程。也叫做矿建工程,主要指矿山井巷工程、支护工程和轻轨铺设、井筒装备。

(2) 土建工程。主要指地表工业建筑、生活设施、总图、道路、土石方等。

(3) 机电设备安装。主要指井上、井下机电设备安装、架线、管道、敷设电缆等。

矿石基建工程按专业性质分以下几个部分:采矿工程、总图运输工程、矿机工程、电气工程、通风排水等管理工程、破碎工程(指井下粗碎)、机修工程、土建工程和不能预见的工程等。

按投资性质分三类:建筑安装、设备和其他(井巷工程属于建筑安装范围)。

2.1.2.1 主要单位工程名称

一般矿山建设单位工程项目都在 100 个以上,主要分为以下几个系统:

(1) 井巷工程系统。指全部井巷工程,包括开拓、采准、切割范围的井巷掘进和支护工程。

(2) 提升系统。包括卷扬机、井架、井筒装备等工程。

(3) 运输系统。包括铺轨、装矿仓、卸矿仓等。

(4) 通风系统。包括主扇安装、通风设施、井口封闭等。

(5) 供风系统。包括压风机站、供风管路等。

(6) 供水系统。包括水源、泵站、供风管路等。

(7) 供电系统。包括井上下供电线路、变电站、电缆、井下配电所、照明、动力等。

(8) 通讯系统。包括井上下通讯线路、交换台、调度电话、普通电话等。

(9) 总图运输系统。包括地表土石方、公路、铁路等。

(10) 机修系统。包括机修厂、维修站等。

(11) 其他。主要指地表、仓库、火药库、生活设施、商业网点、学校、医院、邮电局等。

2.1.2.2 井巷工程单位工程项目分类

井巷工程单位工程项目主要分四类:

(1) 开拓工程;

(2) 采准工程;

(3) 切割工程;

(4) 铺轨工程。

下面介绍一个建设规模 220 万吨/年的大型铁矿井巷单位工程名称实例。

某矿为矽卡岩型磁铁矿床,总储量 1.06 亿吨,全矿平均品位 43.26%,建设规模 220 万吨/年,走向长 5km,分北、中、南三个采区,采用竖井斜井联合开拓方式,主要生产阶段 120m 水平,80m 水平。150m 水平以上仍有部分储量。设计井巷工程量为 62098m,576974m^3,其中:

开拓工程 29450m,392516m^3,占总量 68%(按 m^3 计算)

采准工程 24929m,135276m^3,占总量 23.5%(按 m^3 计算)

切割工程 7719m,49182m^3,占总量 8.5%(按 m^3 计算)

井巷单位工程项目 135 个(主要项目如下):

主副井区开拓工程有主井井筒,1 号副井,2 号副井,120m 水平环形车场,石门大巷,水泵房,变电所,等候室,电机车修理库,120m 水平运输巷道,80m 水平运输巷道,井下破碎机室等共计 48 个单位工程项目。

南区开拓、采准、切割工程有:南区回风斜井,120m 水平运输巷道,炸药库,80m 水平运输巷道,水泵房,水仓,变电所和采准、切割工程等共计单位工程 20 个。

中区开拓、采准、切割工程有:中区回风井,中区 120m 和 80m 水平运输巷道,浅水井,炸药房,联络道、电车道和采准,切割工程等共计 28 个单位工程。

北区开拓、采准、切割工程有:北区回风斜井,进风斜井,120m 水平电车道,120m 水平运输巷道,水泵房,变电所,装矿平巷,160m 水平运输巷道及采准、切割等共计单位工程项目 36 个。

另外还有铺轨及地表工业建筑,井上下机电设备安装工程等,总计单位工程项目 1000 个左右。其中井巷工程以开拓工程量所占的比重最大,按自然米计算占 50%,按立方米计算占 60% 以上,因为开拓工程一般的断面较大。还有一部分大规模硐室,按立方米计算时比重更大一些。所以井巷开拓工程是矿山建设的关键项目,占工期也较长。目前有些矿山开拓工程施工完成就可以交付生产,采准、切割工程在试生产期间由生产单位自行完成。

2.1.3　施工程序

以采矿工程为例,作一说明。

2.1.3.1　施工准备工作

地下矿山建设是一个综合工程项目,涉及面很广,情况特殊,除要与岩石、地下水、地压等自然条件作斗争,还要协调各部门的综合关系。另外,矿山建设工期长,工程类别多,要组织井巷、土建、安装三类工程平行作业,需要大量的器材设备和施工技术,组织管理也很复杂。因此,必须充分认识到矿山建设的特殊性和复杂性,作好施工准备工作。从广义上讲,施工准备工作包括组织准备、技术准备、物资准备、劳动力和工程准备几个方面。从施工角度来讲,主要是工程准备,通过准备工作达到矿井正式下掘的要求。工程准备工作包括两个方面:一是建设前期工程,一般由建设部门负责完成,包括设计、土地征购、井筒工程地质、“三通一平”等,以创造施工条件;另一个是矿井下掘前的工程准备。

掘前的工程准备由施工单位负责,主要内容是:

(1) 完成井口的测量定位,作好测量控制和井筒中心"十字"基桩点。

(2) 完成施工需要的水、电、风、路、电话等的"五通",并做好工业场地的排水设施。

(3) 完成施工需要的工业设施,包括提升、运输、排碴、压风、机修、供电、井口棚、仓库、火药库等。

(4) 完成井筒掘进必要的工程,如主井架、天轮平台、悬吊设施、井口盘、翻矸台、吊盘、测量平台等。同时,竖井下掘要完成临时锁口,斜井、平硐施工完成明堑硐门处理、安全装置等。

(5) 完成必要的生活设施,包括食堂、宿舍、浴室、办公室等。

全部施工准备期的时间很难确定,影响因素较多。当前期施工准备工作完成以后,矿山建设具备了施工条件。施工单位进场后所作的施工准备工作,工期要求如表2-1所示。

表2-1 工期要求一览表

开拓方式	井筒深度/m	斜井、平硐长度/m	矿山类别/月		
			小 型	中 型	大 型
竖井开拓	≤400	—	3	5	7
	>400	—	4	6	8
斜井开拓	—	≤750	2	3	4
		>750	5	4	5
平硐开拓	—	≤1500	1	2	3
		>1500	2	3	4

2.1.3.2 确定施工作业区域

合理地确定矿山建设的施工作业区域,对加快井巷施工速度、保证矿山提前建成非常重要。按照矿山安全规程规定,一个地下矿山建设最少应有两个以上的出口。根据矿山的规模和井下通风的需要,不同规模的矿山通地表的出口多少不一,这些出口凡是能满足施工需要的,都应该考虑作为矿山建设的施工作业区域。按照多区域作业、巷道贯通的方法组织施工,对促进井巷工程施工有重要意义,必要时还要考虑增建措施井以增加施工作业区域,加快矿山建设。正常情况下,不同规模的矿山合理的施工作业区域个数,如表2-2所示。

表2-2 施工作业区域一览表

项 目	建设规模/万吨·年$^{-1}$						备 注
	<20	<30	<50	<100	<200	>200	
施工作业区域/个	2	2~3	3	3~4	4	5	又称坑口、工区

每一个作业区域应有一个能完成施工任务的井筒(平硐),有时可能是两个井筒(如主副井区)。每个施工区配有一个综合井巷工程队(处),人员配备一般为150~300人,建井期人员较少,巷道施工期人员较多,安装时井巷人员逐步减少,机电工人增加。措施井一般是为施工服务的,矿山投产以后将失去作用,因此,措施井属于临建工程,其设计和投资问题需要甲方解决,施工单位应将方案论证报甲方审批。

2.1.3.3　施工顺序遵循的基本原则

合理的施工顺序对于加快矿山建设非常重要。在安排施工顺序时一般应考虑下列原则：

（1）矿山建设是一项综合工程项目，包括三类工程，即井巷、土建和安装。其中井巷工程占 40% ~60%，因此在考虑施工顺序时先井巷后土建和安装。

（2）在井巷工程中开拓工程占 45% ~50%，施工顺序应该先开拓后采准和切割。

（3）在开拓工程中先干井筒后干巷道。

（4）在井筒施工中先干主、副井，后干通风井。

（5）矿山三类工程要组织平行交叉施工，同步建成投产。

（6）井筒施工准备工作要安排先后，按顺序施工，一般时差 3 ~4 月为宜。井筒到底时间尽量做到同年内完成。

（7）掘井时考虑的施工设备要能满足巷道施工时提升转换的需要。

（8）尽量组织各施工作业区域同时施工，采用贯通法掘进巷道。

（9）井筒装备和提升设备安装要选定合适时间与工程平行施工，主、副井安装要错开时间。

（10）井巷工程都要实行一次成井和一次成巷。

（11）井巷收尾和巷道清理要与铺轨工程平行作业，同时交付生产。

（12）先组织交工，后安排试生产。

2.2　炼焦工程

2.2.1　工艺流程

炼焦工程中最重要的是焦炭的生产。焦炭在高炉冶炼中主要作为发热剂、还原剂和料柱骨架。焦炭在风口前燃烧放出大量热量并产生煤气，煤气在上升过程中将热量传给炉料，使高炉内的各种物理化学反应得以进行。高炉冶炼过程中的热量有 70% ~80% 来自焦炭的燃烧。焦炭燃烧产生的 CO 及焦炭中的固定碳是铁矿石的还原剂。焦炭在料柱中占 $\frac{1}{3}$ ~ $\frac{1}{2}$，尤其是在高炉下部高温区，只有焦炭是以固体状态存在。它对料柱起骨架作用，高炉下部料柱的透气性完全由焦炭来维持。

另外，焦炭还是生铁的渗碳剂。焦炭燃烧还为炉料下降提供空间。

现代焦炭生产过程分为洗煤、配煤、炼焦和产品处理等工序（见图 2-3）。

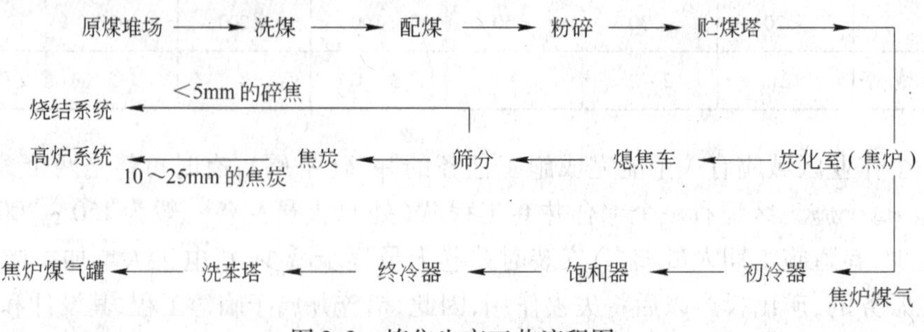

图 2-3　炼焦生产工艺流程图

(1) 洗煤是原煤在炼焦之前,先进行洗选,目的是降低煤中所含的灰分和去除其他杂质。

(2) 配煤是将各种结焦性能不同的煤按一定比例配合炼焦,目的是在保证焦炭质量的前提下,扩大炼焦用煤的使用范围,合理地利用国家资源,并尽可能地多得到一些化工产品。

(3) 炼焦是将配合好的煤装入炼焦炉的炭化室,在隔绝空气的条件下,通过两侧燃烧室加热干馏,经过一定时间,最后形成焦炭。

(4) 炼焦的产品处理是将炉内推出的红热焦炭送去熄焦塔熄灭和冷却,然后进行破碎、筛分、分级、获得不同粒度的焦炭产品,分别送往高炉及烧结等用户。

在炼焦过程中还会产生炼焦煤气及多种化学产品。焦炉煤气是烧结、炼焦、炼铁、炼钢和轧钢生产的主要燃料。炼焦化学产品是化工、农药、医药和国防工业部门的主要原料。

2.2.2 项目构成

2.2.2.1 工程分级

炼焦工程按焦炉生产能力划分为五个档次:年产焦炭10万吨级、20万吨级、60万吨级、90万吨级和171万吨级,及其相应的回收化学产品的设施。

年产焦炭10万吨至90万吨级的焦化厂均由备煤车间、炼焦车间、回收车间和公用工程四部分组成。年产焦炭171万吨级的焦化厂由备煤车间、炼焦车间、煤气精制车间、化学产品车间和公用工程五个部分组成。

2.2.2.2 单位工程

这里以年产171万吨焦炭的炼焦厂为例,说明单位工程情况。

A 煤车间

贮煤场:包括焦煤C、D两个堆场、道床、运输皮带机、堆取料机、电气及照明、混凝土排水沟及小区道路等。

一次粉碎系统:包括一次粉碎机室及其除尘设施。

配煤槽:包括土建基础、钢结构框架及槽体、皮带机、电气及照明。

二次粉碎系统:包括二次粉碎机、除尘设施、破碎机等。

成型煤:包括成型机室及其电气室、原料槽、成品槽、皮带机、除尘设施。

原料控制管理中心的4号电气室以及给排水管道等。

B 炼焦车间

焦炉本体:包括1号焦炉(1A和1B炉)、2号焦炉(2A和2B炉)。

焦炉移动机械:包括1号、2号、3号移动机械。具体包括横移平台、装煤车、推焦车、导焦车、焦罐车和电车、机焦侧混凝土平台。

1号、2号贮煤塔。

1A炉端台、2B炉端台及中间平台。

1号、2号、3号烟囱。

1号、2号炉除尘。

1号、2号焦炉临时大棚。

焦炉煤气管道。

干熄焦:包括熄焦室、锅炉、气体循环系统、电气室、除尘、泵房、纯水槽、脱氧器等。

焦处理:包括炉前焦库、碎焦机室、焦输送电气室、焦处理除尘、运焦皮带机、回送焦台、焦处理系统仪表等。

综合电气室。

焦炉区电缆。

焦炉水处理:包括沉淀池、脱水机室及电气室等。

焦炉区供排水管道及两排水管道。

焦炉区道路及照明。

C　煤气精制车间

煤气排送装置:包括煤气排水送机室、煤气排送焦油氨水分离装置、酚抽出装置、氨水蒸馏装置、仪表装置。

煤气脱硫装置:包括塔克哈克斯装置、希罗哈罗斯装置、高低压空压机室、超级分析室、仪表装置。

硫铵生产装置:包括硫铵仓库、氨回收装置、吡啶回收装置、硫铵分离干燥装置、仪表装置。

轻油回收装置:包括轻油蒸馏装置、轻油捕集装置、仪器装置。

煤精附属设施:包括氨水、焦油、轻油贮槽区、灭火设备、煤精附属管廊、煤精附属仪表。

煤精水处理工程:包括煤气排送清循环水装置(1701 冷循环水)、清循环水设备(1702)、水处理电气室、冷冻机室、仪表装置。

活性污泥处理:包括生物处理、调整槽、预备曝气槽、曝气槽、沉淀池、活性炭处理、再生炉、处理水槽、污泥浓缩槽、电气室及操作室、脱水机室、活性污泥仪表。

煤精电气、计器室。

煤精区供排水管道及污水管道工程。

煤精区电缆:包括供电电缆及辅助控制电缆。

D　化学产品车间工程

苯氢精制装置:包括加氢制氢装置、模块、附属设备(火炬塔、氨气柜)装置、第一电气仪表室、压缩机室、苯加氨仪表。

古马隆树脂生产装置:包括古马隆树脂装置、锥顶槽区、含氟废水处理、成品库、仪表装置。

焦油萘蒸馏装置:包括第一油焦蒸馏装置、脱盐基装置、脱酸萘蒸馏装置、精蒽分离装置、罐区、第二电气仪表室、仪表装置。

精制萘生产装置:包括制萘装置、精原成品库、仪表装置。

酚精制装置:包括酸蒸馏、酚盐分解、可性化、成品仓库、第三电气仪表室、滤器室。

吡啶精制装置:包括吡啶精制、成品仓库、堆桶场、仪表装置。

沥青焦生产装置:包括沥青焦制造(煅烧和延迟焦)、槽区、压缩机室、第四电气仪表室、沥青焦仪表、制品计量器室。

化学产品附属公用设施:包括附属机械装置、附属锥顶槽区(A、B、C)、灭火设备、灭火电气室、灭火泵房、消防管网设施、空压机室、仪表装置、公用电气室、第五电气仪表室、装车场仪表室、贮槽区装车场、化学产品简称区电缆、化产区主管廊、去沥青焦装车场管道、去成型煤管道、指令通讯等。

化学产品辅助装置:包括水处理装置、化产区供排水管道及污水管道、分析装置、化产试验室、药品库、水道仪表装置。

化产其他辅助工程:包括油槽车清洗站、沥青焦装车站、专用仓库、危险品仓库、一般物品仓库、化产生活间及办公室、化产区道路及道路照明和排水、化产区排雨水管道。

E 全厂公用工程

全厂外部给排水管道。

全厂外排雨水管道。

围厂河及暗渠。

电缆隧道工程。

全厂通讯管线。

焦化区域绿化工程。

焦化区动力管网及单元配管。

焦化区机修站(包括金工及电修间、铆焊修理及备件库、防腐工段)。

耐火材料库。

办公室及生活福利设施:包括焦化厂办公楼、一食堂、二食堂、生活间、煤焦生活办公室、机修生活、点检办公室等。

2.2.3 施工程序

仍以年产171万吨焦炭的炼焦工程为例加以说明。其主要施工顺序是先地下后地上,先土建后安装,先主体工程(焦炉本体)后辅助工程。

在具体安排时,要充分考虑时间、空间、资源、工程复杂程度、工艺流程特点、施工力量平衡、设计技术资料的供给情况、物资供应条件以及生产需要的缓急等因素。必须在充分调查研究的基础上,反复综合平衡,组织有施工技术管理经验的技术经济管理人员,编制出切实可行的施工总设计和主要工程项目的施工组织设计,并编制出总进度(综合施工网络计划),确定出切实可行的主要施工顺序。

一般以炼焦车间的焦炉本体工程为关键作业线。备煤车间、煤气精制车间、化学产品车间和附属公用工程按网络计划的安排穿插施工。

炼焦车间关键作业线是焦炉本体,其施工顺序是:先立炉柱后砌砖,管道、设备穿插安装。

煤气精制车间和化学产品车间的施工顺序是:先塔、槽、罐、后金属构架;设备安装先高空后地上;室外管道和室内安装并行,先上供排水,确保试压用,先试压后保温;单试—联试—水试运。图2-4所示为焦炉砌筑施工顺序框图。

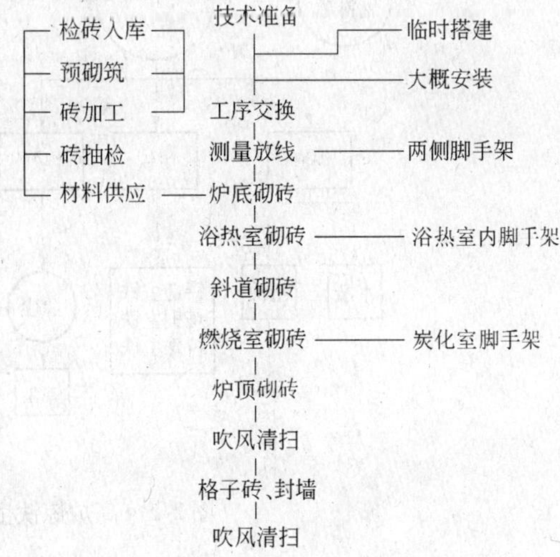

图2-4 焦炉砌筑施工顺序框图

2.3　高炉、熔融炼铁工程

2.3.1　工艺流程

2.3.1.1　高炉炼铁

高炉炼铁的本质是铁的还原过程，即使用焦炭作主要燃料和还原剂，在高温下将铁矿石或含铁原料中的铁从氧化物或矿物状态（如 Fe_2O_3、Fe_3O_4、Fe_2SiO_4、$Fe_3O_4 \cdot TiO_2$ 等）还原为液态生铁。生铁是含碳量在 1.7% ~4.3% 范围内的铁碳合金，同时还含有少量的硅、锰、硫、磷等杂质。

生铁目前主要靠高炉冶炼出来，其产品可分为四类：含硅 0.6% ~1.7% 适于炼钢的炼钢生铁；含硅大于 1.75% 的灰口铁，亦称铸造生铁（即商品类），它通常占生铁总产量的 10% 左右；含有铜、钒、铬、镍等的合金生铁，用来炼钢或铸造；制成供炼钢脱氧使用的铁合金。

冶炼过程中，炉料（矿石、熔剂、焦炭）按照确定的比例通过装料设备分批地从炉顶装入炉内，高温热风从下部风口鼓入，与焦炭及从风口喷入的煤粉反应生成高温还原性煤气；炉料在下降过程中被加热、还原、熔化、造渣，发生一系列物理化学变化，最后生成液态渣、铁，聚集于炉缸，周期地从高炉排出。煤气流上升过程中，温度不断降低，成分逐渐变化，最后形成高炉煤气，从炉顶排出。

高炉炼铁生产工艺过程如图 2-5 所示。

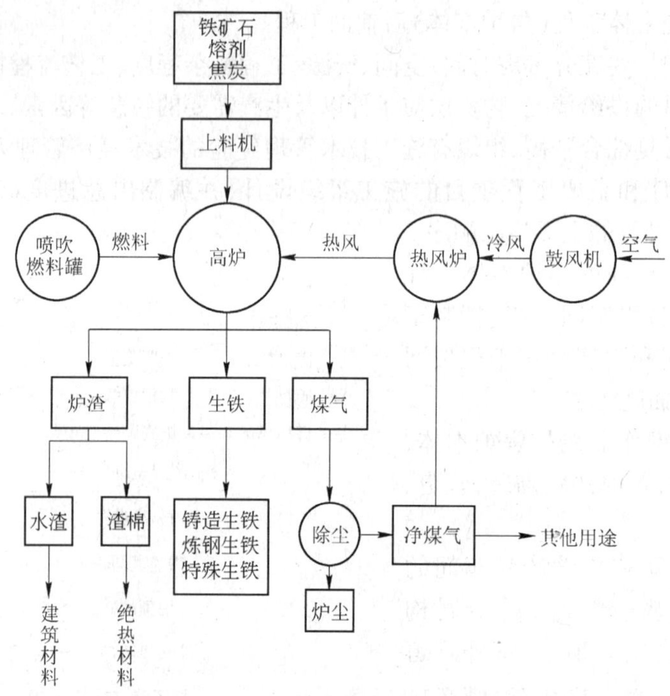

图 2-5　高炉炼铁生产工艺过程

由此可见，高炉炼铁生产过程非常复杂，除高炉本体以外，还包括有原燃料系统、上料系统、送风系统、渣铁处理系统、煤气处理系统等辅助系统。通常，辅助系统的建设投资是高炉本体的4～5倍。生产中,各个系统互相配合、互相制约,形成一个连续的、大规模的高温生产过程。

此外,高炉生产还具有连续、不间断的特点。高炉开炉之后,整个系统必须夜以继日地进行生产,除了计划检修和特殊事故暂时休风外,一般要到高炉一代寿命终了时才停炉。

2.3.1.2 熔融炼铁

熔融炼铁中被称为绿色炼钢法的熔融还原炼铁技术,业内人士认为它将是改变世界钢铁产业严重污染的关键技术。熔融炼铁技术无需建造炼焦炉,污染排放不到传统技术的10%,是目前世界上污染最小的炼铁系统。COREX技术是世界上唯一已实现工业生产的熔融还原炼铁技术,关于COREX技术的研究始于20世纪70年代末,由奥钢联公司和德国杜塞道尔科富工程公司联合开发。1985年,南非伊斯科公司为其比勒陀利亚工厂订购了世界上第一套规格为C-1000的COREX生产设备,于1989年11月投产,并在1年内达到了设计产能。COREX熔融还原炼铁工艺同基于用焦煤做还原剂的传统高炉炼铁工艺不同,它可以直接使用非焦煤、球团块和天然块矿作为原燃料,生产出的铁水质量可与高炉相媲美,并同样适用于之后的各种炼钢用途。由于不使用焦炉炼焦系统,而直接采用煤作为还原剂,此工艺解决了当今焦炭资源短缺对冶炼工业产生制约的问题。由于取消了传统高炉炼铁前所需的烧结、球团、焦化等工序,从而大大缩短了整个炼铁工艺的流程,同时减少了原高炉炼铁中各环节对环境的污染,成为目前炼铁领域中的前沿技术。

COREX熔融还原工艺的基本流程是,全部冶炼过程在还原炉和熔融气化炉这两个独立的过程反应器中完成。燃料煤直接装入熔融气化炉拱顶,在1000～1050℃的温度下转变成炭,焦油、苯酚和烃等副产品则同时被分离开。氧气由底部吹入熔融气化炉,与煤发生反应后生成由95% CO和H1组成的优质还原气。从熔融气化炉排出的气体被冷却至还原所需的温度800～850℃后,进入热旋风除尘器除尘,再进入还原竖炉,使由块矿和球团矿组成的含铁料还原成直接还原铁(DRI)。直接还原铁由螺旋输送机送入熔融气化炉,并在那里熔化成铁水。球团矿、块矿从还原竖炉顶部加入,并在竖炉内不断下降的过程中被来自熔融气化炉的还原气体还原成金属化率达92%～94%的海绵铁,热海绵铁连续加入熔融气化炉中,落到由煤脱除挥发分后形成的半焦固定床上,进一步还原、熔化、渗碳并进入炉缸形成炉渣和铁水。与高炉类似,COREX熔融气化炉中也有死铁层、死料柱和风口带。出铁过程及随后对铁水的处理工艺与高炉几乎完全一样。

2.3.2 项目构成

这里以高炉炼铁为例,加以说明。

由于不同档次的高炉规模相差悬殊,所以,与之配套的辅助生产项目也有繁有简。总的说来,每一档次(系列)的高炉炼铁系统,都是由原料系统、冶炼系统、渣铁处理及运输系统、能源公用系统、辅助材料制备和装运贮存系统五大功能系统所组成。

(1)原料系统。由贮料场经皮带机将矿石和焦炭等原料,运到贮矿槽和贮焦槽中暂时贮存,然后按照高炉的冶炼要求,经槽下给料、称量设备及上料运输机械(矿车或皮带机)将合格的矿石和焦炭分批送往高炉炉顶装料设备。

(2)冶炼系统。该系统包括高炉本体、热风炉、出铁场及鼓风机站。矿石和焦炭通过炉顶装料设备不断交替地装入炉内。冶炼时外加的燃气(焦炉煤气、高炉煤气和助燃空气)先在热风炉燃烧室内燃烧,将热风炉蓄热室的热载体(一般采用通气性好的格子砖)加热,再从鼓风机站连续不断地把冷风送入热风炉的蓄热室(与燃气反方向),冷风在蓄热室被加热后通过热风总管,经风口吹入炉内助燃。炉内燃气流在上升穿越料柱过程中使矿石还原,一般在1100℃左右开始熔化,在1400℃左右熔化滴下,生成铁水和熔渣。由于密度差使铁水积在炉缸底部,熔渣在炉底上部,用专用设备打开渣口和铁口出渣、出铁。冶铁过程中产生的高炉煤气,经炉顶煤气捕集器、上升管、下降管被导入煤气重力除尘器,进行煤气粗除尘,然后再送往煤气清洗系统和有关用户。

(3)渣、铁处理系统。1000m^3 以下的高炉,一般分设渣口和铁口,将渣水和铁水分别导出。大型高炉则一般不设渣口,而设立多个铁口,渣铁均从铁口外排。

渣处理系统是把渣水用渣罐列车送到渣处理场,冷结成干渣块,或将渣水用渣罐列车运送到水渣池冲制水渣。大型高炉常用自流式渣沟把清水直接与干渣场或水渣冲制设施的渣处理系统联系起来,以减少运输工作量和降低生产成本。现代高炉水渣设施还采用了转鼓脱水法新技术。

铁是高炉冶炼的主要产品,铁水通过铁水分配流嘴装入铁水罐车送往炼钢厂,或送往铸铁机车间制成铸造生铁。

(4)能源介质及公用系统。高炉炼铁工程能源主要是指总降压变电系统提供的电力,供热风炉生产的焦炉煤气,高炉点火后自身生产出来的高炉煤气以及为了提高冶炼强度、降低焦比而需要的辅助能源(如重油、煤粉、氧气等等)。高炉的公用系统主要指各种水处理、循环水和供排水系统。按照高炉生产工艺和安排,循环水系统按水质可分为:浊循环水(主要是将煤气清洗、集尘能回收的水经沉淀处理再利用的水);对炉体、炉底冷却的闭路清循环水系统。对于现代化大型高炉,还有使用纯水冷却降温的密闭循环系统。除循环冷却系统外,水系统中还有高炉炉体洒水、炉顶洒水、渣场洒水等消耗水,供水和生活用水,消防水和污水排放系统。公用系统还包括为全厂服务的管网、仓库、机修、生活办公设施、道路及照明、通讯等。

(5)辅助生产材料制备、贮存和运输系统。该系统主要包括碾泥车间、铸铁机车间、沟盖车间等。这些项目大多数都安排在高炉、热风炉主体较远的地方,靠管道、铁路和公路与高炉、热风炉相联系。

2.3.3 施工程序

2.3.3.1 工程特点

炼铁工程施工具有许多不同于黑色冶金其他系统工程的特点,因而炼铁工程的建筑安装施工规划与施工组织设计与其他系统有着明显的差别。

(1) 施工场地狭窄。炼铁工程相对于其他系统工程有施工场地狭窄、平面空间及立体空间不易安排的特点。高炉占地面积小,尤其是高炉本体、出铁场以及重力除尘器和热风炉的相对位置,在工艺布置上一般相距很近。在进行施工总部署时,必须充分注意开工顺序、施工机械、设备材料的进场道路以及设备安装施工的顺序和临时贮放场地的安排。

(2) 地下工程复杂。高炉主体附近常有较深的地下工程。由于高炉与热风炉对地基的压力大而且集中,因而在施工顺序上更要认真做好安排,以免因工序安排不合理而造成不必要的损失。

(3) 高空作业多。高炉本体高度高,高空作业多,因而必须做好高空施工与地面施工的协调配合,才能有利于提高整个工程劳动生产率与施工安全系数。

(4) 施工配合复杂。炼铁工程以高炉本体耗费工时最多,需要的配合最复杂,结构安装、高炉砌筑、设备安装等的立体交叉、平行流水作业需要密切配合。所以,通常编制工程总体施工规划方案时,多数以高炉本体施工所必需的工期为基本工期来安排协调其他子项工程的施工,以便平衡资源用量,保证施工生产均衡有序地进行。

(5) 试车量大。高炉系统的试车量很大,必须分区分段,从单体试运转到单独系统试运转,再到整个高炉系统综合试运转。在这一系列试运转中,能源工程必须最先开始运转,最早投入运行,因而在总体规划和施工时能源类工程必须尽可能优先安排。

(6) 能源先行。能源工程中电、水应最先投入,因此,为高炉生产提供电力的配套项目必须适时进行。当电力由国家电网引入时,变电配电工程必须安排在一切工程单试之前竣工,以便及时供给试运转所需的电力。为保证各项设备试运转时所需的水质与水量,供水系统亦应优先安排施工、投产运行。当条件有限,不可能从国家电网全部供电时,必须由自己设置发电工程。当采用蒸汽透平鼓风机时,则蒸汽锅炉工程及透平鼓风机的安装调整又必须安排在试车最优先的地位上,才能保证试运转工作的顺利展开。

(7) 开口施工与闭口施工相结合。就高炉系统工程来说,因各单位工程所处的环境不一样,有些适合开口施工,有些适合先建厂房后打设备基础的闭口施工。高炉基础和热风炉基础多采用开口施工,其他视具体条件确定。

2.3.3.2 总体施工布置的原则

鉴于上述特点,高炉总体施工的原则可归纳为以下几点:

(1) 先路后厂,先下后上,即先道路后厂房,先地面工程后低空、高空工程。

(2) 先深后浅,先主后辅。即先深基后浅基,处理好高炉、热风炉之间深电缆沟道。先高炉、热风炉主体工程,后辅助工程。

(3) 能源先行,电、水优先。

(4) 开闭结合,同步投产。

(5) 炉内、炉外、炉上、炉下立体交叉平行流水作业。在高炉炉壳炉顶法兰焊接后,炉体内开始筑炉喷涂砌筑,设置保护棚上、下二层同时作业。热风炉也可采用上、下二层同时作业。

2.3.3.3 高炉本体施工顺序

$1000m^3$ 高炉本体施工顺序框图如图2-6所示。

2.4 转炉炼钢及炉外精炼工程

2.4.1 工艺流程

转炉炼钢是在转炉里进行的。转炉的外形与梨相似,内壁衬砌耐火砖,炉侧有许多小孔(风口),压缩空气从这些小孔吹入炉内。开始时,转炉处于水平,向内注入1300℃的液态生铁,并加入一定量的生石灰,然后鼓入空气并转动转炉使它直立起来。这时液态生铁表面剧烈的反应,使铁、硅、锰氧化(氧化为 FeO、SiO_2、MnO)生成炉渣,利用熔化的钢铁和炉渣的对流作用,使反应遍及整个炉内。几分钟后,当钢液中只剩下少量的硅与锰时,碳开始氧化,生成一氧化碳(放热)使钢液剧烈沸腾。炉口由于溢出的一氧化碳的燃烧而出现巨大的火焰。

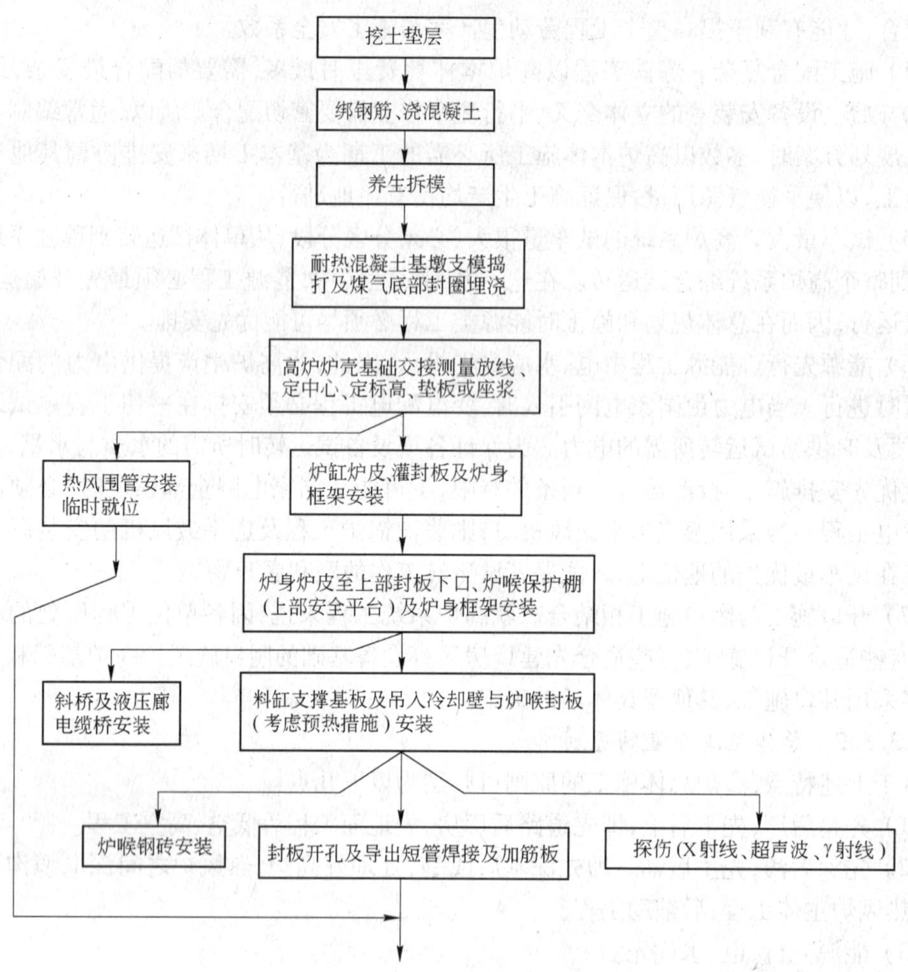

图2-6　高炉本体施工顺序框图

最后,磷也发生氧化并进一步生成磷酸亚铁。磷酸亚铁再跟生石灰反应生成稳定的磷酸钙和硫化钙,一起成为炉渣。当磷与硫逐渐减少,火焰退落,炉口出现四氧化三铁的褐色蒸气时,表明钢已炼成。这时应立即停止鼓风,并把转炉转到水平位置,把钢水倾倒至钢水包里,再加脱氧剂进行脱氧。整个过程只需15min左右。如果氧气是从炉底吹入,那就是底吹转炉;氧气从顶部吹入,就是顶吹转炉,转炉炼钢的工艺流程如图2-7所示。

随着制氧技术的发展,现在已普遍使用氧气顶吹转炉及顶底复吹转炉。这种转炉吹入的是高压工业纯氧,反应更为剧烈,能进一步提高生产效率和钢的质量。

顶吹转炉冶炼一炉钢的操作过程主要由以下六步组成:

(1)上炉出钢、倒渣,检查炉衬和倾动设备等,并进行必要的修补和修理。

(2)倾炉,加废钢、兑铁水后,摇正炉体(至垂直位置)。

(3)降枪开吹,同时加入第一批渣料(起初炉内噪声较大,从炉口冒出赤色烟雾,随后喷出暗红的火焰;3~5min后硅锰氧化接近结束,碳氧反应逐渐激烈,炉口的火焰变大,亮度随之提高;同时渣料熔化,噪声减弱)。

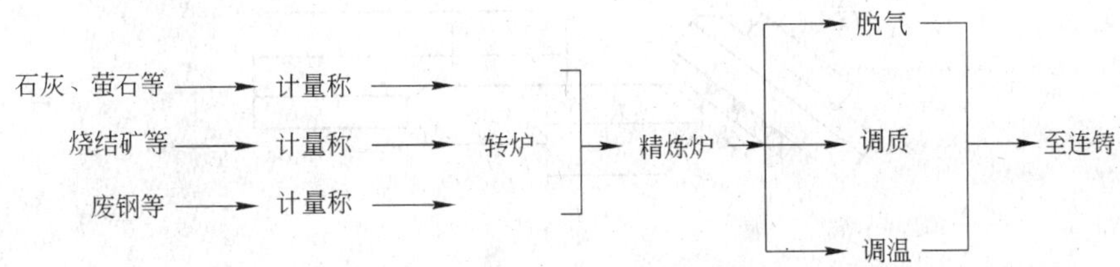

图2-7 转炉炼钢的工艺流程

(4)3~5min后加入第二批渣料继续吹炼(吹炼过程中钢中碳逐渐降低,约12min后火焰微弱,停吹)。

(5)倒炉,测温、取样,并确定补吹时间或出钢。

(6)出钢,同时(将计量好的合金加入钢包中)进行脱氧合金化。

上炉钢出完钢后,倒净炉渣,堵出钢口,兑铁水和加废钢,降枪供氧,开始吹炼。在送氧开吹的同时,加入第一批渣料,加入量相当于全炉总渣量的三分之二,开吹3~5min后,第一批渣料化好,再加入第二批渣料。如果炉内化渣不好,则可加入第三批萤石渣料。

吹炼过程中的供氧强度:小型转炉为2.5~4.5m^3/(t·min);120t以上的转炉一般为2.8~3.6m^3/(t·min)。

在吹炼过程中还应注意以下五个方面的问题:

(1)开吹时氧枪的枪位采用高枪位,目前是为了早化渣,多去磷,保护炉衬。

(2)在吹炼过程中适当降低枪位以保证炉渣不“返干”,不喷溅,快速脱碳与脱硫,熔池均匀升温为原则。

(3)在吹炼末期要降枪,主要目的是熔池钢水成分和温度均匀,加强熔池搅拌,稳定火焰,便于判断终点,同时降低渣中Fe含量,减少铁损,达到溅渣的要求。

(4)当吹炼到所炼钢种所要求的终点碳范围时,即停吹,倒炉取样,测定钢水温度,取样快速分析C、S、P的含量。当温度和成分符合要求时,就及时出钢。

(5)当钢水流出总量的四分之一时,向钢包中加脱氧合金化剂,进行脱氧、合金化,由此一炉钢冶炼完毕。

2.4.2 项目构成

炼钢工程在整个钢铁厂中处于冶炼的最后一道工序,是连接从矿石炼成生铁,经过炼钢铸成钢锭,经过开坯机开坯,进入轧制过程的一个中间环节。其平面位置的布置在炼铁厂和初轧厂之间,炼铁厂到炼钢厂之间的铁水运输和炼钢厂到轧钢厂之间的锭(坯)运输通常是由铁路车辆来完成的。由于工厂生产能力的不同、建设工厂所占有的土地区域的不同而有各自的布置。这里列出三个钢铁厂的平面布置图以供参考(见图2-8)。

炼钢工程的土建工程从全面来分析,除了主厂房是高层框架结构外,其他没有什么太特殊的工程;而在工艺设备方面,则有脱硫、排渣、大型转炉、铁合金副原料输送、转炉废气处理(OG装置)、RH真空脱气、特大型桥式吊车等特殊工程,分别简述如下。

2.4.2.1 铁水脱硫工程

根据铁水原料条件,为确保产品方案的实施,必须对原料铁水进行预脱硫处理。脱硫的

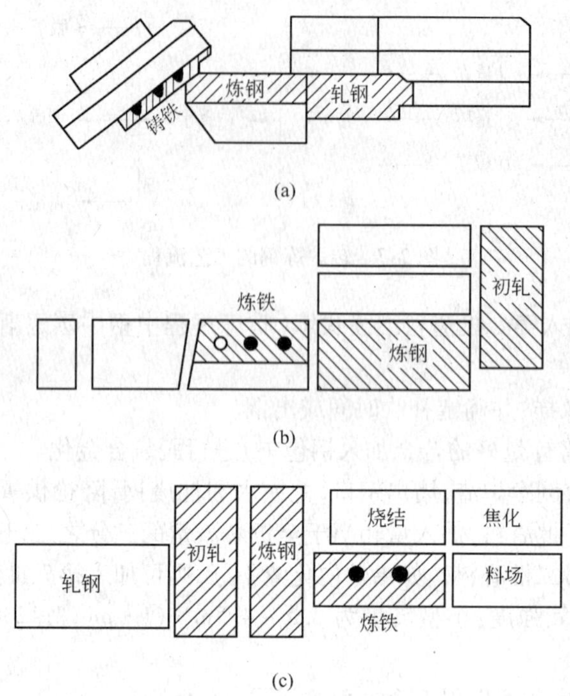

图 2-8　某钢厂平面布置示意图(铁→钢→坯)

方法为采用氮气压送脱硫剂,向混铁车内喷吹的顶喷法(即 T. D. S 法)脱硫。粉状脱硫剂由容量为 10t 的密封槽车载运,用氮气压力输送到脱硫剂贮存料仓。脱硫时,料仓内的脱硫剂由旋转阀、蝶阀加入喷吹罐。然后由喷吹罐的旋转阀送入管道内,以喷枪将脱硫剂吹到混铁车内的铁水里。

炼铁时铁水内含有煤和重油,这些燃料中都含有硫的成分,为了降低钢成分中硫的含量,或是在产品要求生产低硫钢时都必须对铁水进行处理:就是将铁水中含有 0.4% 的含硫量经处理后达到 0.05%,作业时间为约 30min。

2.4.2.2　混铁车排渣工程

混铁车在将铁水运到炼钢主厂房受铁坑内,返回高炉再次作业的过程中,应随时对混铁车中的高炉渣和残铁进行排渣处理。一般在每运送 10 炉后要进行一次排渣处理。当铁水经过脱硫处理时,则需要在运送 5 炉铁水后进行排渣处理。

混铁车排渣间,就是为此目的而设置的。

处理方法是通过设置在排渣间的桥式吊车和两台扒渣机来完成,这既减少了铁水灌内的渣量,又提高了炼钢时吹炼的质量。

经过处理的残渣,经冷却到 200℃以下后,用卡车运到残铁回收场处理,残铁则从罐中用桥式吊车吊出,用卡车运到落锤破碎间进行破碎处理。

2.4.2.3　转炉本体工程

300t 碱性纯氧顶吹转炉炉体外形为锥形球炉体,炉底非分离形式。炉体用日本新日铁开发的带锁轴螺栓加球面垫圈组的三点支承方式固定在耳轴托圈上。这样的结构,倾动过程中能牢固地支持炉体，并能吸收炉壳的热膨胀和永久变形。

转炉的倾动装置为“全悬挂四点啮合，扭力杆平衡”模式（P、G、C）。具有体积小、重量轻、效率高、安全可靠等特点。在驱动侧的轴承底座上，采用铰接结构，以适应耳轴托圈的膨胀和变形。

在转炉的冷却方面，具有转炉炉口、炉顶圆锥部、炉体挡渣板、耳轴托圈的水冷和炉腹部分的空冷装置，这些装置为在高温冶炼中的转炉机械设备及炉衬提供了良好的保护条件。

2.4.2.4 转炉废气处理设备

转炉废气处理设备是对转炉在吹氧冶炼时产生的主要成分为一氧化碳的废气进行冷却、除尘和回收的装置。转炉吹炼时，产生大量含有 CO 和 FeO 粉尘的高温烟气，采用 OG 装置就是对所产生的烟气进行冷却、净化，并回收煤气、氧化粉尘和余热。

OG 装置是由排气冷却装置、排气除尘净化装置、引风机、煤气管道以及煤气回收装置等组成。转炉 OG 系统设备图如图 2-9 所示。

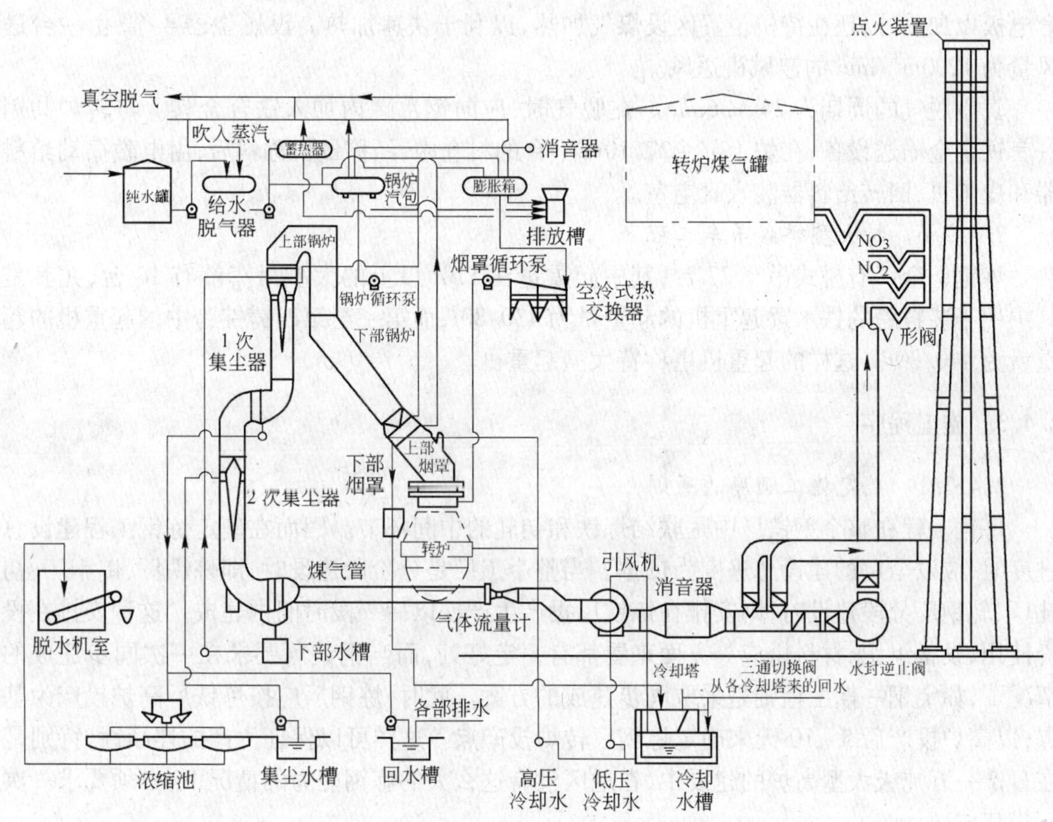

图 2-9 转炉 OG 系统设备图

转炉在冶炼时散发的烟气，由排气冷却装置将未燃状态下、温度高达 1450℃左右的烟气，经下部裙罩、下部烟罩、上部烟罩和汽化冷却器，冷却到 1000℃以下，然后进行除尘。除尘净化装置采用两级文氏管洗涤系统。既可进行除尘，又可直接冷却。第一级文氏管，由文氏管洗涤器和弯管分离器组成,目的在于直接冷却高温煤气,使烟气温度降低到75℃左右,同时起到收集粗粒灰尘的作用。第二级文氏管,由文氏管、弯管分离器和除雾器组成。目的在于除去微细的灰尘。

经过两级文氏管的烟气,用引风机送到煤气柜贮存,可作冶金厂其他炉子和锅炉的燃料使用。

转炉每次吹炼,共历时约60min。因为在初期5min和末期2min内,烟气的一氧化碳浓度很低,所以可用三通切换阀,使烟气送到放散塔,然后燃烧放散。在吹炼的中间9min的时间内,此时的一氧化碳浓度很高,可以用三通切换阀将煤气送到煤气柜贮存。

2.4.2.5 RH真空脱气工程

对需要进行处理的钢水,例如在冶炼石油管钢、吕班德钢、螺旋焊管钢时都要进行脱气处理。此时出钢后的钢水,由440t钢水罐运到铸锭跨,吊到440t脱气钢水罐台车上,运到RH真空位置后,经液压缸顶升钢水罐,使真空室的循环管插入钢水中,进行脱气。真空室钢壳内径为3.2m,高为12.35m。壳壁砌耐火材料,砌砖后净内径尺寸为2.366m,净空高度为9.6m。真空室内设有加热装置,为使真空室处理位置温度保持在1300~1500℃,除设两套电极以加热外,还在待机位置区设煤气加热,以利于快速加热。设燃烧器4个,由一台送风量为1200m^3/min的鼓风机送风。

真空脱气的周期为24~36min。在脱气时,应向钢水罐内加入铁合金料。与转炉共用一套铁合金输送设备,在炉上部+27.10m平台的料仓内,经称量机称料后,由电磁振动给料器和皮带机、回转给料器装入真空室。

2.4.2.6 特大型桥式吊车工程

炼钢厂全厂有桥式吊车27台,其中起重量在110t以上的大型吊车就有10台,尤其是其中用于装料跨的铁水罐起重机的起重量为430/80t,而第一至第四铸锭跨中的起重机的起重量为440/80t。这样的起重机堪称特大型起重机。

2.4.3 施工程序

2.4.3.1 确定施工顺序的原则

炼钢工程在整个钢铁厂中是联结炼铁和初轧的中间环节。因而在确定炼钢工程建设总进度时,应以全厂的建设总进度为依据。当整个工厂是分阶段建设时,即炼铁厂、炼钢厂、初轧厂、轧钢厂分段建设时,则安排在炼铁厂投产生产铁以后一段时间内建成。这种安排在投资使用,设备组织、材料供应等方面来看都有一定好处,而当钢铁厂要求在一次同步建成的情况下,如宝钢一期工程则是采取同步建成的方案。此时,炼钢厂应按炼铁厂高炉投产为基点,以高炉投产后5~10天来确定炼钢厂转炉投产点。这样可以保证生产的连续性,特别是在日产一万吨级大型高炉的建设中,在地区没有这么大的炼钢能力的情况下,必须要求一次同步建成。

2.4.3.2 主要施工顺序

(1)先主体、后辅助。任何一个工程的建设都具有其自身的特点,亦即由生产工艺所形成的要求炼钢厂内部各单位工程项目的先后投产的顺序。鉴于炼钢工程的主体工艺在转炉冶炼和铸锭方面,因此由转炉和铸锭跨为主体组成的主厂房将处于整个工程建设的中心位置和主要矛盾线的地位。由于炼钢主厂房结构常常采用高层结构,层次多,建筑物高。安装工作量几乎有66%以上集中在这里,施工工序复杂、占工期时间长,因而组织施工建设时,往往是最早开工的项目。其他如整脱模车间、炉渣车间、废钢车间、原料上料皮带通廊工程、地下料仓工程,由于都是单体建筑,大多是单层厂房,施工工序相对简单、设备安装工期也较短,可以在整个工程建设过程中穿插进行。这实际上形成了先主体、后辅助的施工顺序。

(2)先地下、后地上。在大型钢铁企业的施工中,特别是在软土地基,地下水位比较高的情况下,土建施工应严格遵循先地下,后地上的原则。

因此,在主厂房施工时,在施工柱基的同时应将厂房内或周围的相邻的地下工程,特别是受铁坑(-15m)那样的深基要同时进行,按照先深后浅的原则组织施工。又如原副料地下料仓,也是深埋于地下达13m的工程,开挖时放坡面很大,虽然离开炼钢厂房有相当一段距离,考虑到地下工程的复杂性和上部结构与设备的安装,在施工中早作安排也是十分必要的。

在有桩基处理地基的情况下,怎样减少相邻工程的施工干扰和影响,要考虑分区片来进行。这样,一个区片内的桩基一次完成,在以后挖土、做基础施工中可以减少因打桩而引起已建工程或基础的位移和不均衡沉降。在确定施工顺序时,这一点也往往是不能忽视的。

(3)按照设计资料、设备材料的交付条件来确定工程施工的先后顺序。往往有这样的情况,基坑开挖后,由于建筑材料的供应不及时,而产生停工,由于建筑构件,如预制混凝土构件、厂房钢结构构件的制作,不能及时运到现场而停工;或因设备不能按照安装顺序提供,而中断安装工作的进行,这种情况在工地上经常会碰到。因此,必须十分注意这些材料、构件和设备对施工的影响。这就提出了一个按照这些资材的供应和到达的情况来考虑哪个工程先开工,哪个工程后开工的问题。然而,这样的方法,有时会比较被动。而主动的方式应该是,在确定工程进度的时候,充分考虑供货的条件。也可以按确定了的工程进度,积极地去落实货源,争取设备的交付,最终确保工程的顺利进行。

要使工程能按期开工,顺利进行的最基本条件是设计资料,如同前面讲的打桩工程的分区片完成,先地下、后地上的实现,先深后浅的组织施工,都离不开设计条件。因而在安排施工的时候,又必须以设计交付计划为前提,以工程进度为准,要求设计部门按此提供设计图纸,包括全厂性的地下管网工程在内,都应该千方百计去争取。把情况向设计部门讲清楚,得到设计部门的支持。

(4)妥善安排公用能源工程,按能源安排领先的原则安排施工顺序。在钢铁厂的建设中,能源介质的建设处于十分重要的地位。有些能源如供电,则应先于一切工程。由于现代化传动和控制设备的发展,需要进行调试和试运转的设备越来越多,而且周期很长,大型高炉的炼铁厂的调试周期为6~9个月,大型转炉的调试周期较之更长,约为12个月。要使设备能开始调试,供电必须领先。此外,由于炼钢设备包括转炉、OG装置。氧枪等需要用水来冷却;而电气设备仪表,都设置在有空调设备的电气室内,电气设备开始调试就需要使用这些用水来冷却的空调设备。此外,供水要在无负荷试车以前供应到位。又如现代的用氧气炼钢的转炉,需要提前进行通氧试验,因而对于氧气又提出了必须先期供给的条件。

由此,在安排施工顺序时,应充分注意这些能源介质的供应。

对供电系统来说,在实行分级供电的情况下,安排施工顺序时,应充分研究供电关系。下一级变电所的受电是以上一级变电所的供电为前提的。

2.4.3.3 厂房的施工顺序

(1)以土建工程来讲,按先地下、后地上的施工原则。在转炉台架基础和厂房柱基施工后,开始厂房钢结构的吊装。先集中力量完成转炉跨、受铁跨的高层部分,后进行铸锭跨部分的结构安装。在转炉的主跨安装中,可以考虑以下两点:

1)一些设置于厂房高跨顶部平台上的设备,如锅炉汽包等,由于重量较大,安装高度很高,在厂房结构安装完成之后,难以进行安装。可以利用厂房结构吊装时的机具,在安装厂房到相应的标高时,将设备吊入就位。

2)由于转炉设备和OG设备安装要在主厂房结构完成以后进行,在厂房内部利用吊车安装这些设备时,对一些平台上的平台梁和平台板要考虑到拆除的问题,以便设备垂直运输。这对于安装这些设备是必须的,否则就无法经各平台运入。因此从设计上就要做好考虑,对这一部分平台的梁和板可以临时固定,安装设备时予以拆除。设备安装完毕后,再复位并固定。

(2)在炼钢厂设备安装中应考虑以下安装条件。由于转炉跨有45t的氧枪检修吊车,受铁跨有300t的受铁吊车,铸锭跨有440t铸锭吊车,这些都可以用来运输和安装大型设备。同样,在转炉跨各台转炉下有钢水罐台车的行走轨道,这些轨道可以作为设备安装时水平运输的通道。因此,对于这些桥式吊车和轨道工程,在厂房结构安装后,再进行它们的安装与施工。施工顺序如图2-10所示。

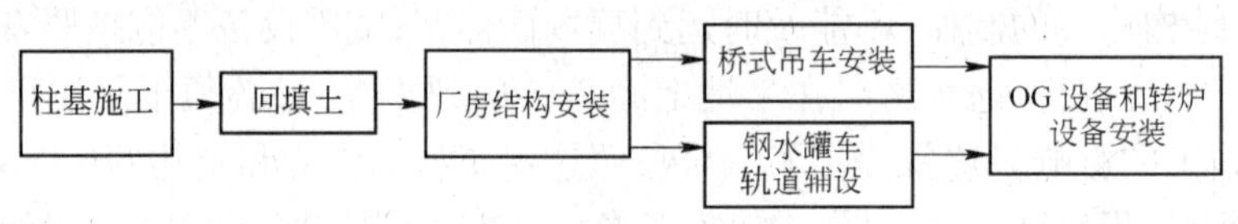

图2-10　施工顺序示意图

(3)转炉与OG设备是整个炼钢主厂房中的主体设备。它们的安装在整个进度计划中处于关键线路的主导地位。由于OG冷却装置设置在转炉的正上方,所以应先将OG装置的除尘设备和冷却装置从转炉安装孔洞位置上垂直运入到各层平台,临时存放或安装就位,最后才开始转炉安装。这样,在工程进度安排上,就表现为OG安装是转炉安装的前提,在OG设备没有全部运到各层平台进行安装之前,转炉是不允许开始安装的。

(4)转炉跨主厂房内的设备(转炉、OG的装置等)安装结束以后,就应进行设备的调整试车工作。在整个试车中,四个方面的调整试车,是至关重要的,而且它们各自之间的试车相互关联。这四个方面的试车是:转炉、氧枪系统、OG装置、副原料输送和给料装置。它们的关系可以参见图2-11。

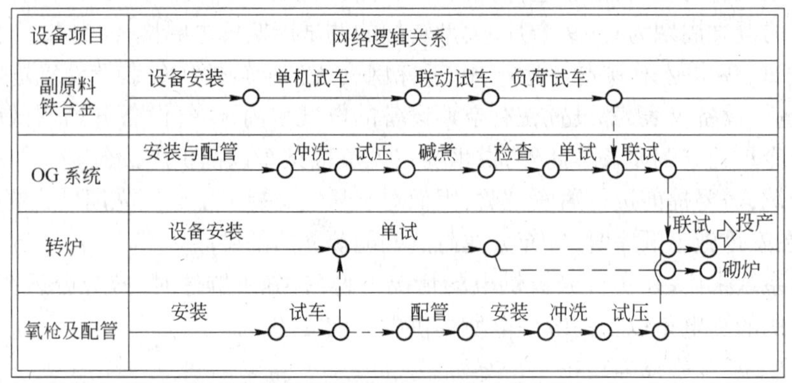

图2-11　转炉工序流程示意图

2.5 电炉炼钢工程

2.5.1 工艺流程

电炉冶炼操作方法一般是按造渣工艺特点来划分的，目前普遍采用双渣还原法与双渣氧化法。

双渣还原法（返回吹氧法）的特点是冶炼过程中有较短的氧化期，造氧化渣，又造还原渣，能吹氧去碳、去气、去夹杂。但由于该种方法去磷较难，故要求炉料应由含低磷返回废钢组成。双渣还原法由于采取了小脱碳量、短氧化期，不但能去除有害元素，还可以回收大量的合金元素。此法适合冶炼不锈钢、高速钢等含 Cr 、W 高的钢种。

双渣氧化法（氧化法）的特点是冶炼过程有氧化期，能去碳、去磷、去气、去夹杂等杂质。对炉料无特殊要求，冶炼过程既有氧化期，又有还原期，有利于钢质量的提高。目前，几乎所有的钢种都可以用氧化法冶炼。以下主要介绍氧化法冶炼工艺。

电炉炼钢工艺流程如图 2-12 所示。

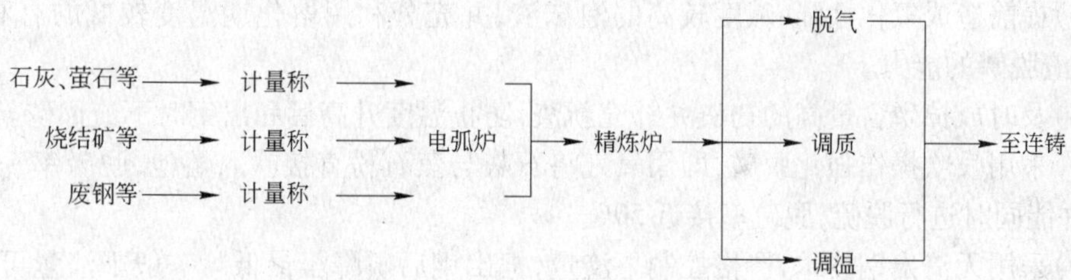

图 2-12 电炉系统炼钢生产工艺流程简图

现代电炉冶炼已从过去包括熔化、氧化、还原精炼、温度、成分控制和质量控制的炼钢设备，变成仅保留熔化、升温和必要精炼功能（脱磷、脱碳）的化钢设备，而把那些只需要较低功率的工艺操作转移到钢包精炼炉内进行。钢包精炼炉完全可以为初炼钢液提供各种最佳精炼条件，可对钢液进行成分、温度、夹杂物、气体含量等的严格控制，以满足用户对钢材质量越来越严格的要求。尽可能把脱磷甚至部分脱碳提前到熔化期进行，而在熔化后的氧化精炼和升温期只进行碳的控制和不适宜在加料期加入的较易氧化而加入量又较大的铁合金的熔化，对缩短冶炼周期、降低消耗、提高生产率特别有利。

电炉采用留钢留渣操作，熔化一开始就有现成的熔池，辅之以强化吹氧和底吹搅拌，为提前进行冶金反应提供良好的条件。从提高生产率和降低消耗方面考虑，要求电炉具有最短的熔化时间和最快的升温速度以及最少的辅助时间（如补炉、加料、更换电极、出钢等），以期达到最佳经济效益。

2.5.1.1 装料

基本原料：废钢、返回料、增碳剂（电极粉、焦炭粉、生铁）。

装料前的炉料计算：装料前首先应确定出钢量，然后算出各种炉料的配入量，准确估算配料量不但可以保证冶炼过程的顺利进行，而且还能减少金属料及原料材料消耗，并能合理地利用返回废钢，节约合金元素，缩短冶炼时间。

装料操作:装料操作直接影响到炉料熔化速度、合金元素烧损、电能消耗和炉衬寿命。对装料的要求是速度快,密实,布料合理,尽可能一次装完,或采用先多加后补加的方法装料。

2.5.1.2 快速熔化与升温操作

快速熔化和升温是当今电弧炉最重要的功能,将第一篮废钢加入炉内后,这一过程即开始进行。为了在尽可能短的时间内把废钢熔化并使钢液温度达到出钢温度,在电炉中一般采用以下操作手段来完成:以最大可能的功率供电,氧-燃烧嘴助熔,吹氧助熔和搅拌,底吹搅拌,泡沫渣以及其他强化冶炼和升温等技术。这些都是为了实现最终冶金目标,即为炉外精炼提供成分、温度都符合要求的初炼钢液,因此还应有良好的冶金操作相配合。

2.5.1.3 脱磷操作

脱磷操作的三要素,即磷在渣、钢间分配的关键因素有:炉渣的氧化性、石灰含量和温度。随着渣中 FeO、CaO 的升高和温度的降低,渣、钢间磷的分配系数明显提高。因此,在电弧炉中脱磷主要就是通过控制上面三个因素来进行的,所采取的主要工艺有:

(1)强化吹氧和氧-燃烧嘴助熔,提高初渣的氧化性。

(2)提前造成氧化性强、碱度较高的泡沫渣,并充分利用熔化期温度较低的有利条件,提高炉渣脱磷的能力。

(3)及时放掉磷含量高的初渣并补充新渣,防止温度升高后和出钢时下渣回磷。

(4)采用喷吹操作强化脱磷,即用氧气将石灰与萤石粉直接吹入熔池,脱磷率一般可达80%,并能同时进行脱硫,脱硫率接近50%。

(5)采用无渣出钢技术,严格控制下渣量,把出钢后磷降至最低。一般下渣量可控制在2kg/t,对于 P_2O_3 含量为1%的炉渣,其回磷量不大于0.001%。

出钢磷含量控制应根据产品规格、合金化等情况来综合考虑,一般应小于0.02%。

2.5.1.4 脱碳操作

电炉配料采取高配碳,其目的主要是:

(1)熔化期吹氧助熔时,碳先于铁氧化,从而减少了铁的烧损。

(2)渗碳作用可使废钢熔点降低,加速熔化。

(3)碳-氧反应造成熔池搅动,促进了渣-钢反应,有利于早期脱磷。

(4)在精炼升温期,活跃的碳-氧反应扩大了渣-钢界面,有利于进一步脱磷,有利于钢液成分和温度的均匀化和气体、夹杂物的上浮。

(5)活跃的碳-氧反应有助于泡沫渣的形成,提高传热效率,加速升温过程。

配碳量和碳的加入形式、吹氧方式、供氧强度及炉子配备的功率关系很大,需根据实际情况确定。

2.5.1.5 合金化

现代电炉合金化一般是在出钢过程中在钢包内完成,那些不易氧化、熔点又较高的合金,如 Ni、W、Mo 等铁合金可在熔化后加入炉内,但采用留钢操作时应充分考虑前炉留钢对下一炉钢液所造成的成分影响。出钢时要根据所加合金量的多少来适当调整出钢温度,再加上良好的钢包烘烤和钢包中热补偿,可以做到既提高了合金收得率,又不造成低温。

出钢时钢包中合金化为预合金化,精确的合金成分调整最终是在精炼炉内完成的。为使精炼过程中成分调整顺利进行,要求预合金化时被调成分不超过规格中限。

2.5.1.6 温度控制

良好的温度控制是顺利完成冶金过程的保证,如脱磷不但需要高氧化性和高碱度的炉渣,也需要有良好的温度相配合。这就是强调应在早期脱磷的原因。因为那时温度较低有利于脱磷;而在氧化精炼期,为造成活跃的碳氧沸腾,要求有较高的温度(大于1550℃);为使炉后处理和浇铸正常进行,根据所采用的不同工艺,要求电炉初炼钢液有一定的过热度,以补偿出钢过程、炉外精炼以及钢液的输送等过程中的温度损失。

出钢温度应根据钢种并充分考虑以上各因素来确定。出钢温度过低,钢液流动性差,浇铸后易造成短尺或包中凝钢;出钢温度过高,使钢清洁度变坏,铸坯(或锭)缺陷增加,消耗量增大。总之,出钢温度应在能顺利完成浇铸的前提下尽量控制得低些。

偏心底出钢电炉的出钢温度低(出钢温降小)节约能源、减少回磷。

2.5.1.7 泡沫渣操作

电炉泡沫渣操作主要在熔末电弧暴露—氧化末期间进行。它是向渣中喷碳粉,利用碳粉和吹入的氧气产生的一氧化碳气泡通过渣层而使炉渣泡沫化。良好的泡沫渣要求长时间将电弧埋住,这既要求渣中要有气泡生成,还要求气泡有一定寿命。

良好的泡沫渣是通过控制 CO 气体发生量、渣中 FeO 含量和炉渣碱度来实现的。足够的 CO 气体量是形成一定高度的泡沫渣的首要条件。形成泡沫渣的气体不仅可以在金属熔池中产生,也可以在炉渣中产生。熔池中产生的气泡主要来自溶解碳与气体氧、溶解氧的反应,其前提是熔池中有足够的碳含量。渣中 CO 主要是由碳和气体氧、氧化铁等一系列反应产生的,其中碳可以颗粒形式加入,也可以粉状形式直接喷入。事实证明,喷入细粉可以更快、更有效地形成泡沫渣,产生泡沫渣的气体 80% 来自渣中,20% 来自熔池。熔池产生的细小分散气泡既有利于熔池金属流动,促进冶金反应,又有利于泡沫渣形成;而渣中产生的气体则不会造成熔池金属流动。研究表明:增加炉渣的黏度,降低表面张力,使炉渣的碱度 $R=2.0\sim2.5$、$w(\mathrm{FeO})=15\%\sim20\%$ 等,均有利炉渣的泡沫化。

2.5.1.8 钢液的合金化

炼钢过程中调整钢液合金成分的操作称为合金化,它包括电炉过程钢液的合金化及精炼过程后期钢液的合金成分微调。传统电炉炼钢的合金化一般是在氧化末期、还原初期进行预合金化,在还原末期、出钢前或出钢过程进行合金成分微调。而现代电炉炼钢合金化一般是在出钢过程中在钢包内完成,出钢时钢包中合金化为预合金化,精确的合金成分调整最终是在精炼炉内完成的。合金化操作主要指合金加入时间与加入的数量。

(1)合金加入时间。加入铁合金总的原则是:熔点高、不易氧化的元素可早加,如镍可随炉料一同加入,收得率仍在 95% 以上;熔点低,易氧化的晚加入,如硼铁要在出钢过程中加入钢包中,回收率只有 50% 左右。

另外,脱氧操作和合金化操作也不能截然分开。一般说来,作为脱氧的元素先加,合金化元素后加;脱氧能力比较强,而且比较贵重的合金元素,应在钢液脱氧良好的情况下加入。比如,Al、Ti、B 易氧化元素的加入顺序与目的应为:出钢前 2~3min 加铝脱氧,加钛固定氮,出钢过程再加硼,提高硼的回收率。此种情况,三者的收得率分别为 65%、50%、50%。

(2)加入数量。化学成分对钢质量和性能影响很大,现场根据冶炼钢种、炉内钢液量、炉内成分、合金成分及合金收得率等快速准确地计算合金加入量。

2.5.1.9 出钢

为确保钢的质量和安全操作,出钢前必须具备以下条件:

(1)钢的化学成分要进入规格范围,防止偏上、下限冒险出钢。

(2)钢液脱氧良好,取出钢液倒入圆杯,试样冷凝时没有火花,凝固后试样表面有良好收缩。

(3)炉渣为流动性好的白渣,碱度合适。

(4)钢液温度合适,确保浇注操作顺利进行。

(5)出钢口应畅通,出钢槽应平整清洁,炉盖应吹扫干净。

(6)出钢前应停止电极送电,直降单相电炉变压器,以防触电,并升高电极,特别是3号电极。

2.5.2 项目构成

电炉是利用电热效应供热的冶金炉。电炉设备通常是成套的,包括电炉炉体、电力设备(电炉变压器、整流器、变频器等)、开闭器、附属辅助电器(阻流器、补偿电容等)、真空设备、检测控制仪表(电工仪表、热工仪表等)、自动调节系统、炉用机械设备(进出料机械、炉体倾转装置等)。大型电炉的电力设备和检测控制仪表等一般集中在电炉供电室。同燃料炉比较,电炉的优点有:炉内气氛容易控制,甚至可抽成真空;物料加热快,加热温度高,温度容易控制;生产过程较易实现机械化和自动化;劳动卫生条件好;热效率高;产品质量好等。电炉可分为电阻炉、感应炉、电弧炉、等离子炉、电子束炉等。

2.5.3 施工程序

2.5.3.1 炼钢电炉的类型和特点

炼钢电炉主要以废钢为原料冶炼合金钢,目前我国炼钢电炉容量为10~150t不等,电炉根据筑炉材料不同,可分为酸性电炉和碱性电炉,酸性电炉已逐步被淘汰,电炉衬体结构分为炉底、炉身、炉壁和炉盖,传统电炉施工各部位都是砌砖或采用散状料,近十几年随工业炉施工理念和筑炉材料的发展,炉壁和炉盖已大部分改为水冷结构或混合型。

电炉炼钢具有电弧温度高、炉子温度变化剧烈、炉渣成分复杂等特点,炉衬的工作环境非常恶劣,所以对炉衬材料的质量和施工技术要求很高。开工前材料把关要严;放定位线及各种施工标志线时要确保测量准确;出钢口、透气砖采用组合砖,要预组装,确保砌筑质量;各部位捣打料按工艺规范操作均匀密实。

2.5.3.2 炼钢电炉的施工要点

以某厂90t炼钢电炉(见表2-3,图2-13)为例,该电炉为偏心炉底出钢,底部有两块活换透气砖,炉底永久层用镁砖,炉身永久层用高铝砖,炉底工作层用镁钙质捣打料打结层,炉身工作层用镁钙砖,炉壁和炉盖采用水冷结构,炉盖电极三角区采用刚玉质浇筑料。施工顺序:炉底永久层→炉身永久层→炉身工作层→炉底工作层→炉盖。

电炉本体定于零位锁死,保证炉身垂直,搭建修炉平台,在炉子上方用滑轮、吊篮组建垂直运输装置。

施工要点如下:

表 2-3 某厂 90t 炼钢电炉用主要耐火材料的理化指标

部 位	材 质	项 目	指 标
工作层	镁钙砖	w(MgO)/%	≥80
		w(CaO)/%	≥7
		显气孔率/%	≤18
		体积密度/g·cm^{-3}	≥2.85
		常温耐压强度/MPa	≥90
		0.2MPa 荷载软化开始温度/℃	≥1670
永久层	镁砖	w(MgO)/%	≥87
		w(CaO)/%	≤3
		显气孔率/%	≤20
		常温耐压强度/MPa	≥40
		0.2MPa 荷载软化开始温度/℃	≥1520
		重烧线变化率/% (1650℃,2h)	0~0.6
工作层	镁钙质捣打料	w(MgO)/%	≥80
		w(CaO)/%	≥10
		体积密度/g·cm^{-3}	≥2.70
		常温耐压强度/MPa	≥25

(1)炉底永久层砌筑:

1)放标志线,测量炉子底部中心线,以此为基准,放底部永久层施工线。要求砌筑方向与中心线呈45°角,在炉体钢结构上标出炉身耐火材料第一层的标高,要与壁工作层找平的标高在同一水平线上。

2)砌筑炉底两层永久层镁砖,从炉子中心沿施工线开始,要求干砌,第二层砖与第一层砖的砌筑线夹角为90°,施工中要预留出钢口和两个透气孔;底永久层施工至炉身工作层标高下用捣打料,其上表面用水平尺找平。

3)永久层施工完毕,用耐火干细粉灌缝,砌筑透气砖、出钢口组合砖,用配套灰浆砌筑,透气砖砌筑要保证砖的中心与底部钢结构中心的偏心距符合要求。内砖与套砖之间、组合砖与永久层之间的间隙用料捣打密实,要分层捣打、均匀施工,防止振裂、振断组合砖。

(2)炉身砌筑。基础找平捣打料干实后,砌筑炉身永久层高铝砖,与炉壳钢结构靠紧,炉身永久层施工至一定高度,开始砌筑工作层镁钙砖,要求干砌,与永久层靠紧;永久层与炉壁间隙、工作层与永久层间隙填充镁砂和捣打料并用泥铲打实;用加工砖合门,合门砖要大于三分之二整砖,上下层合门砖要错开;炉身永久层和工作层砌至水冷结构边缘,用捣打料抹平压边。

(3)炉底工作层捣打:

1)透气组合砖周围砌三排镁炭砖,不许加工,砖缝不大于1mm。

2)用从炉口下挂的控制线及弧度板控制捣打料的标高,然后分层捣打,每层铺料厚度不大于200mm,第一层从炉子中心开始向周围捣打,每层捣打顺序相反,最后一层必须从炉

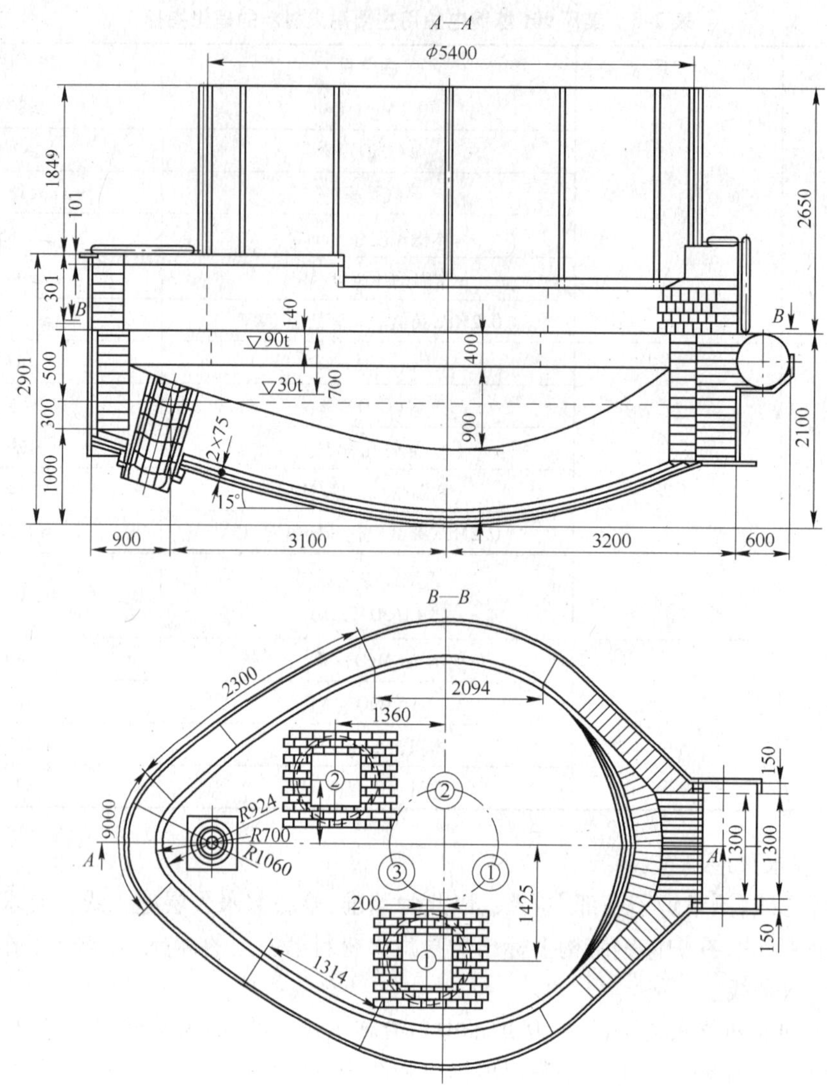

图 2-13 某厂 90t 炼钢电炉内衬图

子中心开始向周围捣打；捣打时要先用泥铲为松散的捣打料排气，然后捣打；捣固锤锤头上可焊圆弧形钢板以增加捣固面积。

3）出钢口砖周围施工时，要先将组合砖周围捣打严实再向四周捣打。

（4）炉顶施工。在炉顶三角区支设钢模板，检查电极孔耐火材料中心与钢结构中心的偏差在要求范围内，然后进行浇注料施工。

2.6 连续铸钢工程

2.6.1 工艺流程

经炼钢过程生产出的钢液经过连续铸钢机（简称连铸机）直接生产钢坯的方法称为连续铸钢，简称连铸。它生产出来的钢坯称为连铸坯。

2.6.1.1 弧形连铸的工艺过程

把引锭头送入结晶器后，将结晶器壁与引锭头之间的缝隙填塞紧密。然后，调好中间包水口的位置，并与结晶器对位，即可将钢水包内钢水注入中间罐。当中间包内的钢液高度达到400mm左右时，打开中间包水口将钢液注入结晶器。钢水受到结晶器壁的强烈冷却，冷凝形成坯壳。坯壳达到一定厚度之后启动拉坯机，夹持引锭杆将铸坯从结晶器中缓缓拉出。与此同时，开动结晶器振动装置。铸坯经过二冷区经喷水进一步冷却，使液心全部凝固。铸坯进入拉矫机后，脱去引锭装置，矫直铸坯，再由切割机将铸坯切成定尺，然后由运输辊道运出。浇注过程连续进行，直至浇完一桶或数桶钢水。弧形连铸机示意图如图2-14所示。

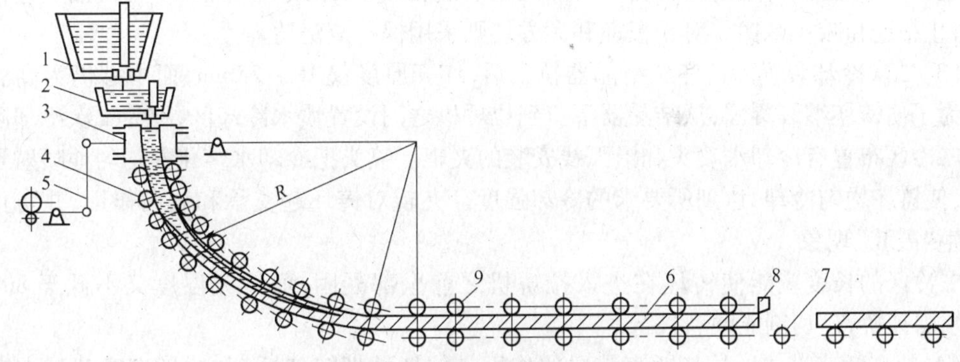

图2-14 弧形连铸机示意图

1—钢包；2—中间包；3—结晶器；4—二次冷却装置；5—振动装置；6—铸坯；7—运输辊道；8—切割设备；9—拉坯矫直机

连铸过程中需要控制的工艺参数是浇注温度、浇注速度、结晶器（一次冷却）和二次冷却制度。

2.6.1.2 水平连铸的工艺过程

水平连铸与其他连铸的区别主要有：

(1)中间包与结晶器由耐火水口和分离环密封连接。

(2)结晶器不振动，铸坯运动采用间歇式拉坯装置拉坯。

(3)铸坯为水平方向拉铸，不用矫直。

水平连铸对浇铸不锈钢和高合金钢等特殊钢尤为有利。同时便于改变浇铸规格，可生产圆度好、质量优的连铸坯。

2.6.2 项目构成

连续铸钢工程中的主厂房是高层框架结构，与炼钢车间紧密相连接，便于钢水的运输，土建工程中再无其他特殊工程。工艺设备由下列主要部分组成：中间包车、结晶器及其振动装置、二次冷却装置、拉坯矫直装置、铸坯切割装置、引锭装置、钢水包运载设备、连铸液压系统与电控系统、冷却水循环系统。

(1)中间包车。中间包车是中间包的运输和承载设备。水平连铸机的中间包车设置有纵向、横向、升降、顶紧、倾翻运行及微调机构，它的作用是使中间包水口与结晶器安装对接，当浇注完毕或一旦发生事故不能继续浇注时，中间包车应能迅速返回准备位置。

生产工艺对中间包车的主要要求是:运行迅速、停位准确、易于调整,中间包水口与结晶器对接方便,微调机构灵活可靠。车架结构必须具有足够的强度和刚度,充分考虑热辐射及钢渣喷溅的影响。在整个拉坯过程中各机构工作性能良好,保证多炉连浇。特别是车体上装有的液压装置、液压元件、管线路等,都应配有可靠的防护设置,顶紧力要足够大,倾翻要大于90°。

(2)结晶器。结晶器是个无底水冷套,其作用是使钢液快速凝固成具有一定厚度的硬壳,形成所需断面形状和大小的铸坯。

整个结晶器安装在一个能做上下往复振动的框架上,以减轻拉坯阻力,避免凝壳与结晶器粘连。小方坯在操作时,结晶器中可加入菜子油、液态石蜡或20号和10号机油等进行润滑,防止粘连和减小摩擦。对于板坯和大方坯则采用保护渣浇铸。

(3)二次冷却装置。铸坯从结晶器拉出后,坯壳厚度仅10~25mm,而中心仍为高温钢液。为了使铸坯继续凝固,从结晶器下口到拉矫机之间设置喷水冷却区,称为二次冷却区。

二冷区布置有冷却水喷头和沿弧线安装的夹辊。喷头把冷却水雾化并均匀地喷射到铸坯上,使铸坯均匀冷却,达到所要求的冷却强度。夹辊对铸坯起支承和导向作用,并防止铸坯发生“鼓肚”现象。

二冷区的长度应能使铸坯在进入拉矫机之前全部凝固,而铸坯温度又不低于800~900℃,保证矫直、切割能顺利进行。

(4)拉坯矫直装置。拉坯矫直装置的作用是拉坯并把铸坯矫直,拉坯速度就是由它来控制的。在开浇前,拉矫机还要把引锭头送入结晶器底部,开浇后把铸坯引出。

拉矫辊的数量视铸坯断面大小而定,拉矫小断面铸坯的为4~6个辊子,拉矫大型方坯和板坯的多达32个辊子。

(5)切割装置。切割装置把铸坯切割成所需要的定尺长度。切割方式有火焰切割和机械剪切两种。机械剪切较火焰切割操作简单,金属损失少,生产成本低,但设备复杂,投资大,且只能剪切较小断面的铸坯。

(6)引锭装置。引锭装置由引锭头和引锭杆两部分构成。引锭头在每次开浇时作为结晶器的活底,而引锭杆的尾端仍夹在拉矫机的拉辊中。随着钢液的凝固,铸坯与引锭头结为一体,被引锭杆一同拉出。当引锭头通过拉辊后,便与铸坯脱开送走。引锭头上端应做成“燕尾”形或“钩”形,以便顺利脱锭。

(7)钢水包运载设备。在新设计的厂房中,为了实现多炉连浇,均设置有钢水包回转台,提高连铸效率。

钢水包运载设备的任务是把钢水包运送到浇注位置,并在浇注过程中起支撑作用。在连铸机上,用于钢水包的运送和支承的方式主要有三种:

1)铸锭吊车和钢水包固定支承架。铸机设在模铸跨内,采用铸锭吊车吊挂钢水包进行浇注。也有采用在浇注平台上设置固定的钢水包支承架,将钢水包放在支承架上浇注。这些方法仅用于旧厂改造的设备上,且只适用于单炉浇注。

2)浇注车。在浇注平台上设置专用的浇注车,常用的有门式和半门式两种。浇注车可以在平台轨道上运行,当每台铸机配备两台浇注车时,可实现多炉连浇。门式浇注车占用平台面积大,半门式浇注车占用平台面积小。

3)钢水包回转台。钢水包回转台设置在转炉出钢跨与连铸跨之间,它的本体是一个具有同一水平高度且两端带有钢水包支承架的转臂,可绕回转台中心旋转。钢水包回转台如图 2-15 所示。

随着连铸技术的发展,钢水包回转台有功能更齐全的双臂摇摆式回转台和多功能回转台,如图 2-16 所示,双臂摇摆式回转台的双臂可以单独回转和升降,两个钢水包的相对位置可以变化,转动角度可达 260°,操作灵活,可以进一步缩短换包时间。钢水包能在回转台上升降,便于在钢水包和中间包使用长水口和浸入式水口,实现保护浇注。

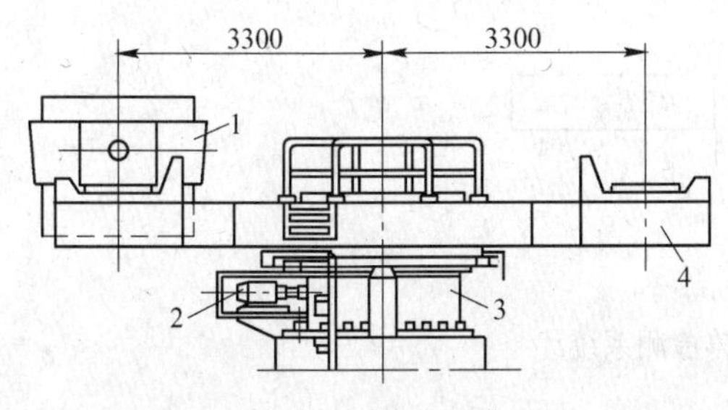

图 2-15 钢水包回转台

1—钢水包;2—传动装置;3—支座;4—承载臂

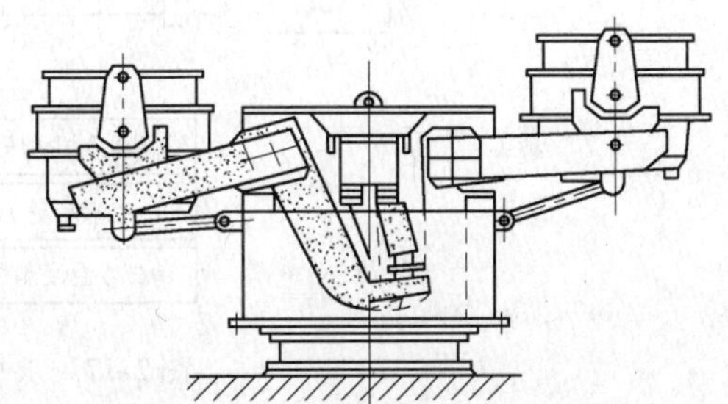

图 2-16 双臂摇摆式回转台

(8)液压系统。应用在连铸机上的液压系统由动力部分(油泵)、控制装置(压力、流量和方向控制等)、执行机构(油缸、油马达)和辅助系统(油箱、过滤器、蓄能器、冷却器、加热器等)组成。与其他设备联锁实现远距离遥控,与计算机配合进行程序控制。

目前,液压系统应用在连铸机的拉坯机、中间包车、切割机、切割辊道、引锭杆存放装置、翻钢机构、中间包滑动水口等。

针对连铸的工艺特点,设计时分别采用两套液压传动系统,即主传动系统和辅助传动系统。主传动系统主要包括拉坯机的驱动、拉坯机上辊压下等。能否正确实现拉坯工艺曲线,连续拉出铸坯,主液压系统的设计至关重要。辅助液压系统主要包括中间包小车行走、顶紧与返回,中间包倾翻复位,切割机夹钳夹紧、松开、切割辊道升降(或平移),翻钢机构升起、下降等。

(9)电控系统。拉坯过程中对中间包钢水温度、三重点温度、冷却水量、压力、进出水温差等需要进行连续精确地测量。操作技术比较复杂,除设有人工手动控制系统外,还应用计算机进行自动控制和仪表检测,以保证实现工艺操作要求。仪表主要检测显示的项目有:

1)三重点温度的测量、显示、记录。

2)冷却水量的测量、显示、记录。

3)进出冷却水温度、温差、水压和流量的测量、显示、记录。

4)铸坯表面温度的测量、显示、记录。

5)中间包温度、液面测量、显示。

6)拉坯参数测量等。

水平连铸的检测系统见图 2-17。

(10)水系统。水平连铸通常设两个用水系统:一是冷却水系统,二是热水系统。

冷却水用户主要是结晶器,系循环水。其次,二冷区、拉坯机和切割小车等也需用冷却水。另外,还有些临时性用水,如事故处理、冲洗氧化铁皮和喷洒地面等。

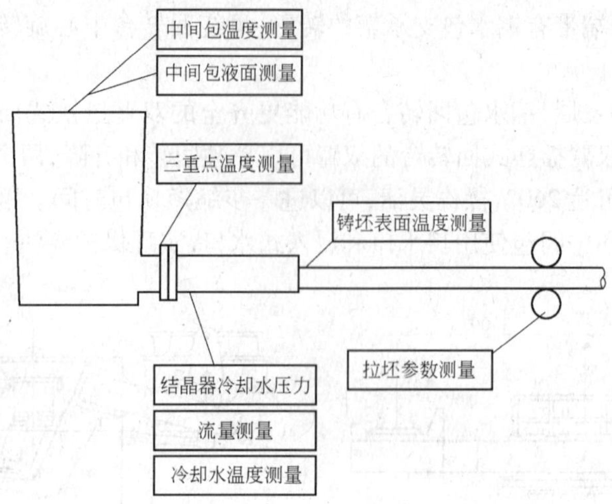

图 2-17 水平连铸检测系统

热水用户也是结晶器，这是水平连铸所特有的操作工艺。

无论是冷却水还是热水系统，它们都对保证浇钢的连续性以及铸坯质量有举足轻重的影响。

2.6.3 施工程序

以水平连铸为例加以说明。

2.6.3.1 基础施工的基准线和基准点

A 基准线的确定

在水平连铸设备基础施工中，应建立纵向、横向基准线及标高基准点，并设置永久性的中心标点，作为设备安装的参照依据。其基准线的确定包括：

(1)基础纵向主基准线 I_x，它位于水平连铸机基础一侧，并与铸机中心线平行，如图 2-18 所示。

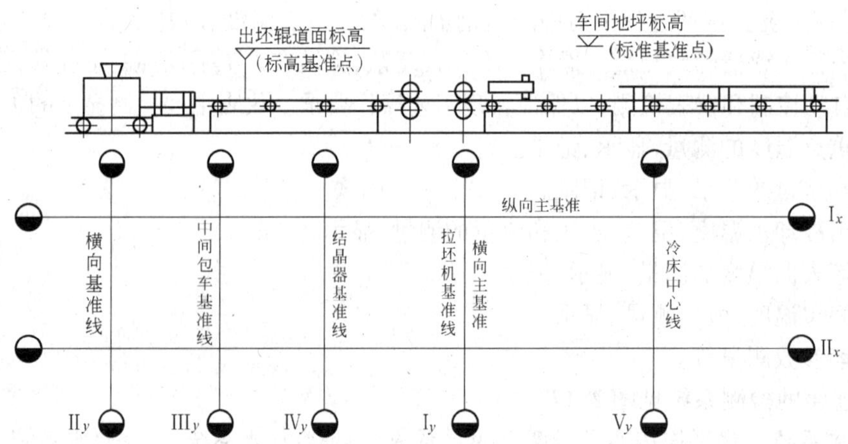

图 2-18 水平连铸机安装基准线和基准点

(2)纵向基准线 II_y,即铸机中心线。

(3)横向主基准线 I_y,即拉坯机中心线。它与纵向主基准线 I_x 垂直。

以上两条主基准线是连铸机安装最重要的基准线,其他基准线或设备中心线均以此线为基准进行测量。横向基准线 II_y 与横向主基准线 I_y 平行,其水平距离等于连铸机基准线至拉坏机中心线之间的距离。

B 基准点的确定

(1)把出坯辊道面或车间地坪面作为连铸机主标高基准点,以测量各平面基础标高,并确定其基准点。

(2)拉坯机安装平台面、拉坯驱动系统设备支承平台面、辊道底座、结晶器支承平台面和冷床底座安装平台面均设标高基准点。

(3)基准线和标高点的设立,可根据现场实际情况综合考虑确定。设备基础施工应按设备基础有关图纸和技术文件要求进行。

C 基础验收内容

正确验收基础能保证安装质量,缩短安装工期,并可避免安装过程中对基础某些部分的补修工作。验收内容主要检查基础所埋的全部主要及辅助基准线的中心标板、各平面(台)标高和基准点、标点是否牢固、正确和符合图纸要求,检查设备基础外形尺寸、标高、中心线位置及地脚螺栓标高,螺纹长度,螺栓中心线位置及尺寸是否符合图纸要求。

2.6.3.2 水平连铸设备安装

A 安装顺序

水平连铸设备总的安装顺序如图 2-19 所示。以直径 90mm 圆坯水平连铸机为例,在基础验收合格后,方可进行设备安装,首先根据铸机的中心标高,安装拉坯机,再安装拉坯机前后设备。安装顺序大致有三种:

(1)拉坯机→前支撑辊道→结晶器→中间包轨道及小车→切割辊道→切割小车→运输辊道→翻钢机构(或推钢机)→冷床。再以拉坯机为基准安装万向节(联轴节)→齿轮箱→减速机→电液伺服马达。

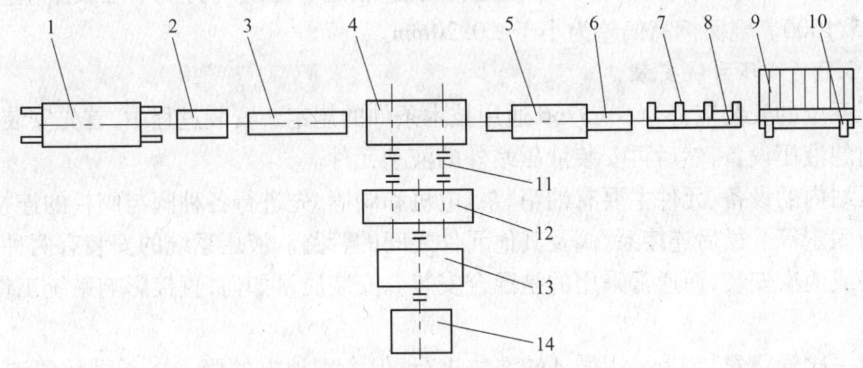

图 2-19 设备安装顺序示意图

1—中间包车;2—结晶器;3—前辊道;4—拉坯机;5—切割机;6—切割辊道

7—引锭杆收集装置;8—输送辊道;9—冷床;10—推钢机构(翻钢机)

11—万向节;12—齿轮箱;13—减速机;14—电液伺服马达

(2)拉坯机→万向节(联轴节)→齿轮箱→减速机→电液伺服马达。然后安装拉坯机前后设备。

(3)中间包小车轨道及小车→结晶器→前支承辊道→拉坯机→切割辊道→切割小车→输送辊道→翻钢机构(推钢机)→引锭杆收集装置→冷床,然后连接拉坯机万向节(联轴节)→齿轮箱→减速机→电液伺服马达。

图2-19所示为一种基本安装顺序。水平连铸机机型基本一致,即在纵向基准线内设备基本一致,有所区别的只是拉坯驱动方式有差异。

B　主要设备安装

(1)拉坯机:

1)机座安装。在地脚螺栓二次灌浆面,用水平仪或水平尺检查机座平面在纵横两个方向上的水平度误差,其误差值为0.2/1000mm。

2)机架安装。精车一根$\phi80\times1500$检验棒(或采用壁厚大于5mm圆管),放于两拉坯下辊V形槽内。首先调整横向同心度,然后逐段用水平仪检测纵向水平度,其允差为0.04/1000mm。机架导轨面在纵向、横向的平行度和垂直度允差为±0.10mm。

机架安装后,装配拉坯辊与减速机(齿轮座)之间的万向节(联轴节),拉坯辊应运转灵活,轴向间隙为0.06mm。再装配减速机与电液伺服马达之间的联轴器,并保证其两轴线间的同心度。

(2)结晶器。圆坯结晶器应为整体固定式,器铸坯直径的单位相对锥度为0~5%(即对铸坯直径的单位相对锥度——每米结晶器长度上,单位结晶器内套进口直径的锥度百分值)。后段石墨内套,铸坯直径单位的相对锥度为0~1%。安装时,应保证结晶器中心线与纵向、横向基准线标高点的平行度、垂直度和中心标高,其允差值为±0.05mm。

(3)中间包小车。先检查小车轨道→组装车架及行走机构(或油压缸机构)→组装横移机构、升降及倾翻机构等。

(4)辊道。铸坯导向辊道安装后,其全长辊面高度偏差不得大于±0.20mm;纵向中心线与铸机纵向中心线偏差不得大于0.25mm(铸坯导向辊是指结晶器出口至拉坯机这段辊道,又称支承导向辊或前辊道)。辊子应运转灵活,辊道中心线对铸机中心线不垂直度允差小于0.15/1000。辊面标高偏差为小于±0.20mm。

2.6.3.3　液压系统安装

液压系统的安装应符合GB 3766通用技术条件的规定。安装过程中,首先安装主、辅助液压站内的液压设备,然后再安装液压站外的液动元件。

液压站内的设备、元件主要有油箱、泵、电机和阀等,先进行各种阀与阀板的连接以及主要元件的固定等。最后连接泵、阀及其他元件之间的管路。液压系统的安装有两种方法,即一次安装或两次安装,而通常采用的是混合安装。安装质量如何,直接影响系统工作的可靠性。

所谓一次管路安装,是采用循环酸洗法进行,但个别地方的管子由于循环酸洗有困难,则可采用槽式酸洗法进行酸洗及二次安装。

液压系统安装及试运行的程序一般为:管路焊接、组装→酸洗→循环冲洗→试压→系统试运行。

2.6.3.4 水平连铸水系统

(1)冷却水循环系统。水平连铸采用两种水循环方案:开路循环和闭路循环。

开路循环的冷却水水原是工业水,回水经冷却塔后循环使用;闭路循环则以软水(或净水)供给设备冷却用,回水不与大气接触,即不经过冷却塔,而是借助热交换器进行冷却降温后再循环使用。在热交换器内,用工业水冷却软水。

相比之下,开路循环系统投资少,但当水温升高时,易使被冷却的设备内部结垢。闭路循环系统则相反,具体采用哪种系统,应根据水质、水温等条件和具体要求来确定。

(2)热水循环系统。热水循环系统主要装置有热水箱、热水泵、阀门等。热水泵通过闸门从热水箱吸入热水,经阀门、逆止阀和管道送入结晶器,然后通过闸阀返回热水箱,循环使用。

如前所述,热水的作用有:预防起铸爆炸;延长铜套使用寿命;有利于自动起铸成功。

2.7 热/冷轧钢工程

2.7.1 工艺流程

从炼钢厂出来的钢坯还仅仅是半成品,必须到轧钢厂去进行轧制以后,才能成为合格的产品。

从炼钢厂送过来的连铸坯,首先是进入加热炉,然后经过初轧机反复轧制之后,进入精轧机。轧钢属于金属压力加工,说简单点,轧钢板就像压面条,经过擀面杖的多次挤压与推进,面就越擀越薄。在热轧生产线上,轧坯加热变软,被辊道送入轧机,最后轧成用户要求的尺寸。轧钢是连续的不间断的作业,钢带在辊道上运行速度快,设备自动化程度高,效率也高。一般连铸坯的厚度为150~250mm,先经过除鳞到初轧,经辊道进入精轧轧机,精轧机一般由7架4辊式轧机组成,机前装有测速辊和飞剪,切除板面头部。精轧机的速度可以达到23m/s。热轧成品分为钢卷和锭式板两种,经过热轧后的钢轨厚度一般在几个毫米,如果用户要求钢板更薄,还要经过冷轧。

与热轧相比,冷轧厂的加工线比较分散,冷轧产品主要有普通冷轧板、涂镀层板也就是镀锡板、镀锌板和彩涂板。经过热轧厂送来的钢卷,先要经过连续三次技术处理,并要用盐酸除去氧化膜,然后才能送到冷轧机组。在冷轧机上,开卷机将钢卷打开,然后将钢带引入五机架连轧机轧成薄带卷。从五机架上出来的还有不同规格的普通钢带卷,它是根据用户多种多样的要求来加工的。

2.7.1.1 热轧钢板厂生产工艺流程

板材轧钢厂生产工艺流程按轧机的轧制状态可分为热轧钢板工艺流程及冷轧钢板工艺流程两种。其中,热轧中板、厚板及薄板的工艺流程大同小异,一般都经过原料准备→加热→轧制→热态矫正→冷却→探伤→精整等主要工序,现分述如下。

板坯由连铸或初轧厂运入板坯库,由吊车卸下并存放于库内(硅钢板坯由保温车热送到硅钢板坯库,由吊车卸入保温炉内,经检查、补充清理后仍放入保温炉内待轧)。生产时,板坯由吊车单块地吊到轨道上,然后输送到加热炉前推入炉内加热。加热炉有连续式或平段式两种,加热好的板坯由输出轨道输送到立式破鳞机上,把一次氧化铁皮除去。接着进入第一、二架两辊粗轧机(R_1、R_2),来回轧制三道或五道,再进入第三、四架四辊粗轧机(R_3、

R_4)连轧,轧制一道。轧制过程用高压水冲除氧化铁皮,一般厚度轧到 20 ~ 40mm,在第四架粗轧机后进行测厚、测宽及测温。其后,由辊道送至精轧机列前,先由飞剪切头(亦可切尾),然后,经过四辊式精轧机组进行连轧。连轧后,钢带经层流冷却进入地下卷取机卷成热轧钢卷,轧制工序便完成。随后,按照钢卷的不同用途分别送往冷轧厂、硅钢片厂和本厂的精整系统。精整的目的是为了矫正形状、改善力学性能和改善表面形状,一般有五条加工线,其中三条横切加工线,一条纵剪加工线,一条热平整加工线,经精整加工后,分品种进行包装入库待发。

生产线的整个轧制过程实现了全盘自动化。即从上料辊道开始→加热炉加热→初轧机轧制→精轧机轧制→层流冷却→卷取机卷取→直至钢卷运输链的分岔点为止,整个生产工艺过程由一台过程控制计算机(SCC)和三台数字直接控制计算机(DDC)进行自动控制。

生产线主要装备有:三座步进式加热炉,一套连续式热轧机(包括粗轧机、精轧机以及精轧后的层流冷却装置),地下卷取机和热轧钢卷精整加工线(一般是 1 ~ 3 号横切机组、热平整机组、纵剪机组),见图 2-20。

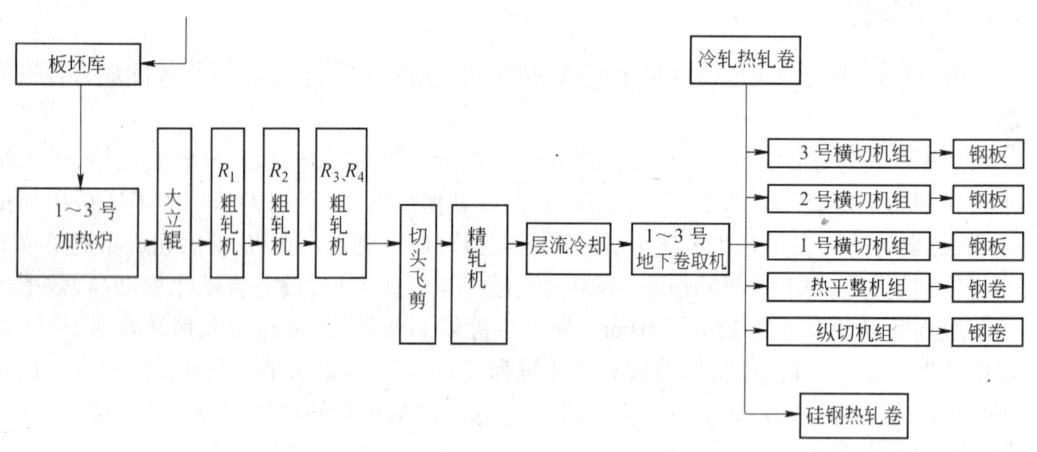

图 2-20　生产线工艺流程

2.7.1.2　冷轧薄板厂生产工艺流程

(1)原料准备。将热轧带钢厂送来的钢卷按品种、规格经酸洗机组前的钢卷库中冷却及贮存,然后按计划由钢卷库内的吊车将钢卷送到酸洗机组进料段的钢卷运输机上,在机组内开卷、焊接、机械破鳞并送到酸洗槽内浸洗,除去带钢表面的氧化铁皮,并进行漂洗。大部分带钢需在下一步采用无头轧制并做钝化处理,常规轧制的带钢则不做钝化处理,而在以后涂油。最终在机组内卷成规定的重量钢卷,存放在轧机前的仓库内等候轧制。切下的废边剪碎后运出厂外。

(2)轧制。对厚度 $\delta \leqslant 2$mm 的带钢,可采取全连续无头轧制;当 $\delta > 2$mm 时,则采用常规单卷轧制。采用无头轧制时,钢卷通过活套贮存,并连续不断地在五个机架内轧至最终厚度,并在轧机末架后的飞剪上分切。采用常规轧制时,钢卷在进料段的 1 号开卷机上开卷,并依次将带钢穿进每个机架内轧制,并由出料段的卷取机重新卷成钢卷,按不同的产品送往不同的机组内加工处理。

(3)退火平整。对于大部分的普通用途、深冲及特冲用的冷轧带钢在罩式炉内退火,以改善带钢的力学性能。冷却后送至平整机,通过平整机前的张力辊组或跨过张力辊组直接在平整机上平整,平整时可喷平整剂进行湿平整,也可用干平整,一般平整量在3%以下,平整后进一步提高带钢的力学性能及质量。

部分冷轧带钢则在连续退火炉机内开卷、焊接,在活套内贮存,然后经表面处理、清洗,并连续不断地进入立式炉内退火。从退火炉出来后又进行平整,矫直后切边,按规定重量卷成钢卷,由运输机送至中间仓库存放。

平整或连续退火的钢卷,可在横切机组、纵切机组或重卷机组内加工。

(4)热镀锌钢板。冷轧后的带钢在仓库内直接送到热镀锌机组的进料段,钢卷在机组内开卷、焊接,经活套后进入机组的工艺处理段。带钢先在无氧化炉子内预热并进行表面涂油,接着进入还原氧气的炉中热处理,并为带钢下一步镀锌准备适当的表面,从炉内拉出直接进入锌锅,进行表面涂锌,再用气刀喷吹,控制锌层厚度及用锌花控制器控制锌层结晶时的锌花大小,经冷却后,还可根据需要对镀锌后的带钢进行光整、拉伸矫直、表面化学处理等工序。在出料段,经过打印、涂油并卷成镀锌钢卷。如需按钢板状态交货时,将钢卷送到横切机组剪切并包装。

电镀锌机组使用连续退火后的钢卷为原料,进行镀锌。钢卷送上机组后,经开卷、焊接、通过活套后进入处理段。带钢先经过脱脂、酸洗,再进入电镀槽内镀锌,并经表面化学处理后,打印、涂油并卷成钢卷。需按钢板交货的成品,再运入横切机组剪切,并在包装机组上包装。

(5)彩色涂层钢板。彩色涂层带钢为冷轧钢板厂的二次成品。使用冷轧带钢及电镀锌带钢卷为原料。带钢卷上料经开卷、焊接后先经过预清洗,再进入进料段活套内,从活套出来后,再经过清洗及表面化学处理,然后经两次涂层及两次烘烤,即在带钢表面上涂彩色有机涂料,再经出料段活套涂蜡,最后重卷成钢卷。需按钢板交货的涂层板,再次送经专用的涂层带钢横切机组上剪切并包装。按钢卷交货时,可在涂层机组上直接剪成钢卷。

(6)压形瓦楞板。压形板也是冷轧钢板厂的二次产品,使用热镀锌带钢及彩色涂层带钢的压形机组上压成压形板。

冷轧生产过程采用计算机对钢卷跟踪及管理,各主要生产机组,如连续酸洗机组、全连续式五机架冷轧机、罩式退火炉、平整机组、连续退火机组、热镀锌机组、电镀锌机组、涂层机组,都采用过程控制计算机自动控制。

某冷轧厂冷轧薄板生产工艺流程如图2-21所示。

2.7.2 项目构成

以热轧厂为例,作一说明。

轧板厂的主要单位工程项目有主厂房和供电、供水与水处理、空气压缩机站、煤气混合与加压站、蒸汽降压站、重油设施、检验室、管理计算机站、环保、修理、仓库、办公室、生活福利设施、区域道路与照明、绿化等。

主厂房由板坯库、加热炉、轧制线、主电室、精整线和磨辊间等组成。

供电系统常用中央变电所(110/35kV),二级分变电所(35/6kV)和三级变电所(6/0.4kV)组成。另外,常配有一套事故电源装置(如柴油发电机)。

供水系统系指供水管路等。水处理系统有闭路循环系统、开路循环系统、铁皮冲洗系

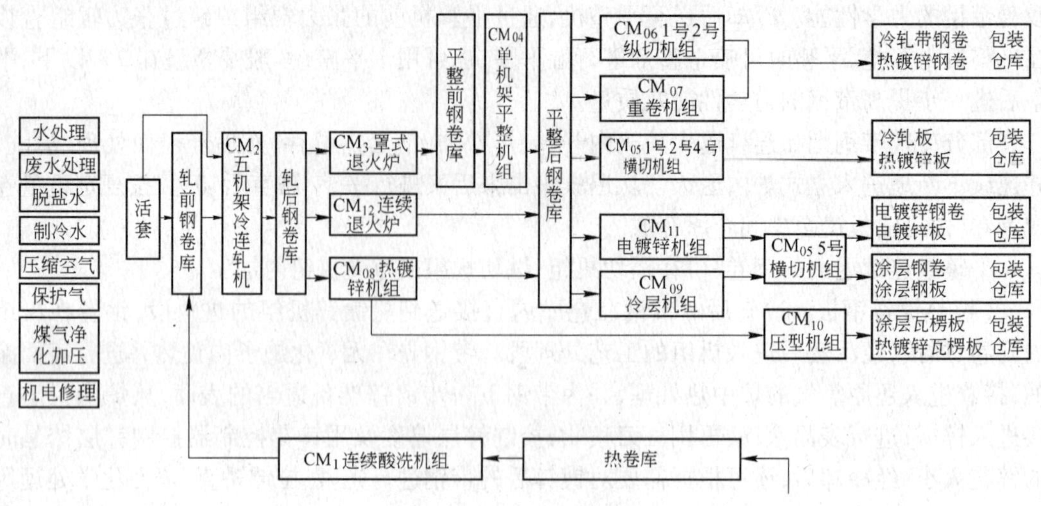

图 2-21　冷轧工艺流程

统、除铁设施和污水处理设施等。

加热炉的燃料用重油和煤气，均由全厂工业管网送来。重油设施有重油罐和重油泵。煤气混合加压有加压机和电焦油捕袋等。

蒸汽系统包括余热电站、蒸汽减压站及分配站等。

压缩空气系统包括空气压缩机站及其管道工程。

供油系统包括液压系统和润滑系统。设有贮油站和油库等。油库还应有感温、感烟自动报警及自动喷送灭火剂的灭火系统。

全厂通讯系统包括厂外电话、厂内对讲、生产扩音、调度通讯、工业电视及铁路信号集中闭塞系统等。

其他辅助设施包括试验室、木材及金属加工间、修理、仓库、办公室及生活福利设施等。

2.7.3　施工程序

2.7.3.1　热轧钢板厂的施工顺序

以某热轧厂 2050mm 工程为例，对热轧钢板厂的施工顺序作一说明。

板轧工程一般因工程量大，工程项目多，常采用分区、分层组织施工。一般采用的施工顺序为：

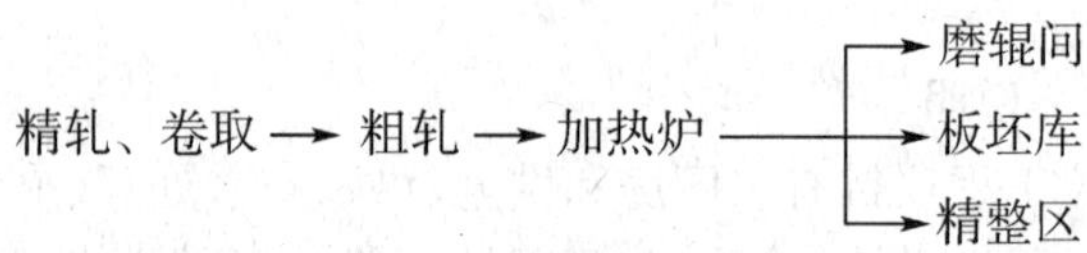

按以上的分区安排顺序以后，还要进一步分段，并在高度上分层。在工艺逻辑关系正确、技术合理、施工能力允许的条件下，尽可能地组织平行流水和立体交叉作业，使其中一些工序不占绝对工期，实现组织逻辑关系的优化，达到“工期最短，工作连续”的目的。

2050mm 热轧工程的总施工方案是：

轧机领先、中间开花（指土建）。

轧线开口、两翼闭口(指土建)。

先深后浅、深基提前(指土建)。

由点及面、多头起吊(指结构安装)。

主辅同步、能源优化(指轧线与能源)。

一般板轧厂都从精轧机(对热轧而言,若是冷轧则是五机架)破土动工,开始基础施工。“轧线开口,两翼闭口”。轧线采取开口法施工地下工程,而在板坯库和平整区,则由于设备基础相对的比较浅和分散(-3.0~-5.0m),有条件采取先安装厂房钢结构,后施工内部设备基础的闭口法施工。

“先深后浅,深基提前”。以相邻建筑物的开工先后来讲,必须遵循先深后浅的原则。特别是在大型轧钢设备基础设计在软弱地基上,高地下水位的条件下,更应提前施工。如埋深在-24m深处的铁皮坑,通往冷轧厂的运输链的埋深-10m处,尤其要提前施工。

“由点及面,多头起吊”。厂房结构的安装速度,除了要求土建尽早提供安装和构件供应外,很大程度取决于厂房结构起吊点的多少。采取多头起吊,使用多台轧机同时安装,尽量增加工作面。在轧机领先的前提下,从卷取开始,往加热炉方向挺进,同时起吊的是主电室。精整区则晚于轧制线,与板坯库同时平行作业。

“主辅同步,能源优先”。在处理主体和辅助工程的建设关系时,要注意调试要求和生产上岗要求,都必须做到主辅同步,特别是辅助工程中的水和电,必须优先建成,满足调试用电和用水(冷却水)的要求。为加快主电室进度,地下室电缆隧道必须和设备基础同时进行。

2.7.3.2 冷轧钢板厂的施工顺序

以某1700mm冷轧厂为例,对冷轧工程施工顺序进行说明。

在考虑施工顺序与施工方法时,应适应工程特点和生产工艺的要求。同时,也应结合施工任务大、工期短、技术新等特点,统筹安排。

整个工程的施工步骤,分施工准备、土建施工、设备安装、设备调试四个阶段。

(1)施工准备阶段。主要安排场地平整和障碍物清除,排水沟、施工基地建设以及通电、通水、通道路(即通常所说的“三通一平”)等工作。

(2)土建施工阶段。为了保证普通板和镀锌、镀锡板分期分批投产,对冷轧厂主体工程的13条生产线,采取6条开口施工(五机架轧机区、连续酸洗机组区、单机架、双机架平整区、电镀锡区及横切剪机组)、七条闭口施工(100座罩式炉区、电解清洗脱脂、横切机组、纵剪机组、重卷机组以及磨辊间)的方案,以扩大土建施工面,并与钢结构制作和吊装机具的实际能力相适应。

在建设顺序上,普通板生产线在前,镀锌、镀锡板生产线在后,公共设施工程也同时全面开展,先能源,后生活。进行施工部署时,首先突出重点,集中力量上普通板生产线。在普通板生产工艺过程中,又以五机架及酸洗这两条工程量大、工序多、工期长的生产线为重点施工项目。与此同时,在施工安排上也注意到逐步为镀锌、镀锡的施工创造条件,使施工任务互相衔接起来。

1)土方工程。开口施工区,土方一次挖掉,柱基和设备基础同时施工。对闭口施工区的土方,则先挖柱基础,在厂房柱基施工完后,搞好回填,以便厂房结构吊装时起重机械能够通行。在土方施工中,应做好挖、填平衡,填于已施工完的柱基、设备基础,填于平整场地时预留的保留区,暂时不用的土方临时堆放,待二次挖掉回填或废弃。

2）柱基、设备基础混凝土工程。本着先深后浅的常规施工方法，进行分块分层浇灌，并采用大块整体模板，现场拼装。混凝土浇灌分别用天车或地面吊车作水平或垂直运输，小部分用混凝土泵输送或压缩空气吹送，采用大坍落度（加减水剂）的混凝土。

冷轧箱形设备基础按伸缩缝分段施工；按设计允许留的施工缝分层浇灌。基础混凝土施工顺序是：底板→柱子→顶板→辅助基础，一般分3～4层浇灌。

3）厂房结构安装。首先安装炉子区和酸洗区的厂房结构，用3台吊车从7线开始并行向22线方向（从东向西方向）推进。与此同时，横向跨间的结构件用91t坦克吊，25t、30t、40t塔吊安装余下的部分结构件。利用30t塔吊安装镀锌塔及厂房结构构件。

继续以25t、40t及30t塔吊主攻纵向跨间的成品区和酸洗区29～64线的厂房结构，成品区现场预制的混凝土柱，全由91t坦克吊安装（见图2-22）。

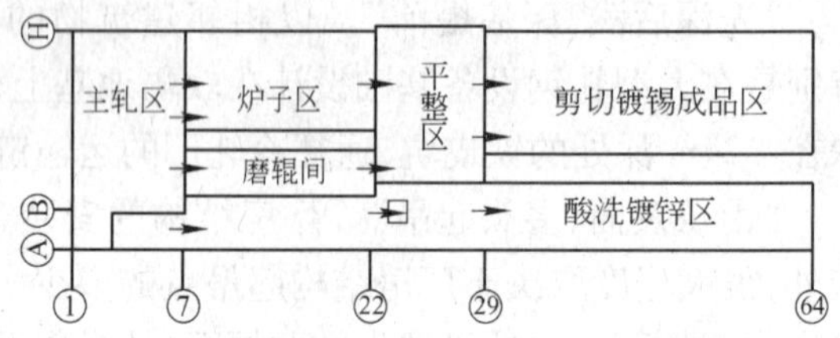

图2-22 1700mm冷轧厂结构吊装示意图

主轧区视现场的实际情况，采取见缝插针的原则选点吊装。选点吊装虽然调动吊装机械比较麻烦，但仍然比其他施工方法速度快，成本低。第一阶段安装完毕后，接着安装平整区和镀锌冷却塔的厂房结构，然后再由东向西继续完成纵向跨间的成品区和酸洗区29～64线的厂房结构。结构吊装要求前进与收尾两不误。而收尾尽量要快，以便迅速安装桥式吊车、屋面和钢窗。

厂房结构吊装要与设备基础的开口、闭口施工相结合，采取多头厂房起吊，以加速进度。同时，确定的结构吊装顺序、吊装方案必须满足主生产工艺线设备安装进度的要求。

屋面系统采用组合吊装工艺，先在地面组装成榀或跨间后再吊装，既加快了安装进度，又发挥了吊车的功能，节省施工用料，且构件不易变形，满足施工质量要求。

（3）设备安装阶段。设备安装应陆续进行，逐步铺开。按照生产工艺流水线分四个区域组织设备安装，即普通板7条生产线、辅助设备、公用设施和镀锌、镀锡6条生产线。在一般情况下，设备基础施工完成后即可进行设备安装。但冷轧工程却不然，对土建要求严，特别是计算机站、电控室、磨辊间要求更严，它要求室内粉刷油漆完成，室内没有灰尘，才能开始安装设备，否则影响电气设备的灵敏度。对于工艺钢结构件安装，也与常规有所不同。如酸洗槽、罩式炉、镀锌炉等工程，应先安装好钢结构构件，然后才能安装设备。设备特大件（如牌坊、槽罐等），预留专用道路入口，或预留屋面、墙洞安装孔。液压管路整体循环酸洗，润滑管拆卸后集中酸洗，并采用钝化技术。管道焊接采用氩弧焊或氩弧焊打底层。

（4）机电设备调试阶段。先要实现供电、供排水、压缩空气、燃气、氮气、通风、润滑油、通讯后，才能进入机电设备调试阶段。先调普通板7条生产线，再调镀锌和镀锡6条线。

2.8 综合处理系统工程

2.8.1 工艺流程

2.8.1.1 烟、气、尘处理工艺流程

冶金工业是重型工业，污染比较严重，主要是烟、气、尘污染，对我们生存环境造成严重

破坏。烟、气、尘处理的目的是：节能降耗、节水、资源综合利用和清除污染，为钢铁工业实现可持续发展做出贡献。

烟、气、尘处理主要对冶金过程中产生的烟、气尘、加以有效再利用，对于废气经过除尘减害后再排放，烟、气、尘处理工艺流程如图2-23所示。

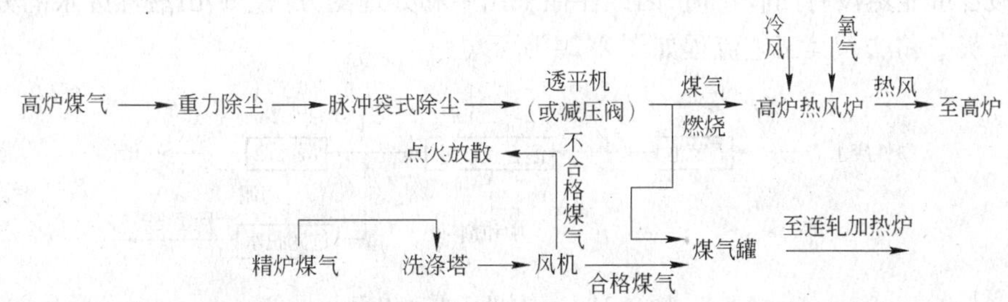

图2-23 炼铁、炼钢系统中烟、气、尘处理工艺流程简图

以下简单介绍一下转炉煤气的净化。

转炉煤气由炉口喷出时，温度高达1450~1500℃，并夹带大量氧化铁粉尘，需经降温、除尘，方能使用。净化有湿法和干法两种类型。

湿法净化系统典型流程是：煤气出转炉后，经汽化冷却器降温至800~1000℃，然后顺序经过一级文氏管、第一弯头脱水器、二级文氏管、第二弯头脱水器，在文氏管喉口处喷以洗涤水，将煤气温度降至35℃左右，并将煤气中含尘量降至约100mg/m^3（标准状态下）。然后用抽风机将净化的气体送入储气柜。湿法工艺在世界上比较普遍，每吨钢可回收60~80m^3（标准状态下）煤气，平均热值约为8374~9211J/m^3（标准状态下）。

美国、德国等国家的一些工厂采用干式电除尘净化系统。煤气经冷却烟道温度降至1000℃，然后用蒸发冷却塔，再降至200℃，经干式电除尘器除尘，含尘量低于50mg/m^3（标准状态下）的净煤气，经抽风机送入储气柜。干式系统比湿式系统投资约高12%~15%；但无需建设污水处理设施，动力消耗低，但必须采取适当措施，防止煤气和空气混合形成爆炸性气体。

高炉煤气作为燃料，含尘量要小于10mg/m^3（标准状态下），对温度和压力也有一定要求。因此在供给工业窑炉使用前需进行除尘、降温。高压高炉煤气还需降压。

高炉煤气净化的过程是：含粉尘的高炉煤气出高炉后，进入重力除尘器，除去大颗粒粉尘，然后在洗涤塔和文氏管中喷水冷却，清除细颗粒粉尘，含尘量可降至50~100mg/m^3（标准状态下）；然后再经减压阀组降压，在减压阀内喷水可以起很好的除尘作用。经过阀组后的煤气，含尘量一般在5mg/m^3（标准状态下）左右。中国有一些中压或低压高炉，在文氏管后装设湿式电除尘器或洗涤机。有些低压高炉，不设文氏管，在洗涤塔后直接设置湿式电除尘器或洗涤机。

2.8.1.2 工业废水处理工艺流程

现代钢铁工业的生产过程包括采选、烧结、炼铁、炼钢（连铸）、轧钢等生产工艺。钢铁工业废水主要来源于生产工艺过程用水、设备与产品冷却水、烟气洗涤和场地冲洗等，但70%的废水还是源于冷却用水。间接冷却水在使用过程中仅受热污染，经冷却后即可回用；直接冷却水因与产品物料等直接接触，含有污染物质，需经处理后方可回用或串级使用。以下简单介绍几种废水的处理工艺：

(1)矿山废水的处理。矿山废水的特点是水量、水质变化大，废水呈酸性。要合理确定矿山废水的处理规模，并使被处理水的水质波动不要过大，往往需要设调节水池和调节水库，先把水收集起来，再进行处理。矿山废水是呈硫酸型的废水，一般 pH 值为 1.5～6，这样低的硫酸含量显然没有回收价值，因此往往采用中和处理的方法。矿山酸性废水的处理，一般采用石灰中和法。其工艺流程如图 2-24 所示。

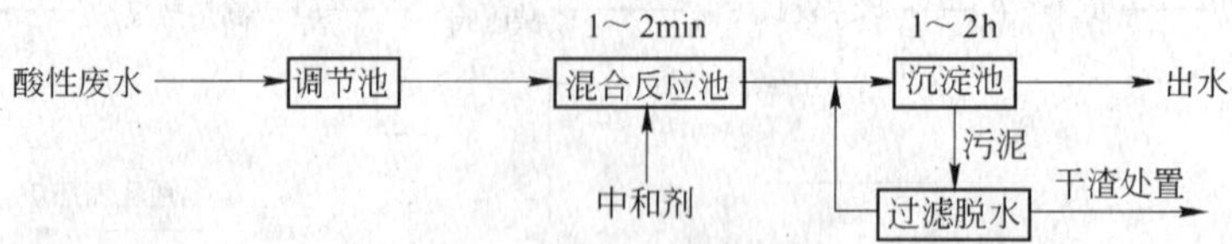

图 2-24　一次投药中和流程

(2)烧结。我国烧结厂废水处理主要目标是去除悬浮物，换言之，就是对除尘、冲洗废水的治理。这类废水治理的主要技术难点在于污泥脱水。烧结品位很高，沉淀较快，但由于有一定黏性，故使脱水困难。烧结厂废水经沉淀后污泥中含铁量的程度与处理工艺设备先进程度差距很大，废水处理的工艺也多种并存。国内比较常用的废水处理工艺有以下五种：平流式沉淀池分散处理工艺、集中浓缩浓泥斗处理工艺、集中浓缩拉链机处理工艺、集中浓缩真空过滤机（或压滤机）处理工艺、集中浓缩综合处理工艺。

1)平流式沉淀池分散处理工艺。平流式沉淀池分散处理工艺是一种简单的处理工艺，多为遗留下来设施的延用，目前在中小型烧结厂或大型烧结厂的某些车间中还在使用，清泥方法也引进了机械设备，如链式刮泥机或机械抓斗起重机。

2)集中浓缩浓泥斗处理工艺。此种工艺是目前中小型烧结厂中常见的工艺。烧结厂废水先进入浓缩池，经浓缩沉淀后的底部沉泥经砂泵扬送到浓泥斗进行处理，浓泥斗是架设在返矿皮带口的构筑物，如图 2-25 所示。污泥在浓泥斗中一般以静置 3～6 天为宜，时间过长，会使污泥压实，造成排泥困难；时间过短，会使污泥含水率过高。排泥是由螺旋推进排泥机完成的。浓泥斗的构造原理如图 2-26 所示。

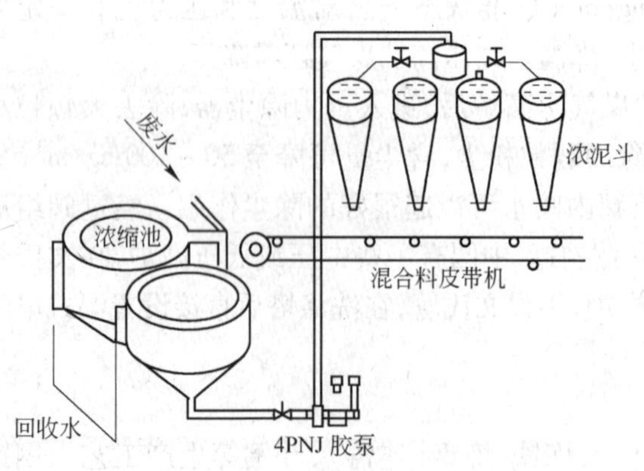

图 2-25　废水处理示意图

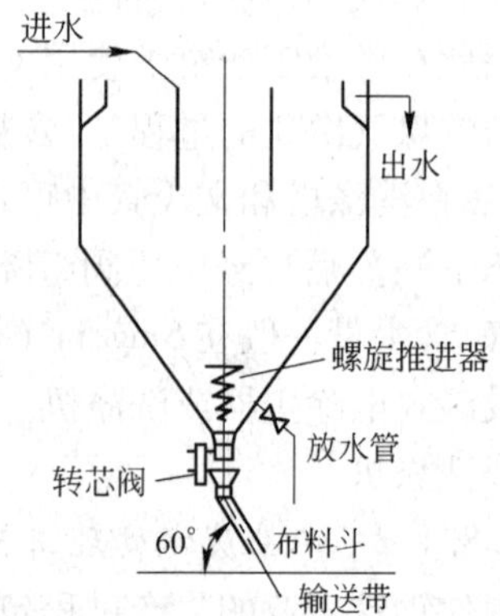

图 2-26　浓泥斗的构造原理

集中浓缩浓泥斗处理工艺是处理烧结厂废水行之有效的方式，目前我国中小型厂多采用,不仅改善了排水水质,而且还回收了有用物质;但对大型烧结厂不太适用,应选择其他工艺。

3)集中浓缩拉链机处理工艺。此法的特点是处理后的水质可达循环用水的水质要求,通过污泥拉链机保证了排泥的连续性。图2-27为集中浓缩拉链机处理工艺的示意图。

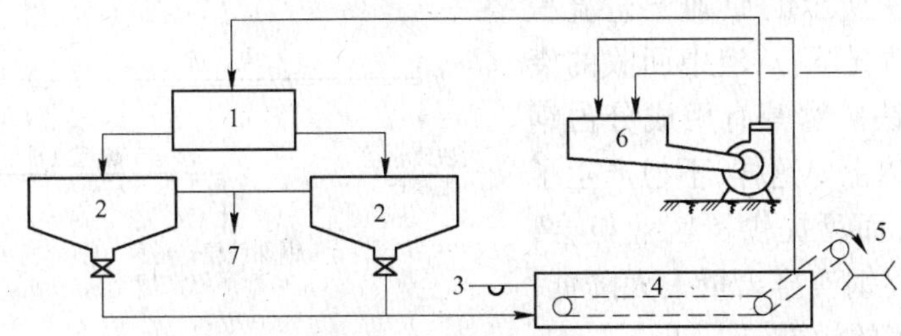

图2-27 集中浓缩拉链机处理工艺的示意图

1—矿浆分配箱;2—浓缩池;3—浓缩底流排水;4—污泥拉链机;
5—返矿皮带机;6—矿浆仓;7—生产循环水(或下水道)

浓缩池的溢流水供循环使用。浓缩后的底部污泥排入拉链机,在拉链机中再沉淀,沉淀的污泥由拉链传送到返矿皮带上,送往混合配料。其含水率可以达到20%~30%,拉链机的溢流水再返回到浓缩池中。

4)集中浓缩真空过滤机(或压滤机)处理工艺。该法的前部分集中浓缩处理与前述基本相同,而后部分污泥处理则采用真空过滤机(或压滤机),如图2-28所示。

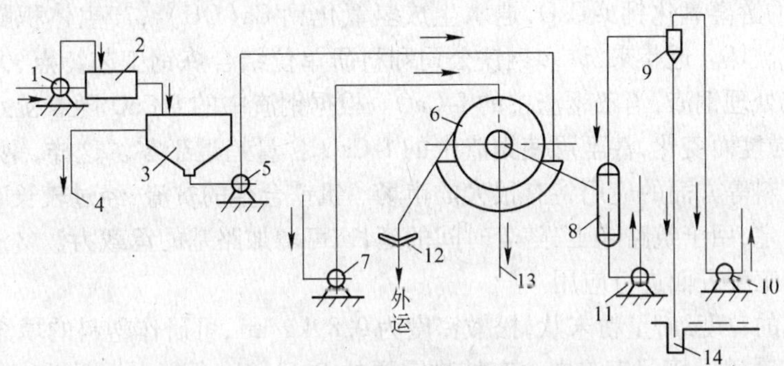

图2-28 集中浓缩真空过滤机处理流程

1—污水泵;2—矿浆分配箱;3—浓缩池;4—循环水(或外排水);5—泥浆泵;
6—真空过滤机(外滤式);7—空压机;8—滤液罐;9—气水分离器;
10—真空泵;11—滤液泵;12—皮带机;13—回浓缩池;14—水封槽

近年来通过工业试验,带式压滤机在烧结厂污泥脱水方面有良好效果,为设计提供了新的选择。

5)集中浓缩综合处理。集中浓缩综合处理是烧结厂废水处理较先进的工艺。它的特点就是按水质不同分别采用措施,以达到最有效的重复利用,减少废水外排。

2.8.1.3 固体废弃物的处理

(1)回收利用。在炼钢过程中当炉温过高时,要及时投入降温剂,常用的有废钢及铁矿石、铁砂、烧结矿等降温剂,特别是废钢的加入起着冷却剂和氧化剂的作用,在炉中起到降温和提高炉的反应能力的作用。

根据对钢渣组成的鉴定，钢渣中有大块钢、跌落废钢、钢珠铁粒和未能及时参加反应的细粒磁铁矿粉等有用成分。据此，拟采用图 2-29 所示的原则工艺流程进行回收。一般情况下，从渣中回收的废钢、钢珠铁粒、磁铁矿物等有用成分占钢渣总产率的 10% 以上。这样，不但产生了可观的经济效益，而且提供了就业机会，更重要的是使最终钢渣排出量大大降低，减轻了钢渣对环境的污染。

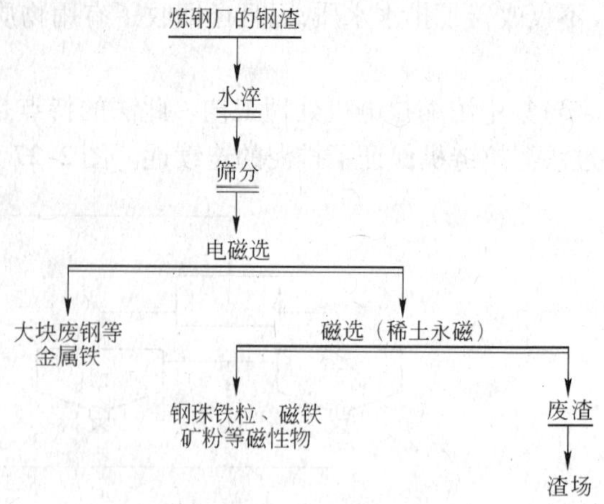

图 2-29 从渣中回收有用成分原则工艺流程图

(2)研制水泥和混凝土。钢渣的化学成分，矿物组成与水泥熟料有相似之处，可用钢渣生产水泥。马鞍山钢铁公司早在 1973 年就建成了我国第一座钢渣水泥厂，其产品是我国研究成功的一个水泥新品种。据不完全统计，全国已先后建立了 50 多座钢渣水泥厂。为使钢渣能适应生产水泥，须采取以下措施：对所有的材料质量进行严格控制，保证各材料符合质量要求；保证适时用钢渣生产水泥的原、辅材料配比准确；控制钢渣水淬粒度，提高磨机产量，降低生产成本。

(3)钢渣在工程上的应用。在国外钢渣主要用于筑路，我国在这方面进展不大，其主要原因是钢渣中的游离氧化钙 f-CaO，遇水生成氢氧化钙 $Ca(OH)_2$，产生体积膨胀使路基开裂，对工程造成破坏。近年来，许多钢铁公司和科研单位结合炼钢工艺特点，尤其针对钢渣特性，采用水汽处理钢渣，消解钢渣中的 f-CaO。根据钢渣中的 f-CaO 随着湿水程度、时间、温度和钢渣的粒度而变化，甚至可使钢渣中的 f-CaO 含量趋近于零。这样，钢渣在筑路、基础加固、墙体材料等方面的应用将有很大的市场。钒铁合金的贫渣，经过较长时间的高温处理，成分比较稳定，用于筑路施工，随着时间的延长，可增加路基的承载力。贫渣可在路基施工、地面充填等工程方面进行应用。

此外，贫渣的粒度细，呈粉末状，松散密度为 0.89kg/m^3，可研作塑料的填充料。

(4)肥料和改善土壤。钢渣中含有植物需要的 P、Fe、Mn 等常量元素和一些微量元素，可用于改良土壤和生产化肥。贫渣作肥料，渣中的 Ca、Si、Mg、P、V、K、Na 等成分，对江南丘陵地区的酸性土壤，贫渣的使用可以改善土壤结构，使土壤疏松，保持水分，增加土壤的养分。另外，渣中大量的微量元素 Cu、Cr、Li、Zn、Sr 等的存在，对农作物起着催化作用，可加快农作物的生长，提高农作物的产量。

(5)焚烧或填埋。

2.8.2 项目构成

钢铁企业的炼焦炉一年四季不熄火，超过 25m 高的烟囱不分昼夜喷出浓烟。炼焦流程是钢铁产业中污染最严重的环节，它排放出炼钢过程中 90% 的污染。2006 年停产的北京炼焦厂曾经每年排放工业废气 43.33 亿立方米、二氧化硫 1617t、烟尘 64 t、粉尘 4000 t、工业废水 390 万吨、COD 300t 以及各类工业固体废物 1277t(其中危险废物 720t)。所以，关于废气、废水、固体废物的综合处理是一项非常重要的项目。

(1)以废气处理能力大小划分成不同的档次,相应的处理设施也有不同的等级

1)高炉煤气的处理过程中包括的单位工程有:重力除尘器、洗涤塔、文氏管、减压阀组等。

高压高炉炉顶煤气余压如果用于发电,还需要安装发电机组等设备,其基础工程的建设则包括其中。

2)转炉煤气的处理过程中需要用的单位工程有:冷却器、一级文氏管、第一弯头脱水器、二级文氏管、第二弯头脱水器、抽风机、储气柜等。

(2)以废水处理能力的大小划分成不同的档次,相应的处理设施也有不同的等级。

1)矿山废水的处理过程中包括的单位工程有:调节水池、混合反应池、沉淀池等。

2)烧结厂废水处理与回用过程中包括的单位工程有:污水泵、调节池、絮凝剂投药设施、浓缩池、泥浆泵、真空过滤机、冷却设施、水泵、循环水泵、压缩空气管等。

2.8.3 施工程序

这里以烟囱和旋流池的施工为例,对其施工程序分别作一说明。

2.8.3.1 烟囱的施工程序

在考虑施工程序和施工方法时,应适应工程的特点和生产工艺的要求。

整个工程的施工步骤,分施工准备、土建施工、设备安装、设备调试四个阶段。

A 施工准备阶段

(1)临时设施的建设。主要单位工程项目有搅拌站、水泥和耐水泥库、卷扬机房、砂石场、钢筋场、临时仓库和办公室。

(2)材料的管理。施工现场往往场地狭窄,各种临时设施相对较小,不能存放大量的材料,因此,材料需要随用随进,这就需要经常核对现场的库存,及时掌握进料的时间。同时这种方法有利于材料的成本核算。

(3)平面布置规划。在规划平面布置时,要充分考虑大批量使用的材料进出场方便,加工好的材料便于输送至烟囱的作业位置,卷扬机房到烟囱的视线通透、无障碍。

(4)主要施工机械及工具的准备。

(5)劳动组织安排。

(6)进度计划安排。

B 烟囱的施工

(1)基础施工。基础施工流程为:土方工程→垫层→绑扎钢筋→支模→浇筑混凝土→养护。

(2)筒身和筒壁施工。采用液压滑模施工,施工工艺为:施工准备→滑模设备组装→杯口5m混凝土浇筑→吊梯等组装→正常滑升→筒身施工→最后0.5m施工→平台、爬梯安装→滑模设备拆除→竣工清扫。

(3)内衬和隔热层的施工。内衬和隔热层的施工在烟囱筒身和牛腿施工完后同时进行,也可与筒身施工穿插作业。滑模施工与移置模板施工的工作台设置有所不同。

砌筑内衬可采用挂掉盘作为工作台的方式施工,吊盘由内、中、外三环形钢梁、若干道辐射梁和工作台铺板构成。其中辐射梁分两种:一种是按烟囱上口尺寸制作的不变辐射梁;另

一种是按下口尺寸制作的可变辐射梁，后者随吊盘上升而逐渐减短。

(4)烟囱的附属设施施工。主要包括信号平台的安装、爬梯和避雷设施安装等。

2.8.3.2 旋流池的施工程序

旋流池是深30.0m，外径为28.1m，内衬墙厚为800mm的圆筒结构，筒内结构由上层顶板、中部泵站平台、吸水槽及托梁、底板及内径6.5m、高约22m的内筒和池内冲渣沟组成。采用半逆作法施工，利用圆井结构受力的拱效应特性，以内衬结构混凝土替代临时支撑，保证基坑开挖时地下连续墙的安全和稳定。

(1)结构施工顺序。采用半逆作法施工，即内衬结构逆作至结构封底后内部梁板、内筒等结构顺作。为加快施工进度，尽量减少施工缝和避免渗漏，同时考虑到施工方便，尽量避开结构梁板的位置，将内衬施工分为5段，分层高度为6.0～7.0m，施工时自上而下分层开挖取土，分层逆作施工圆井内衬。

(2)内衬结构底部的防沉处理。结构逆作时，为防止内衬新浇混凝土在自重作用下引起模板支撑下沉，影响内衬混凝土与地下墙间的粘结，同时考虑到便于上下钢筋的搭接，每层内衬施工时沿基坑周边开挖上口宽为1600mm，下口宽为800mm，深为1600mm的沟槽，回填黄砂并浇筑100mm厚素混凝土垫层。

(3)水平施工缝的处理。采用假牛腿法，即沿内衬壁均匀布置假牛腿，牛腿混凝土面略高于施工缝，这样既可以解决因混凝土沉实作用所带来的问题，又可以方便振捣混凝土。同时，在施工接缝的处理上还采用捽槽加坡的形式，在新老混凝土的界面处设30°～40°的斜施工缝，这样既延长了渗水线，提高了圆井结构的抗渗能力，也便于排除空气，有利于墙趾混凝土的密实。

(4)底板混凝土的浇筑。旋流池底板为3m厚的钢筋混凝土结构，一次浇筑混凝土量达1650m^3，属于大体积混凝土。本工程的特点是旋流池底板结构呈圆形且深达33m，因此，混凝土浇灌时即便选用泵送也难以满足空间要求，同时施工安全隐患较大。底板混凝土浇筑时选用50t履带吊与混凝土泵车各2台配合施工，吊车吊起移动柔性混凝土输送管及0.5m^3耐混凝土漏斗，由混凝土泵车向漏斗内泵送混凝土的接力方式浇筑底板。

旋流池基坑开挖深达33m，在－28m及－56m左右还存在两层承压水，为顺利实施干封底，必须选择经济、安全、可靠的降水方案，保证旋流池结构干封底的顺利实现。

3 冶金建设工程地下施工技术

3.1 井巷施工技术

在地下矿山建设中,井巷工程是关键项目,矿山建设工期主要是井巷工程的施工时间。因此,选定合理的施工方案,对加快矿山建设速度非常重要。井巷工程最基本的工作内容就是把岩石破碎下来,形成一定的空间,并采取支护措施防止岩石继续破碎。因此,破碎岩石形成空间和防止空间岩石继续破碎就成为井巷工程的根本问题。尽管破碎岩石的方法很多,但在目前,钻孔爆破方法仍是井巷施工中最有效的破岩方法。

3.1.1 主要工艺过程

井巷工程的工艺过程主要包括:

(1)钻孔爆破;

(2)装岩提升(含井上、井下运输);

(3)井巷支护(包括临时支护和永久支护);

(4)井巷装备(包括井筒装备和巷道装备)。

目前井巷工程施工仍以钻孔爆破法为主,根据岩石条件和选用的施工设备,爆破钻孔深度有一定的限制,一般为1~5m。井巷工程的每个巷道都有较大的长度,必须一段一段地进行施工,逐步完成施工任务。一般井巷工程的施工工序是工作面钻孔、装药、爆破、通风、装岩、运输、支护,同时还要完成井巷施工必要的管线辅助工程。完成全部工序,得到一定的井巷进度,如此循环往复,进而完成整个井巷的施工。每个循环时间和进度,构成了井巷工程的施工速度。循环时间越少,进度越快。因此,正规循环作业和多工序平行交叉作业是加快井巷工程施工速度的基础。

3.1.2 常用施工方法

3.1.2.1 竖井下掘施工方法

竖井下掘主要有以下几种施工方式:

(1)单行作业法。指井筒下掘与永久支护依次进行,掘进完成之后再进行永久支护。这种施工方法适用于井筒岩石条件较稳定,井筒深度不大,规格较小的情况。其优点是操作工艺简单,施工设备较少。其缺点是需要大量的临时支护,掘进和支护存在重复作业的现象,综合施工效率较低。这种作业方式目前采用得较少,只是在岩石条件较好的通风井施工时采用。

(2)平行作业法。指井筒下掘和永久支护平行施工,即下部掘进,上部支护,平行施工,互不影响。它适用于井筒规格较大,井筒较深,岩层稳定,涌水量较小的情况。其主要优点是能及时支护井壁,支护工程质量好,能充分利用空间,辅助作业时间少,施工速度快。其缺点是需要的施工设备多,操作复杂,上下两层作业,安全不易控制,适用条件有一定的限制。因此,这种作业方式只是在特定条件下使用,目前已很少采用。但是对于净直径大于6m,井深大于600m的竖井,为了加快建井速度,常常采用掘砌平行施工方法。采用此种施工方法时,必须采取严格的安全施工措施。

(3)混合作业方法。指井筒下掘与永久支护交替作业的一种施工方法,即井筒下掘一段后立即进行永久支护,这样依次交替进行。关键是掌握好段高距离,在岩石稳定处留段高度可以大些,在岩石较松软处可短掘短砌,根据岩石条件决定是否采用临时支护。因此,这种混合作业的施工方法适用范围较广,一般情况都可以采用。其主要优点是适用范围广、操作技术简单、综合进度较快。其缺点是掘砌交替频繁、井筒支护接茬较多。这种方法目前被施工单位普遍采用。合理的段高是这种施工方法必须确定的主要参数,否则将带来不利的后果。

(4)一次成井法。指井筒下掘和永久支护、井筒装备一次完成。一般采用交替施工法。主要适用于改建或扩建矿山,而新建矿山很少采用这种方法。主要缺点是操作工艺复杂、工序多、进度慢,优点是可以充分利用永久提升设备,并且易于安全施工。由于井筒施工条件不同,在施工组织设计中常采用一些变通的施工方法,例如"五掘一砌法"、"三掘一喷法"、"短掘短砌法"、"临时喷锚支护一次套壁法"、"大段高二次套壁法"等,其基本方法类似混合作业法。井筒下掘的施工工序主要是:钻孔、装药、爆破、通风、抓岩、清底、临时支护,完成一个掘进循环再开始新的掘进循环。每一个掘进循环包括完成一定的掘进进度(段高)后掘进停止,开始进行永久支护,然后再进行井筒下掘工作。这样逐步完成井筒下掘任务。

3.1.2.2　斜井、平巷施工方法

斜井和平巷掘进的施工方法基本相同,主要方式有三种:

(1)掘进和永久支护顺序作业法。即先掘进后支护,互不联系,适用于岩石稳定、规格较小的巷道。这种方法的主要缺点是:巷道顶板不好管理,支护质量不易保证,重复施工、速度慢、效率低、材料消耗大、需要临时支护,作业环境不好、不经济、不合理,目前采用得较少,在特殊要求的情况下,例如要求尽快贯通的巷道,为加快掘进速度,常采用这种方法,对尽快解决巷道通风有一定好处。

(2)掘进与永久支护平行作业法。即边掘进、边支护,同时施工,互不影响,掘进工作与支护工作面间隔一定距离(一般30~40m为宜)。这种方法适用于岩石稳定,巷道断面大,距离长,独头掘进的情况。其主要优点是前面掘进,后面支护,充分利用了巷道的有效空间,加快了巷道的施工速度,经济上合理,技术上安全,有条件的巷道应广泛采用这种施工方法。主要缺点是掘进和支护在同一条巷道内施工,作业条件复杂,互相干扰,在组织施工时,应以掘进为主,支护工作密切配合,尽量做到互不影响,平行施工。

(3)掘进与永久支护交替作业法。即掘进一段距离,进行一段永久性支护,交替施工。这种方法适用范围很广,在岩石稳定性较差时,可以采用短段掘砌法。岩石稳定较好的条件下,支护间距可以加长,一般以不超过50m为宜。这种方法避免了上述这两种方法的缺点,因而在巷道施工时被广泛采用,是一种较好的施工方法。在斜井下掘进时,常常会受到涌水的影响,全断面掘进有时不太适用,往往采用上断面掘进与下断面拉底两次爆破施工法,但这会增加爆破的重复时间,影响掘进速度。在平巷施工时,不同的条件下,有时采用独头掘进,在条件允许的情况下应尽量采用多头掘进,可以提高掘进效率。每个掘进队同时施工两

个以上的工作面,即为多头掘进,可以充分发挥机械和人力的效能,掘进速度提高达 50% 以上,应尽量做到两个工作面距离近,施工又不受干扰。

3.1.2.3 其他操作方法

巷道掘进操作方法,归纳起来为七个方面:

(1)一次成巷方面。一次成巷法,即全断面一次爆破,掘砌一次成巷,按成巷进度进行考核。

(2)综合防尘方面。湿式凿岩和工作面洒水降尘;加强通风,一般采用强力混合通风方法。

(3)钻孔方面。多台风钻作业。

(4)爆破方面。使用毫秒雷管起爆或导爆管起爆;推广光面爆破;全断面一次爆破;抛渣爆破。

(5)装岩方面。使用装岩机装岩;实现快速调车方法或使用大容积梭式矿车。

(6)支护方面。临时支护;锚杆喷浆及喷射混凝土;采用金属旋胎和金属模板。

(7)施工组织方面。正规循环作业和多工序平行交叉作业。

3.1.2.4 大断面硐室施工方法

矿山地下开采,井下硐室种类很多,形状各异。主要有如下几种:与竖井连接有马头门、风道、水窝和绕道等;与斜井连接有交叉点、躲避硐、井底泵房等;井筒附近的有装载硐室和卸载硐室等;坑道内有变电所、水泵房、水仓、火药库、调度室、机车修理库、卷扬机房、防水闸门、硐室岩机修理间等。这些硐室的断面与平巷近似(小于 $20m^2$),一般施工方法与巷道相同。现介绍几种大断面硐室的施工方法。

(1)全断面施工法。全断面施工法是采用一次爆破或两次爆破全断面一次成硐的施工方法,它使用普通凿岩设备或采用台车、台架凿岩,适用于坚硬稳定的岩层。其主要优点是工序少,效率高,便于实现机械化作业。施工时一定要采用光面爆破。

(2)导坑施工法。由于硐室断面很大,不可能一次成硐,采用先打导坑的办法,逐渐扩大刷帮,最后形成需要的硐室,适用于中等或中等以下稳定的岩层。其主要优点是施工安全可靠;缺点是工序多,上下有台阶,不便于机械化施工。这种方法又分为中央上导坑法,中央下导坑法,一侧导坑法,两侧导坑法,上下层导坑法。根据不同岩层条件和断面大小,在施工组织设计中确定施工方式。

(3)分层施工法。根据硐室高度分为若干层,依次施工形成需要的硐室。这种方法适用于中等稳定的岩层,高度很大的硐室。其优点是施工步骤和工序较少,效率高,进度快。其缺点是不利于支护作业,只有采用锚喷支护较为方便。根据施工顺序,又可分为上行分层和下行分层两种。这种方法在长距离大断面隧道施工中广泛采用。

3.1.3 特殊施工方法

建井过程中,要顺利穿过岩层(包括土层和基岩),必须解决好地层涌水的影响。施工前必须查清矿井穿过岩层的种类及性质,查清井筒在不同层位的涌水量,以决定合理建井方案。在涌水量不大的矿井施工中,一般采用普通凿井法。当井筒涌水量超过一定的限度时,必须采用特殊凿井法。所谓特殊凿井法,主要是解决井筒涌水量和流砂层的问题,使其涌水量减少到用普通方法能够掘进的程度,并使流砂层固定。一般情况下在土层中涌水量超过

$30m^3/h$,岩层中涌水量超过 $70m^3/h$ 和穿过含水的流砂层时就应该采用特殊凿井法施工。

3.1.3.1　治水的基本方法

治水的基本方法有四种:

(1)堵水。使岩层中的地下水不能流到施工的井筒中去。

(2)疏干和降低水位。把岩层中的涌水用一定的办法疏干,或用抽水降低水位的方法。

(3)切断水源。采用注浆法形成隔水帷幕。

(4)冷冻。使井筒穿过含水层结冰,形成冰层停止水的流动。井筒施工以后再将冷冻设施拆除。

3.1.3.2　特殊治水方法

根据以上的基本治水方式,可以根据不同情况选择不同的特殊凿井施工方案。凿井的特殊施工方法有以下几种:

(1)板桩法。适用于浅部土层,水压不大的情况。

(2)沉井法。适用于浅部土层,涌水量较大的情况,井深 100m 以内为宜。

(3)混凝土帷幕注浆法。适用于浅部基岩涌水较大的情况。

(4)冷冻法。适用范围较广,主要用于涌水量较大的土层和流砂层。

(5)注浆法。适用于岩层涌水量较大的情况,根据涌水量和水压,可以采用工作面注浆或地表预注浆。浆液分水泥浆液,黏土浆液和化学浆液。

(6)钻井法。是利用钻井机械凿井的一种方法。适用土层和松软岩层。目前属于试验阶段,机械性能尚需进行改进。由于井筒偏斜不易掌握,此法多用于风井施工。

建井时,井筒位置要尽量躲开含水层,实在不能避开时才采用特殊凿井法。特殊凿井法一般多采用冷冻法和注浆法,治水效果较好,工艺技术可靠。

3.2　深基坑支护技术

深基坑支护结构的设计应根据各地区工程地质条件和当地的经济技术水平选择合理的技术方案。大部分的深基坑支护结构作为临时性措施,设计水平的差异形成的不同方案,造价可相差几倍。我国将《建筑基坑支护技术规程》(JGJ 120—1999)作为强制性行业标准推行。目前,北京、上海、深圳、武汉、天津等地编制的地方规范、标准,也已陆续执行。另外,目前可以为设计人员参考的规范还有《岩土工程勘察规范》(GB 50021—2001,2009 年局部修订)、《建筑地基基础设计规范》(GB 50007—2002)、《土层锚杆设计与施工规范》(CECS 22:90)等。

3.2.1　拱圈挡土结构施工

3.2.1.1　拱圈挡土结构的施工程序

拱圈挡土结构的施工是一种半逆作法施工。拱圈支护结构的施工是与基坑挖土同步交叉进行,支护结构施工独占的工期很少。下面以上下两道拱圈为例说明拱圈施工的程序,图 3-1 所示为拱圈挡土结构施工工艺流程图。

在垂直方向,拱圈自上而下分多道施工,上面一道拱圈封闭合拢后才能向下施工,下面一道拱圈(见图 3-1)的施工与分层挖土交叉进行,以节省工期。

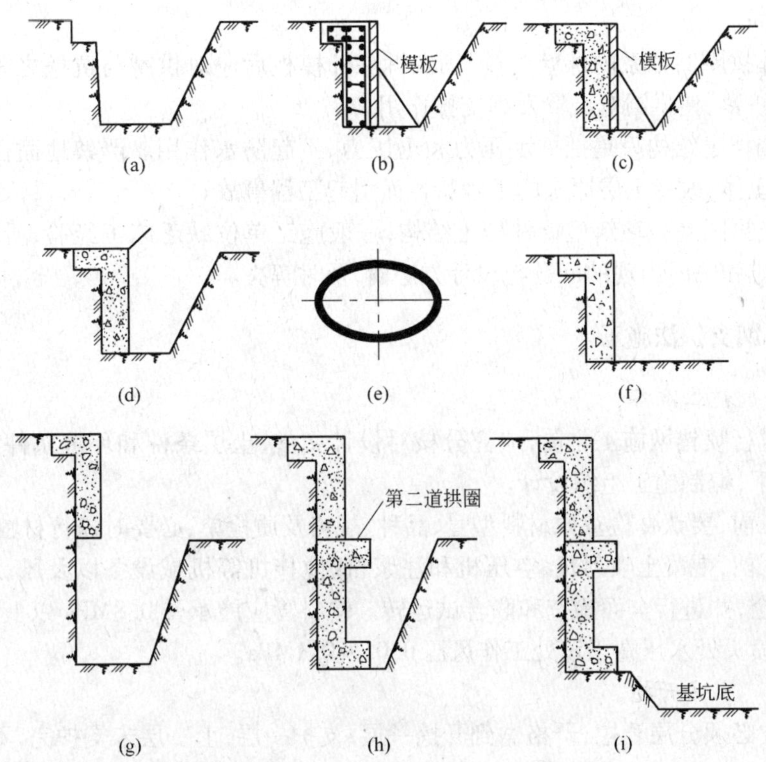

图 3-1 拱圈挡土结构施工流程图

(a)开挖沟槽;(b)支模绑钢筋;(c)浇筑混凝土;(d)拆模;(e)第一道拱圈封闭;
(f)挖第一层土;(g)开挖第二道沟槽;(h)浇第二道拱圈;(i)挖第二层土

在水平方向,拱圈的施工工艺流程如下:

分段开挖拱圈沟槽(分段长度一般为 12 ~ 15m,软土层和砂土层中不应超过 7 ~ 8m)→支模绑扎钢筋→浇筑混凝土→混凝土强度达 70% 后开挖邻近基槽(跳作不受此限)→拆除模板→待第一道拱圈合拢后挖掉第一层土→重复第一道拱圈施工工序施工第二、第三道拱圈……(从第二道起应严格分段施工,可开 2 ~ 3 个工作面,从两边向中间包超合拢施工)→完成整个挡土拱圈结构的施工→挖掉余下的土至基坑底标高。

3.2.1.2 挡土拱圈的施工要点

(1)拱圈内的应力与拱曲线形状关系极大,故要求拱曲线放线必须准确,拱曲线沿曲率半径方向的误差为 ±40mm。

(2)开挖基槽作拱圈,应与分层挖土交叉进行,以节省工期。在平面上拱圈的施工应分段进行,特别是从第二道拱圈开始,分段长度一般为 8 ~ 15m。如图 3-1 所示,拱圈是靠没有开挖槽段的土体支承其自重的,若开挖槽段太长,上面一道拱圈会在自重作用下下滑的。

(3)拱圈挡土结构是分道施工的,每道各自支护各层土的土压力,因而拱圈的施工在自上而下分多道施工时,第一道施工合拢后才能向下施工第二道拱圈。上面一道拱圈没合拢,严禁向下施工下面一道拱圈。

(4)拱圈施工中,开挖基槽、支模绑钢筋、浇筑混凝土等工序要连续作业,以减少拱圈临空的暴露时间。

(5)制作拱圈时如系内外壁支模,则在拆除外模板后应对拱圈与坑壁之间的空隙用土填满并夯实挤紧,使拱圈对坑壁发挥支撑作用。

(6)拱圈挡土结构只是抵抗水压力和土压力,不起防水作用。严禁地面径流和生活用水影响坑壁土体,改变土层原来的工程特性而引起工程事故。

(7)挡土拱圈是一种新型特种挡土结构,一般施工单位缺乏施工经验,所以,施工单位应将施工安排和临时出现的问题与设计方磋商,及时解决。

3.2.2　喷锚网支护法施工

3.2.2.1　施工准备

(1)在进行喷锚网施工之前,应充分核对设计文件、土层条件和环境条件,在确保施工安全的前提下,编制施工组织设计。

(2)施工前,要认真检查原材料型号、品种、规格及质检单,必要时进行材料性能试验。

(3)施工前,混凝土喷射机、空压机和注浆机、搅拌机等机械设备以及风、水管路、电线等应配套齐全,并进行全面检查和联合试运转。输料管应能承受0.8MPa以上的压力,供水设施应确保喷头处水压高于该处工作风压0.05~0.1MPa。

3.2.2.2　土方开挖

(1)土方必须分层开挖,严格做到开挖一层、支护一层,上一层未支护完,不得开挖下一层。

(2)每层开挖深度按设计施工方案要求并视现场土质条件而定,通常1.0~2.0m。

(3)开挖要到位,不得欠挖,严禁超挖。

(4)机械开挖后,应及时对壁面进行人工修整。

(5)特殊条件下的土方开挖,应按有关条款施工作业。

3.2.2.3　降水排水

(1)土方开挖前,应做好基坑降水工作,使地下水位低于基坑底标高1m左右。

(2)基坑周边地表面应用水泥砂浆封闭,并设置止水墙挡水或设置排水沟排水,防止雨水进入边壁内。

(3)开挖过程中,遇到边壁内滞水量丰富,甚至涌水时,应设置导水孔将水排出。

(4)基坑内应设置集水坑做好抽水工作。坑底排水沟和集水坑离边壁脚距离不宜小于1.0m。

3.2.2.4　造孔

(1)锚杆造孔要求。包括:

1)开挖出的边壁人工修整后,根据设计要求,定出孔位,作出标记。

2)锚孔直径不得小于$\phi60$,一般为$\phi80 \sim \phi120$。

3)锚孔深度应大于设计长度5~10cm。

4)锚孔的倾斜度应符合设计要求。

5)造孔时发现水量较大时,要预留导水孔。

6)安放锚杆前,对湿式造孔用水冲洗,直至孔口流出清水为止;对干式造孔要用高压风将孔内岩粉和积水清除干净。

7)造孔应做好施工记录。

(2)造孔方式。在地下设施较多或地下管线分布复杂不清的情况下,土质条件允许时,宜用人工造孔法,它是一种探索性造孔法,一旦遇到地下障碍物能及时发现立即停止。对不适合人工造孔的用机械造孔。

(3)选择造孔机具。对一般土层,孔深不大于15m时,可选用洛阳铲或螺旋钻机;孔深不小于15m时,宜选用土锚专用钻机和地质钻机。对饱和土和易塌孔的土层,宜选用带护壁套管的土锚专用钻机。

3.2.2.5 锚杆制作与要求

(1)锚杆杆体通常采用螺纹钢筋,具体要求如下:

1)锚杆体直径一般为25mm或28mm。

2)应选用Ⅱ、Ⅲ级的钢筋,不宜用Ⅰ级钢筋。

3)组装前,钢筋应平直,除锈去油污。

4)锚杆钢筋的接头应采用焊接的搭接接头,焊接头长度为30d,且不小于50mm,排钢筋的连接也应采用焊接。

(2)锚杆体应设置对中支架,具体要求如下:

1)沿锚杆轴线方向每隔1.5~2.0m设置一个对中支架。

2)对中支架用材料通常采用ϕ6、ϕ8钢筋或20×1扁钢制作。

3)为了使锚杆位于锚孔中央,对中支架要做成非对称的,即水平方向两侧的尺寸一样,而垂直方向下面的一个要比水平两侧的高,一般高10~20mm,具体视土质情况而定,土质坚硬些的用小值,反之用大值。垂直方向上面的一个可不设对中支架。

4)将用作对中支架的钢筋或钢片切成10~15cm长,弯成弧形与锚杆体焊接。

(3)采用口部(非底部)注浆时,锚杆上应安装排气装置,具体要求如下:

1)排气管材料通常为ϕ10左右的塑料管。

2)排气管用扎丝或塑线绑扎在锚杆的正上方,离杆体里端5~10cm,其外端比锚杆长1m左右。

3)在锚杆体底部绑扎透气的海绵体,其大小应和孔径相同。

(4)对预应力锚杆,具体要求为:杆体自由段应用塑料布或塑料管包裹;与锚固体连接处用铅丝绑牢。

(5)当采用钢绞线或高强钢丝作锚杆杆体时,锚杆体的组装要求如下:

1)钢绞线或高强钢丝应除去污垢,并按一定规律平直排列,截长应留有足够长的张拉长度。

2)沿杆体轴线方向每隔1.0~1.5m设置一个隔离架,杆体的保护层不宜小于2.0cm,隔离架、导气管应与杆体绑扎牢固。

3)杆体自由段用塑料管包裹,与锚固段相交处的塑料管管口应密封并用铅丝绑紧。

4)杆体前端应设置导向装置。

(6)锚孔造好后,应尽快安放制作好的锚杆,安放锚杆的要求如下:

1)锚杆放入锚孔前,应认真检查锚杆的质量,确保锚杆组装满足设计要求。

2)安放锚杆时,应防止杆体扭压、弯曲、无对中支架的一面朝上,放好后用嘴吸排气管,检查是否通气，否则抽出重做。

3）若采用底部注浆，注浆管应随锚杆一同放入锚孔，注浆管头部距孔底应有一定距离，一般为5～10cm。

4）锚杆体放入孔内深度不应小于锚杆长度的95%，杆体安放后不得随意敲击，悬挂重物。

（7）锚杆安放后，在锚杆头部焊接锁紧装置，规格要求如下：

1）锁紧装置通常用井字架或角钢制作。井字架由4根长20～30cm的$\phi25$或$\phi28$螺纹钢筋，成井字形焊接在锚杆上，离开岩土表面或初喷混凝土面2～3cm。角钢规格通常选用L100×100×10，长30cm，中间穿孔，套到锚杆头部焊接，焊接长度10cm。

2）焊缝厚度必须达到规范要求。

3）锁紧装置必须与钢筋网点焊在一起，使锚杆的锚固力均匀地传递给整个支护面。

3.2.2.6　注浆

（1）制作水泥砂浆的材料应符合下列要求：

1）水泥宜使用普通硅酸盐水泥，其标号一般选用425号，不宜采用矿渣硅酸盐水泥和火山灰硅酸盐水泥，不得采用高铝水泥。

2）细骨料应选用粒径小于2mm的中细砂。砂的含泥量不宜超过3%。砂中所含云母、有机质、硫化物及硫酸盐等有害物质的含量，按重量计不宜大于1%。

3）混合水中不应含有影响水泥正常凝结与硬化的有害杂质，不得使用污水。

（2）锚杆注浆应符合下列要求：

1）注浆液配合（重量）比根据设计要求确定，一般采用灰砂比1∶1～1∶2，水灰比0.40～0.45的水泥砂浆。

2）必要时可加一定量的添加剂，添加剂通常用起早强作用的三乙醇胺和氯化钠。

3）砂浆配合比要准确，拌和要均匀，随用随拌，拌好的浆液应在初凝前用完，并严防石块、杂物混入浆液。

4）排气管停止排气且注浆压力达到设计要求时，或孔口溢出浆液时，方可停止注浆。

5）注浆作业结束或中途停止较长时间，应用清水清洗注浆泵及管路。

6）对孔隙比大的回填土、砂砾土层，注浆压力一般要达到0.6MPa以上。

3.2.2.7　铺设钢筋网

（1）钢筋网对所用钢筋的要求为：一般为$\phi6$或$\phi8$，特殊情况视需要而定，可加粗直径，也可粗细相间。

（2）铺设钢筋网的要求如下：

1）铺设钢筋网前，应先调直钢筋。

2）钢筋网网格尺寸应符合设计要求，一般为15～25cm。网格一般为正方形，亦可为长方形。

3）根据施工作业面分层分段铺设钢筋网，钢筋网之间的搭接；可采用焊接或绑扎。绑扎的搭接长度应不小于30倍钢筋直径；焊接的搭接长度应不小于5倍钢筋直径。

4）钢筋网宜随壁面铺设，但距岩土面一般不宜小于3cm。

5）钢筋应压在锚杆锁紧装置下面，并与锁紧钢筋焊接成一体。

6）边壁上的钢筋网宜延伸至地表面，其长度一般不应小于1m。

3.2.2.8 喷射混凝土

(1)材料。喷射混凝土所用水泥、水及砂子的规格要求与注浆材料相同,且砂的含水率宜控制在5% ~7%。石子应采用坚硬、耐久的卵石、碎石,其最大粒径一般不应大于15mm,速凝剂必须采用国家鉴定合格的产品。

(2)配合比:

1)喷射混凝土的配合比根据设计要求确定,一般采用水泥: 砂: 石重量比为1:(2~2.5):(2~2.5)。

2)喷射混凝土的水灰比一般采用0.40~0.50。

3)速凝剂的掺量应视地质条件确定,通常为水泥重量的3%左右,特殊情况下可减小或增大比例。

(3)作业具体要求:

1)混合料应搅拌均匀,颜色一致,随拌随用,不掺速凝剂时,存放时间不应超过1h,掺速凝剂时,存放时间不超过20min。

2)喷射时,喷头处的工作风压以保持在0.10~0.12MPa为宜,喷头与受喷面应尽量垂直,并保持在0.8~1.0m的距离。

3)喷射应自下而上进行,喷头运动一般按螺旋式轨迹一圈压半圈均匀缓慢地移动。

4)挖出的作业面修理平整后,应尽快进行初喷混凝土,以稳定壁面,防止松散土塌落,初喷厚度一般为3cm。

5)钢筋网铺设完毕后进行复喷。一次喷射厚度为5~7cm。

6)喷射混凝土接茬,应斜交搭接,搭接长度一般为喷射厚度的2倍以上。

7)对于较大局部超挖和小塌方部位,一般应以喷射混凝土加短摩擦锚杆和钢筋网进行填补,并与其他部位圆滑相接。

8)回弹物应及时回收利用,但不宜作为喷料重新喷射。

9)喷射混凝土终凝后2h应浇水养护,保持混凝土表面湿润,养护期不少于7天。

3.2.2.9 张拉与锁定

(1)承压面。承压面应平整,并与锚杆轴线方向垂直。

(2)锚杆张拉要求:

1)锚杆张拉前,应对张拉设备进行标定。

2)锚固体与承压面混凝土强度均大于15.0MPa时方可张拉。

3)锚杆张拉应按一定程序进行。锚杆张拉顺序,应考虑邻近锚杆的相互影响。

4)锚杆张拉之前,应取0.1~0.2倍设计轴向拉力值,对锚杆预张拉1~2次,使其各部位的接触紧密,杆体完全平直。

5)锚杆张拉控制应力不应超过0.65倍钢筋强度标准值。

(3)张拉程序。锚杆张拉至1.1~1.2N_t(锚杆设计轴向拉力值),保持10~15min,然后卸载至锁定荷载进行锁定。

(4)锁定:

1)锚杆锁定工作,应采用符合技术要求的锚具。

2)锚杆锁定后,若发现有明显的预应力损失时,应进行补偿张拉。

3.2.3　地下连续墙施工

现浇钢筋混凝土地下连续墙是在地面上用专门的挖槽设备，沿开挖工程周边已铺筑的导墙，在泥浆护壁的条件下，开挖一条窄长的深槽，在槽内放置钢筋笼，浇筑混凝土，筑成一道连续的地下墙体。

地下连续墙是在地下工程和基础工程中广泛应用的一项新技术，可作为防渗墙、挡土墙、地下结构的边墙和建筑物的基础。

地下连续墙的主要特点是：墙体刚度大，能够承受较大的土压力，开挖基坑时无需放坡，也无需用井点降水；施工时噪声低，振动小，对邻近的工程结构和地下设施影响较小，可在距离现有结构很近的地方施工，尤其适用于城市中密集建筑群或已建车间内的地下工程深基坑开挖；它适用于多种地质条件。但是，地下连续墙的施工技术比较复杂，施工过程中所产生的泥浆对地基和地下水有污染，需要对排出的废弃泥浆进行处理。

地下连续墙的施工工艺如图3-2所示。

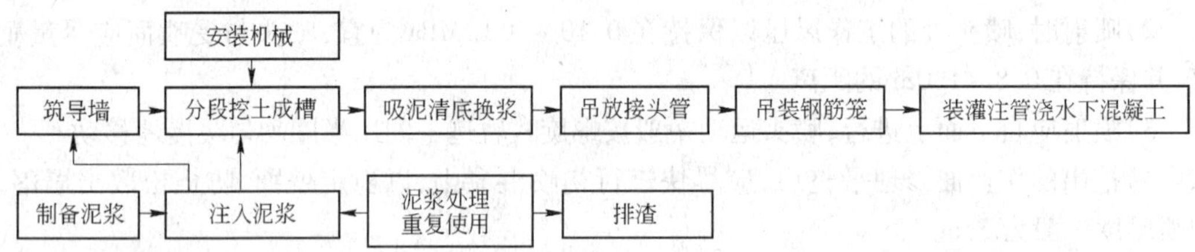

图3-2　地下连续墙的施工工艺流程

地下连续墙的施工是沿墙体长度方向划分一定长度分段施工，它既是进行一次挖掘的长度，也是一次浇筑混凝土的长度。单元槽段愈长，则墙体接头愈少，可提高墙体的整体性和截水、防渗功能，提高工效。但有各种因素限制了槽段的长度，应综合考虑现场水文地质条件、附近现有建筑物的情况、挖槽时槽壁的稳定性、挖槽机械类型、钢筋笼的重量及尺寸、混凝土搅拌机的供应能力以及地下连续墙构造要求等因素，其中以槽壁的稳定性最为重要。在一般情况下，单位槽段长度为4～8m。

深槽开挖前，须在地下连续墙纵向轴线位置开挖导沟，一般深1～2m。在两侧浇筑混凝土或钢筋混凝土导墙，也有采用预制混凝土板、型钢和钢板及砖砌体作导墙的。导墙净距比成槽机宽3～5cm，导墙顶面应高于施工场地5～10cm，导墙厚度一般为0.15～0.25m。导墙应高出地下水位1.5m，以保证槽内泥浆液面高出地下水位1m以上的最小压差要求。在导墙内侧每隔2m设一支撑。

导墙的作用主要为地下连续墙定线、定标高、支撑挖槽机等施工荷重、挖槽时走向、存储泥浆、稳定浆位、维护上部土体稳定和防止土体塌落等。

地下连续墙的槽段开挖是采用专门挖槽机械进行的。常用的挖槽机有多头钻挖槽机、钻抓斗式挖槽机和冲击钻等。

多头钻挖槽机适用于黏性土、砂质土、砂砾层及淤泥等土层。钻机的主体由多头钻和潜水电动机组成，如图3-3所示。挖槽时用钢索悬吊，采用全断面钻进方式，可以一次完成一定长度的深槽。施工槽壁平整，效率高，对周围建筑物影响较小。

钻抓斗式挖槽机由潜水钻机、导板抓斗机架、轨道等组成，如图3-4所示。抓斗有中心提拉式和斗体推压式两种。适用于黏性土和标准贯入锤击数N值小于30的砂性土，不适用于软黏土。

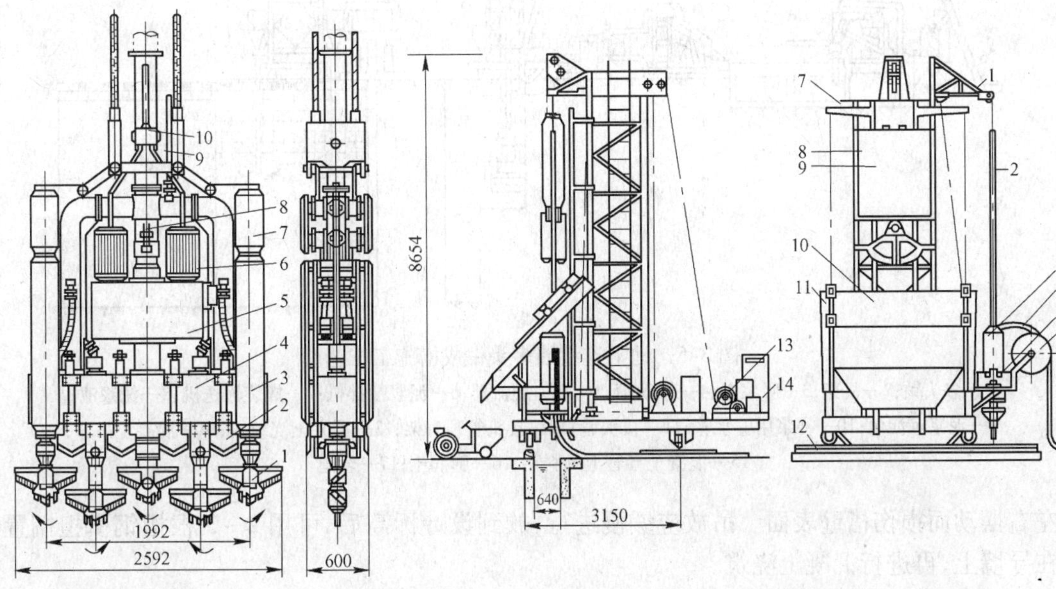

图3-3　多头钻机的钻头

1—钻头；2—侧刀；3—导齿；4—齿轮箱；5—减速箱；6—潜水电动机；7—纠偏装置；8—高压进气管；9—泥浆管；10—电缆结头

图3-4　钻抓斗式挖槽机

1—电钻吊臂；2—钻杆；3—潜水钻机；4—泥浆管及电缆；5—钳制台；6—转盘；7—吊壁滑车；8—机架立柱；9—导板抓斗；10—出土上滑槽；11—出土下滑槽架；12—轨道；13—卷扬机；14—控制箱

冲击钻主要采用各种冲击式凿井机械。适用于老黏性土、硬土和夹有孤石等地层，多用于桩排式地下连续墙成孔。其设备比较简单，操作容易，但工效较低，槽壁平整度也较差。地下连续墙的槽段开挖，约占整个施工时间的一半以上，因此要根据土质条件、施工精度要求及工期要求，选择成槽机械进行施工。

多头钻成槽机属无杆钻机，一般由组合多头钻机头（由4~5台潜水钻组成）、机架和底座组成。钻头采取对称布置、正反向回转，使扭矩相互抵消，旋转切削土体成槽，其施工工艺如图3-5所示。

深槽挖掘时要严加控制垂直度和偏斜度。尤其是地面至地下10m左右的初始挖槽精度，对以后整个槽壁精度影响很大，必须慢速均匀钻进。挖槽要连续作业，并且要依顺序连续施钻。钻进过程中应保持护壁泥浆不低于规定高度，特别对渗透系数较大的砂砾层、卵石层，更应注意保持一定浆位。对有承压水及渗漏水的地层，应加强对泥浆的调整和管理，以防止大量水进入槽内稀释泥浆危及槽壁安全。

钢筋笼应根据地下连续墙体的钢筋设计尺寸和单元槽段、接头形式及现场起重能力等确定。钢筋笼的密度应按单元槽段组装成一个整体，长度方向如需分节接长，则分节制作钢筋笼，应在制作台上预先进行试装配，组装钢筋笼时，必须预先确定插入浇筑混凝土导管的位置，留有足够的空间。

钢筋笼应在清槽换浆液后3~4h内吊放完毕。钢筋笼插入槽内时，应对准中心，并防止

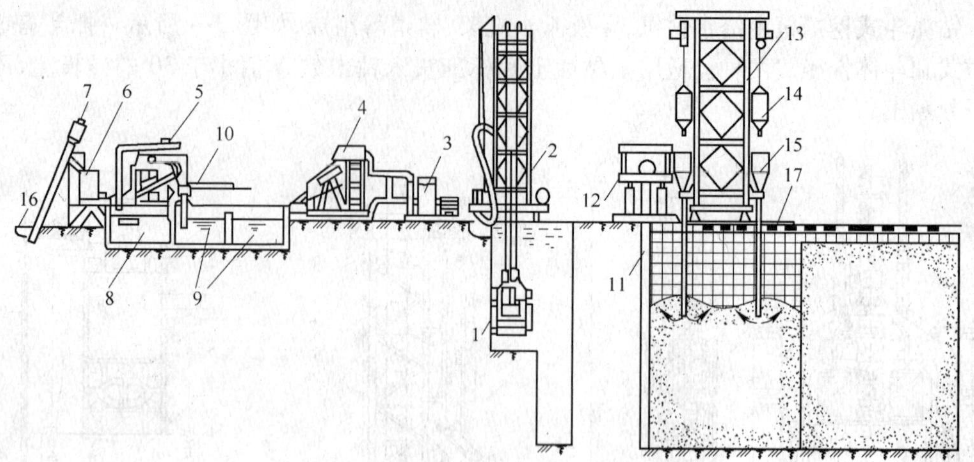

图 3-5 地下连续墙多头钻成槽施工工艺

1—多头钻;2—机架;3—吸浆泵;4—振动筛;5—水力旋流器;6—泥浆搅拌机;7—螺旋输送机;8—泥浆池;9—泥浆沉淀池;10—补浆用输浆管;11—接头管;12—接头管顶升架;13—混凝土浇筑机;14—混凝土吊斗;15—混凝土导管上的料斗;16—膨润土;17—轨道

左右摆动而损伤槽壁表面。吊放应缓慢进行,放到设计标高后,可用 2 ~3 根槽钢横担搁置在导墙上,再进行混凝土浇筑。

地下连续墙混凝土的浇筑是采用水下浇筑混凝土的导管法进行的。考虑到采用导管法在泥浆中浇筑的特点,配合比设计应比设计强度提高 5MPa。

地下连续墙混凝土浇筑时,连接两相邻单元槽段之间地下连续墙的施工接头,最常用的是接头管方式。接头钢管在钢筋笼吊放前用吊车吊放入槽段内。管外径等于槽宽,起到侧模作用,接着吊入钢筋笼并浇筑混凝土。为使接头管能顺利拔出,在槽段混凝土初凝前,用千斤顶或卷扬机转动及提动接头管,以防接头管与混凝土粘结。在混凝土浇筑后 2 ~4h,先每次拔 0.1m 左右。拔到 0.5 ~1.0m 时,如无异常现象,要每隔 30min 拔出 0.5 ~1.0m,直至将接头管拔出。然后进行下一单元槽段的施工。地下连续墙利用圆形接头管连接的施工顺序如图 3-6 所示。

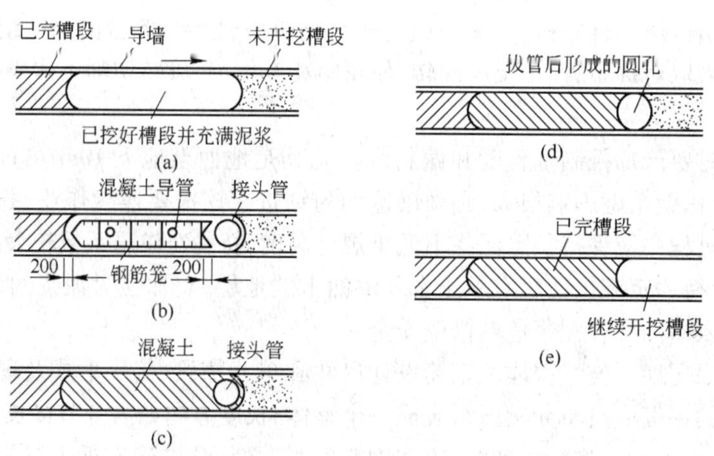

图 3-6 圆形接头管连接施工顺序

(a)挖出单元槽段;(b)先吊放接头管,再吊放钢筋笼;(c)浇筑槽段混凝土;(d)拔出接头管;(e)继续开挖下一槽段形成半圆接头

3.3 排水、降水施工技术

若地下水位较高，当开挖基坑或沟槽至地下水位以下时，由于土的含水层被切断，地下水将不断渗入坑内。雨季施工时，地面水也会流入坑内。这样不仅使施工条件恶化，而且土被水浸泡后会导致地基承载能力的下降和边坡的坍塌。为了保证工程质量和施工安全，做好施工排水、降水工作，保持开挖土体的干燥是十分重要的。

排除地面水(包括雨水、施工用水、生活污水等)一般采取在基坑周围设置排水沟、截水沟或筑土堤等办法，并尽量利用原有的排水系统，使临时性排水设施与永久性设施相结合。

基坑降水的方法有集水坑降水法和井点降水法。集水坑降水法一般用于降水深度较小且土层中无细砂、粉砂时；如降水深度较大或土层为细砂、粉砂，或处于软土地区，应尽量采用井点降水法。不论采用哪种方法，降水工作应持续到基础施工完毕并回填土后才停止。

3.3.1 集水坑降水法

集水坑降水法是在基坑开挖过程中，沿坑底周围或中央开挖有一定坡度的排水沟，在坑底每隔一定距离设一个集水坑，地下水通过排水沟流入集水坑中，然后用水泵抽走，如图3-7所示。

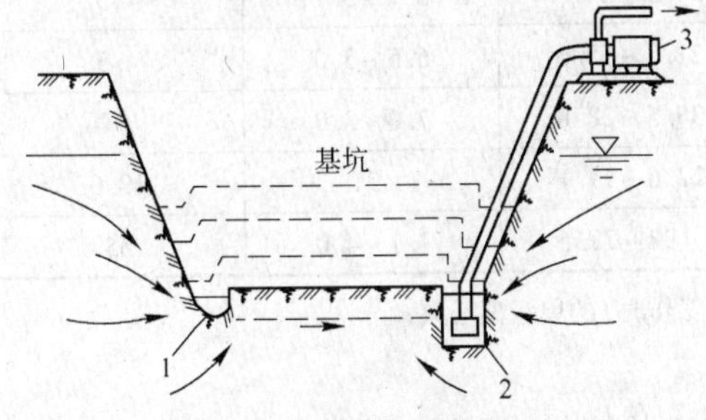

图3-7 集水坑降水法
1—排水沟；2—集水坑；3—水泵

集水坑降水法是一种常用的简易的降水方法，适用于面积较小、降水深度不大的基坑(槽)开挖。对软土或土层中含有细砂、粉砂或淤泥层时，不宜采用这种方法，因为在基坑中直接排水，地下水将产生自下而上或从边坡向基坑方向流动的动水压力，容易导致边坡塌方和流砂现象，并使基底土结构遭受破坏。

3.3.1.1 集水坑设置

为了防止基底土结构遭到破坏，集水坑应设置在基坑范围以外，地下水走向的上游。根据基坑涌水量的大小、基坑平面形状和尺寸、水泵的抽水能力，确定集水坑的数量和间距。一般每20～40m设置一个。集水坑的直径和宽度为0.6～0.8m。坑的深度随挖土而不断加深，要保持低于挖土工作面0.7～1.0m。当基坑挖至标高后，集水坑底应低于基底1～2m，并铺设碎石滤水层，以免抽水时间较长时将泥砂抽出，并使基底土结构遭受破坏。

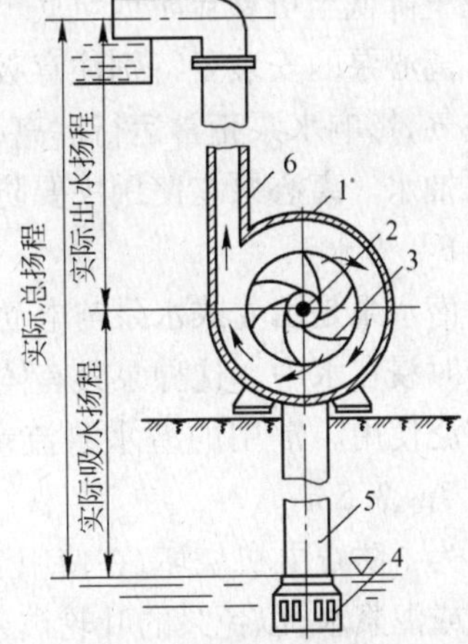

图3-8 离心泵工作简图
1—泵壳；2—泵轴；3—叶轮；4—滤网；5—吸水管；6—出水管

3.3.1.2 水泵性能及选用

集水坑降水法常用的水泵有离心泵和潜水泵。

A 离心泵

离心泵由泵壳、泵轴及叶轮组成，其管路系统包括滤网和底阀、吸水管和出水管，如图3-8所示。

离心泵的抽水原理是利用叶轮高速旋转时所产生的离心力，将轮心部分的水甩往轮边，沿出水管压向高处。此时叶轮中心形成部分真空，这样，水在大气压力作用下，就能不断地从吸水管内自动上升进入水泵。

水泵的主要性能指标包括：流量、总扬程、吸水扬程和功率等。流量是指水泵单位时间的出水量；扬程是指水泵扬水的高度，也称水头。由于水经过的管路有阻力，会引起水头损失，所以要扣除损失扬程后才是实际扬程。总扬程包括吸水扬程和出水扬程两部分。

吸水扬程又称允许吸水真空高度，表示水泵能吸水的高度，是确定水泵安装高度的一个重要数据。在基坑排水中，常用离心泵的性能见表3-1。但离心泵工作时，由于管路有阻力会引起水头损失，所以离心泵的实际吸水扬程要扣除损失扬程。通常实际吸水扬程可按性能表上的吸水扬程减1.2m（有底阀）至0.6m（无底阀）估算。

表3-1　离心泵的性能

型号		流量/$m^3 \cdot h^{-1}$	总扬程/m	吸水扬程/m	电动机功率/kW
B②	BA				
1.5B17	1.5BA-6	6～14	20.3～14	6.6～6.0	1.7
2B19①	2BA-9	11～25	21～16	8.0～6.0	2.8
2B31	2BA-6	10～30	34.5～24	8.7～5.7	4.5
3B19	3BA-13	32.4～52.2	21.5～15.6	6.5～5.0	4.5
3B33	3BA-6	30～50	35.5～28.8	7.0～3.0	7.0
4B20	4BA-18	65～110	22.6～17.1	5	10.0
4B91		65～135	98～72.5	7.1～4.0	55

①2B19表示进水口直径2in（50.8mm），总扬程为19m（最佳工作时）的单级离心泵；
②B型是BA型的改进型，性能相同。

离心泵的选择主要根据流量与扬程而定。对于基坑排水，离心泵的流量应满足基坑涌水量要求，一般选用吸水口径2～4in（50.8～101.6mm）的离心泵；离心泵的扬程在满足总扬程的前提下，主要是考虑吸水扬程能否满足降水深度要求，如果不够，则可另选水泵或将水泵位置降低至坑壁台阶或坑底上。离心泵的抽水能力大，宜用于地下水量较大的基坑。

离心泵的安装要特别注意吸水管接头不漏气及吸水口至少应在水面以下0.5m，以免吸入空气，影响水泵正常运行。离心泵使用时要先向泵体与吸水管内灌满水，排除空气，然后开泵抽水。离心泵在使用中要防止漏气和杂物堵塞。

B　潜水泵

潜水泵是由立式水泵与电动机组合而成的，电动机有密封装置，水泵装在电动机上端；工作时浸在水中。这种泵具有体积小、重量轻、移动方便及开泵时不需灌水等优点，在施工中广泛使用。常用的潜水泵流量有15m³/h、25m³/h、65m³/h、100m³/h，扬程相应为25m、15m、7m、3.5m。

为了防止电机烧坏，在使用潜水泵时不得脱水运转或陷入泥中，也不得排灌含泥量较高的水或泥浆水，以免泵的叶轮被杂物堵塞。

3.3.2　流砂及其防治

采用集水坑降水法开挖基坑，当基坑开挖到地下水位以下时，有时坑底土会进入流动状态，随地下水涌入基坑，这种现象称为流砂现象。此时，基底土完全丧失承载能力，土边挖边冒，施工条件恶化，严重时会造成边坡塌方，甚至危及临近建筑物。流砂现象易发生在细砂、粉砂及亚砂土中。

3.3.2.1 流砂发生原因

动水压力是流砂发生的重要条件。流动中的地下水对土颗粒产生的压力称为动水压力，其原理如图3-9所示。

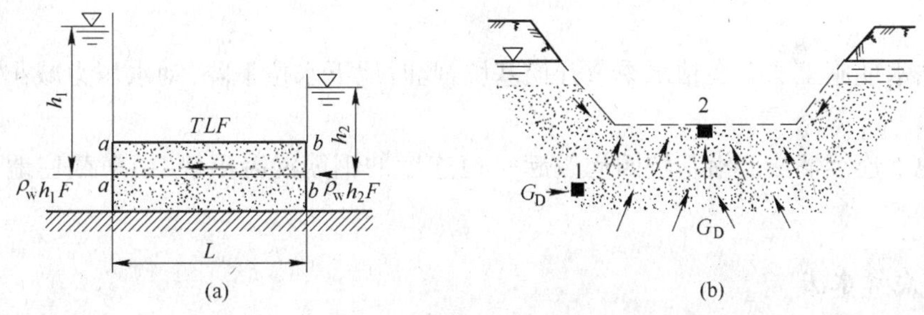

图3-9 动水压力原理图

(a)水在土中渗流的力学状态；(b)动水压力对地基土的影响

1,2—土颗粒

图3-9a中水由左端高水位 h_1，经过长度为 L，断面为 F 的土体流向右端低水位 h_2。单位土体内水在土中渗流时受到土颗粒的阻力 T，同时水对土颗粒作用一个动水压 G_D，二者大小相等，方向相反。作用在土体左端 $a—a$ 截面处的静水压力 $\rho_w h_1 F$（ρ_w 为水的密度），其方向与水流方向一致；作用在土体右端 $b—b$ 截面处的静水压力 $\rho_w h_2 F$，其方向与水流方向相反；水在土中渗流时受到土颗粒的阻力为 TLF（T 为单位土体的阻力）。根据静力平衡条件得

$$\rho_w h_1 F - \rho_w h_2 F - TLF = 0$$

$$T = \frac{h_1 - h_2}{L}\rho_w = I\rho_w$$

式中，$I = \frac{h_1 - h_2}{L}$ 为水力坡度。

由上式可知，动水压 G_D 与水力坡度 I 成正比，水位差越大，动水压力越大，而渗透路程越长，动水压力越小。

产生流砂现象主要是由于地下水的水力坡度大，即动水压力大，而且动水压力的方向（与水流方向一致）与土的重力方向相反，土不仅受水的浮力，而且受动水压力的作用，有向上举的趋势，见图3-9b。当动水压力等于或大于土的浸水密度时；土颗粒处于悬浮状态，并随地下水一起流入基坑，即发生流砂现象。

流砂现象一般发生在细砂、粉砂及亚砂土中。在粗大砂砾中，因孔隙大，水在其间流过时阻力小，动水压力也小，不易出现流砂；而在黏性土中，由于土粒间内聚力较大，不会发生流砂现象，但有时在承压水作用下会出现整体隆起现象。

3.3.2.2 流砂防治

流砂防治的主要途径是减小或平衡动水压力或改变其方向。具体措施为：

（1）抢挖法。即组织分段抢挖，使挖土速度超过冒砂速度，挖到标高后立即铺席并抛大

石以平衡动水压力,压住流砂。此法仅能解决轻微流砂现象。

(2)打钢板桩法。将板桩打入坑底下面一定深度,增加地下水从坑外流入坑内的渗流长度,以减小水力坡度,从而减小动水压力。

(3)水下挖土法。就是不排水施工,使坑内水压与坑外地下水压相平衡,消除动水压力。

(4)井点降水法。用井点法降低地下水位,改变动水压力的方向,是防止流砂的有效措施。

(5)枯水期施工法。在枯水季节开挖基坑,此时地下水位下降,动水压力减小或基坑中无地下水。

(6)地下连续墙法。沿基坑四周筑起一道连续的钢筋混凝土墙,用来截住地下水流入基坑。

3.3.3　井点降水法

井点降水法就是在基坑开挖之前,在基坑四周埋设一定数量的滤水管(井),利用抽水设备抽水,使地下水位降落至基坑底以下,并在基坑开挖过程中不断抽水,使所挖的土始终保持干燥状态。井点降水改善了工作条件,防止了流砂发生,土方边坡也可陡些,从而减少了挖方量。

井点降水法所采用的井点类型有:轻型井点、喷射井点、电渗井点、管井井点和深井井点。施工时可根据土的渗透系数、要求降低水位的深度及设备条件等,参照表3-2选用。

表3-2　各类井点的适用范围

井点类别	土层渗透系数/m · d^{-1}	降低水位深度/m
单层轻型井点	0.1 ~ 50	3 ~ 6
多层轻型井点	0.1 ~ 50	6 ~ 12(由井点层数而定)
喷射井点	0.1 ~ 2	8 ~ 20
电渗井点	<0.1	根据选用的井点确定
管井井点	20 ~ 200	3 ~ 5
深井井点	10 ~ 250	>15

轻型井点是沿基坑四周以一定间距埋入直径较小的井点管至地下蓄水层内,井点管上端通过弯联管与集水总管相连,利用抽水设备将地下水通过井点不断抽出,使原有地下水位降至基底以下。施工过程中应不间断地抽水,直至基础工程施工结束回填土完成为止。轻型井点如图3-10所示。

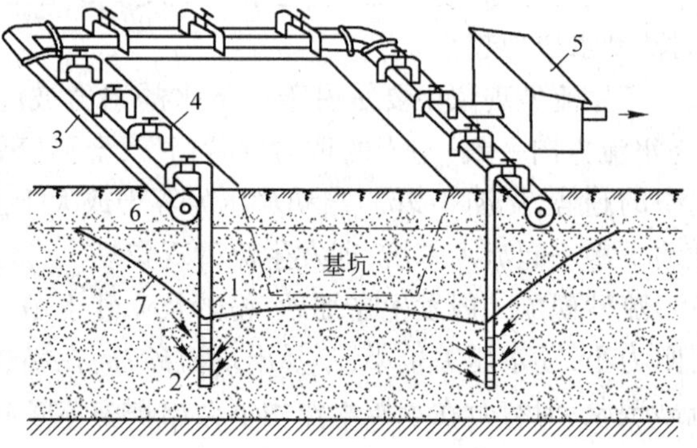

图3-10　轻型井点示意图

1—井点管;2—滤管;3—总管;4—弯联管;5—水泵房;
6—原地下水位线;7—降低后地下水位线

3.3.3.1　轻型井点设备

轻型井点设备由管路系统和抽水设备等组成。

A 管路系统

管路系统由滤管、井点管、弯联管和总管组成。滤管是井点设备的重要组成部分，对抽水效果影响较大。滤管必须深入到蓄水层中，使地下水通过滤管孔进入管内，同时还要将泥砂阻隔在滤管外，以保证抽入管内的地下水的含泥砂量不超过允许值。因此，要求滤管应具有较大的孔隙率和进水能力；滤水性良好，既能防止泥砂进入管内，又能防止堵塞滤管孔隙；滤管结构强度要高，耐久性要好。滤管的构造如图3-11所示。

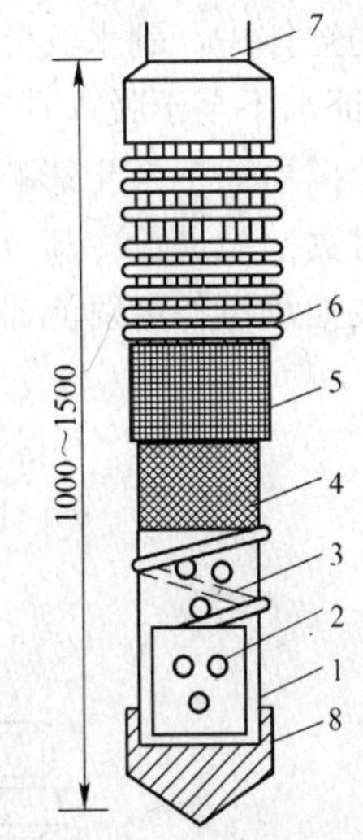

图3-11 滤管构造

1—钢管；2—管壁上小孔；3—缠绕的铁丝；4—细滤网；5—粗滤网；6—粗铁丝保护网；7—井点管；8—铸铁头

滤管为进水设备，直径为50mm，长为1.0m或1.5m。滤管的管壁上钻有$\phi 13 \sim \phi 19$的小圆孔，外包两层滤网，内层细滤网采用钢丝布或尼龙丝布，外层粗滤网采用塑料或编织纱布。为使水流畅通，管壁与滤网间用塑料细管或铁丝绕成螺旋状将其隔开，滤网外面用粗铁丝网保护，滤管上端用螺丝套筒与井点管下端连接，滤管下端为一铸铁头。

井点管直径为50mm，长5m、6m或7m，上端通过弯联管与总管的短接头相连接，下端用螺丝套筒与滤管上端相连接。

弯联管采用透明的硬塑料管将井点管连接起来。

总管采用直径为100~127mm，每段长4m的无缝钢管。段间用橡皮管连接，并用钢筋箍紧，以防漏水。总管上每隔0.8m设置与井点管相连接的短接头。

B 抽水设备

抽水设备常用的是真空泵设备和射流泵设备。

干式真空泵抽水设备由真空泵、离心泵和水气分离器组成，如图3-12所示。

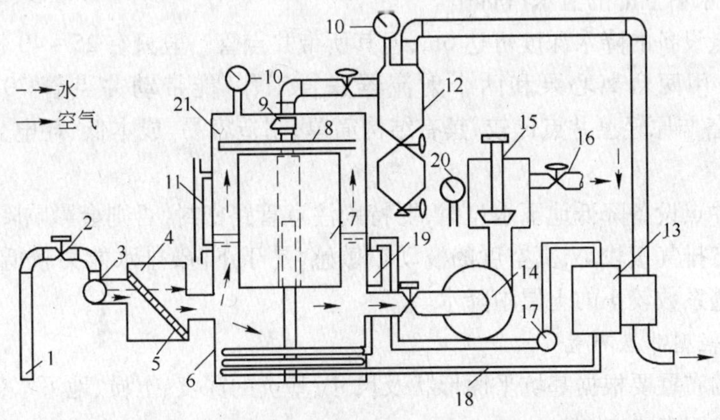

图3-12 干式真空泵井点抽水设备工作简图

1—井点管；2—弯联管；3—总管；4—过滤箱；5—过滤网；6—水气分离器；7—浮筒；8—挡水布；9—阀门；10，13—真空泵；11—水位计；12—副水气分离器；14—离心泵；15—压力箱；16—出水管；17—冷却泵；18，19—冷却水管；20—压力表；21—真空调节阀

抽水时先开动真空泵13,将水气分离器抽成一定程度的真空,使土中的水分和空气受真空吸力的作用形成水气混合液经管路系统流到水气分离器中。然后开动离心泵,水气分离器中的水经离心泵由出水管16排出,空气则集中在水气分离器上部由真空泵排出。如水多来不及排出时,水气分离器内浮筒7上浮,阀门9将通向真空泵的通路关闭,可防止水进入真空泵的缸体中。副水气分离器仅用来滤清从空气中带来的少量水分使其落入该筒下层放出,以保证水不至于吸入真空泵内。压力箱15除调节出水量外,还阻止空气由水泵部分窜入水气分离器而不至于影响真空度。过滤箱4用以防止由水流带来的部分细砂磨损机械。为了对真空泵进行冷却,设置冷却循环水泵17。

射流泵抽水设备由射流器、离心泵和循环水箱组成,如图3-13所示。

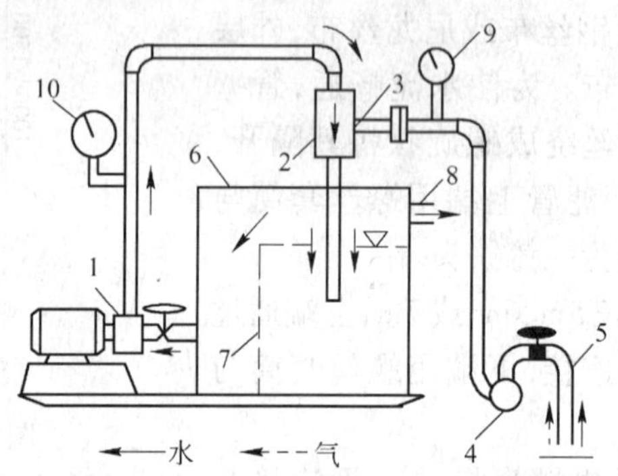

图3-13　射流泵抽水设备工作图

1—水泵;2—射流器;3—进水管;4—总管;5—井点管;6—循环水箱;7—隔板;8—泄水口;9—真空表;10—压力表

射流泵抽水设备的工作原理是:利用离心泵将循环水箱中的水变成压力水送至射流器内由喷嘴喷出,由于喷嘴断面收缩而使水流速度骤增,压力骤降,使射流器空腔内产生部分真空,把井点管内的气、水吸上来进入水箱。水箱内的水滤清后一部分经由离心泵参与循环,多余部分由水箱上部的泄水口排出。

射流泵井点设备的降水深度可达6m,但其所带井点管一般只有25~40根,总管长度为30~50m。若采用两台离心泵和两个射流器联合工作,能带动井点管70根,总管长度100m。这种设备与原轻型井点比较,具有结构简单、制造容易、成本低、耗电少、使用检修方便等优点。

采用射流井点设备降低地下水位时,要特别注意管路密封,否则会影响降水效果。

射流泵井点排气量较小,真空度的波动较敏感,易于下降,排水能力较低,适于在粉砂、轻亚黏土等渗透系数较小的土层中降水。

3.3.3.2　轻型井点布置

轻型井点的布置要根据基坑平面形状及尺寸、基坑的深度、土质、地下水位高低及流向、降水深度要求等因素确定。

A　平面布置

基坑的宽度小于6m,降水深度不超过5m时,采用单排井点,并布置在地下水上游一侧,两端延伸长度不小于基坑的宽度,如图3-14所示。如基坑宽度大于6m或土质排水不良时,宜采用双排线状井点。

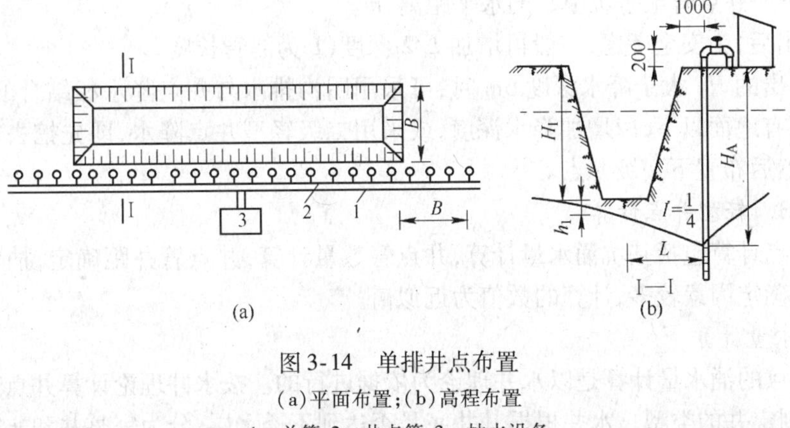

图 3-14 单排井点布置

(a)平面布置;(b)高程布置

1—总管;2—井点管;3—抽水设备

基坑面积较大时,采用环形井点,如图 3-15 所示。有时为了便于挖运土机械的进出,可留出一段(最好在地下水下游方向)不封闭。

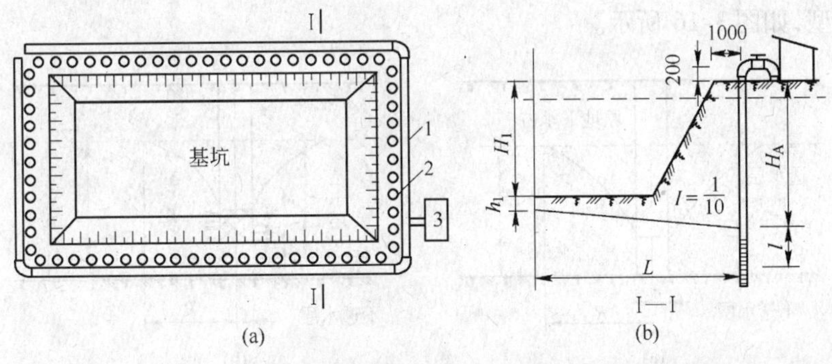

图 3-15 环状井点布置

(a)平面布置;(b)高程布置

1—总管;2—井点管;3—抽水设备

井点管距基坑壁一般不小于 1m,以防局部漏气。井点管间距应根据土质、降水深度、工程性质等按计算或经验确定。靠近河流处或总管四角部位,井点应适当加密。采用多套抽水设备时,井点系统应分成长度大致相等的段,分段位置宜在基坑拐弯处,各套井点总管之间应装阀门隔开。

B 高程布置

轻型井点的降水深度,考虑抽水设备的水头损失以后,一般不超过 6m。在布置井点管时,应参考井点的标准长度以及井点管露出地面的长度(一般为 0.2 ~ 0.3m),而且滤管必须在透水层内。

井点管的埋设深度 H_A(不包括滤管):

$$H_A \geqslant H_1 + h + IL$$

式中 H_1 ——井点管埋置面至基坑底面的距离,m;

h ——基坑底面至降低后的地下水位线的距离,一般取 0.5 ~ 1m;

I ——水力坡度，单排井点取 1/4，环形井点取 1/10；

L ——井点管至基坑中心的水平距离，m。

H_A 算出后，为安全考虑，一般再增加 $L/2$ 深度（L 为滤管长度）。

当计算出的 H_A 大于降水深度 6m 时，可采用明沟排水与井点降水相结合的方法，将总管安装在原有地面以下，以增加降水深度，或采用二级轻型井点降水，即先挖去第一级井点排干的土，然后布置下一级井点。

3.3.3.3　轻型井点计算

轻型井点计算包括基坑涌水量计算，井点管数量计算，井点管井距确定，抽水设备选择等。由于不确定因素较多，计算的数值为近似值。

A　涌水量计算

轻型井点的涌水量计算是以水井理论为依据进行的。按水井理论计算井点系统涌水量时，首先要判定井的类型。水井根据其井底是否达到不透水层，分为完整井和非完整井。井底达到不透水层的称为完整井，否则称为非完整井。水井根据地下水有无压力，分为承压井和无压井。滤管布置在地下两层不透水层之间，地下水面承受不透水层的压力，抽取承压层间地下水，称为承压井；若地下水上部均为透水层，地下水是无压潜水的，称为无压井。水井分为四种类型，如图 3-16 所示。

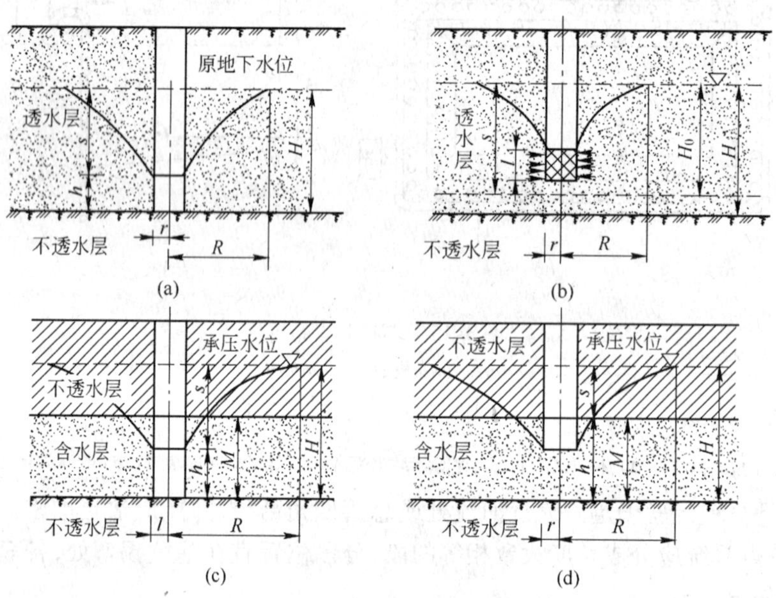

图 3-16　水井的分类

(a)无压完整井；(b)无压非完整井；(c)承压完整井；(d)承压非完整井

无压完整井：地下水上部为透水层，地下水无压力，井底达到不透水层，如图 3-16a 所示。

无压非完整井：地下水上部为透水层，地下水无压力，井底没有达到不透水层，如图 3-16b 所示。

承压完整井：滤管布置在充满地下水的两层不透水层之间，地下水有压力，井底达到不透水层，如图 3-16c 所示。

承压非完整井：滤管布置在充满地下水的两层不透水层之间，地下水有压力，井底没有达到不透水层，如图 3-16d 所示。

(1) 无压完整井涌水量计算。无压完整井抽水时的水位变化，如图 3-17 所示。

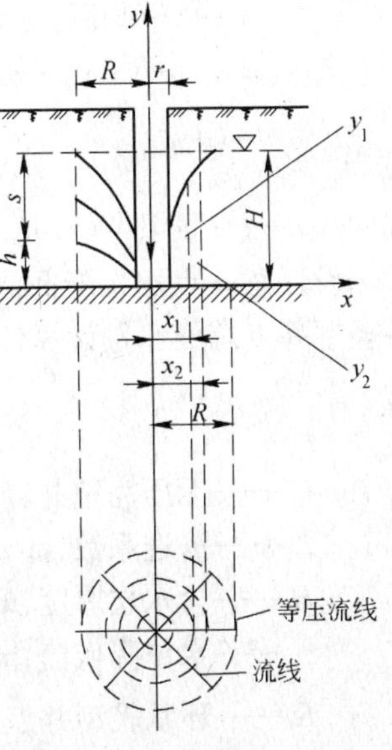

图 3-17 无压完整井水位降落曲线

假设在水井抽水以前，地下水是静止的，水力坡度为零。开始抽水后井内水位开始下降，经过较长时间的抽水，这个曲面逐渐稳定，形成水位降落漏斗。由井轴至漏斗最外边缘的水位不变处的水平距离 R 称为抽水影响半径。

如图 3-17 所示，以井轴为 y 轴，不透水层处为 x 轴，距井轴 x 处流向水井的过水断面面积为铅直圆柱面的面积 ω，则

$$\omega = 2\pi xy$$

式中 x ——井中心至计算过水断面处的距离；

y ——由不透水层到距中心距离为 x 处的曲线上的高度。

该断面的水力坡度为

$$I = \frac{\mathrm{d}y}{\mathrm{d}x}$$

涌水量为 $Q = \omega v = \omega KI = 2\pi xyK\frac{\mathrm{d}y}{\mathrm{d}x}$

分离变量 $2y\mathrm{d}y = \frac{Q}{\pi K}\cdot\frac{\mathrm{d}x}{x}$

两边积分 $\int_h^H 2y\mathrm{d}y = \int_r^R \frac{Q}{\pi K}\cdot\frac{\mathrm{d}x}{x}$

得 $H^2 - h^2 = \frac{Q}{\pi K}\ln\frac{R}{r}$

将 $\pi = 3.14$ 代入，并用常用对数代替自然对数，得

$$Q = 1.366K\frac{H^2 - h^2}{yR - \lg r}$$

式中 H ——含水层厚度，m；

h ——井内水深，m；

R ——抽水影响半径，m；

r ——水井半径，m。

上式即为无压完整井单井涌水量计算公式。井点系统是多个井点同时抽水，各井点的水位降落漏斗相互影响，每个井的涌水量比单独抽水时小，总涌水量并不等于各单井涌水量之和。考虑群井的相互影响，井点系统的总涌水量为

$$Q = 1.366K\frac{H^2 - y^2}{\lg R - \frac{1}{n}\lg(x_1x_2\cdots x_n)}$$

式中 y ——群井范围内任一点 A 降低后的地下水位高度，m；

$x_1, x_2, \cdots, x_n$ ——任一点 A 至各井井轴的距离,m;

n ——单井的数量。

若 $x_1 = x_2 = \cdots = x_n = x_0$,即全部井分布在距 A 点同一距离上,则上式可改变为

$$Q = 1.366K \frac{H^2 - y^2}{\lg R - \lg x_0}$$

式中　x_0——假想半径,m。

设任意 A 点水位降低值 $s = H - y$(一般取基坑中心点处的水位降低值),则得无压完整井轻型井点总涌水量计算公式

$$Q = 1.366K \frac{2H - s}{\lg R - \lg x_0}$$

式中　Q ——无压完整井轻型井点总涌水量,m^3/d;

K ——渗透系数,m/d;

H ——含水层厚度,m;

s ——水位降低值,m;

R ——环状轻型井点的假想半径,近似按 $R = 1.95s\sqrt{HK}$计算,m;

x_0——环状轻型井点的假想半径,m,$x_0 = \sqrt{\frac{F}{\pi}}$($F$ 为环状轻型井点管包围的面积,单位为 m^2)。

短形基坑的长宽比大于5或基坑宽度大于抽水影响半径两倍时,需将基坑分割成符合计算公式适用条件的单元,然后将各单元涌水量相加得到总涌水量。

(2)无压非完整井涌水量计算。无压非完整井涌水量 Q 的计算,按如下公式

$$Q = 1.366K \frac{(2H_0 - s)s}{\lg R - \lg x_0}$$

式中　H_0——抽水影响深度,m,H_0 按表3-3计算,$H_0 \leqslant H$。

表3-3　抽水影响深度 H_0

$s'/(s'+l)$	0.2	0.3	0.5	0.8
H_0	$1.3(s'+l)$	$1.5(s'+l)$	$1.7(s'+l)$	$1.85(s'+l)$

注:表中 s'为井点管内水位降低深度;l 为滤管长度。

B　井点管数量计算与井距确定

井点管的数量取决于井点系统涌水量的多少和单根井点管的最大出水量。单根井点管的最大出水量与滤管的构造、尺寸以及土的渗透系数有关,其公式为

$$q = 65\pi dl\sqrt[3]{K}$$

式中　q ——单根井点管的最大出水量,m^3/d;

d——滤管直径,m;

l ——滤管长度,m;

K——渗透系数,m/d。

井点管数量的计算,则为

$$n = 1.1\frac{Q}{q}$$

式中 1.1——备用系数,考虑井点管堵塞等因素。

井点管数量算出后,便可根据井点系统布置方式,求出井点管间距 D 为

$$D = \frac{L}{n}$$

式中 D ——井点管间距,m;

L ——总管长度,m;

n ——井点管根数。

在确定井点管间距时,还应考虑井距不能过小,否则彼此干扰大,影响出水量,因此井距必须大于 $5\pi d$;在总管拐弯处及靠近河流处,井点管宜适当加密;在渗透系数小的土中,考虑到抽水使水位降落的时间比较长,宜使井距缩小;间距应与总管上的接头间距相配合。

C 抽水设备的选择

由真空泵和离心泵组成的轻型井点机组,可根据所带动的总管长度、井点管根数及降水深度选用。一套抽水机组通常设真空泵一台、离心泵两台。两台离心泵既可轮换备用,又可在地下水量较大时一起开动来排水。

干式真空泵常用的型号有 W5 和 W6 型。采用 W5 型真空泵时,总管长度一般不大于 100m;采用 W6 型时,总管长度一般不大于 120m。

真空泵的真空度最大可达 100kPa。真空泵在抽水过程中所需的最低真空度(h_k),根据降水深度所需要的可吸真空度及各项水头损失计算,其公式为

$$h_k = 10 \times (h_A + \Delta h)$$

式中 h_A ——根据降水深度要求的可吸真空度,近似取总管至滤管的深度,m;

Δh ——水头损失,包括进入滤管的水头损失、管路阻力损失及漏气损失等,近似取 1~1.5m。

在抽水过程中真空泵的实际真空度如小于上式计算的最低真空度,则降水深度达不到要求。

轻型井点中一般选用单级离心泵,其型号根据流量、吸水扬程确定。

水泵的流量(m^3/h)应比基坑涌水量增大 10%~20%。如采用多套抽水设备共同抽水时,则涌水量要除以套数。

水泵的吸水扬程要克服水气分离器上的真空吸力,也就是要大于或等于井点处的降水深度加各项水头损失(即式中的 $h_A + \Delta h$)。

3.3.3.4 轻型井点施工与运行

轻型井点的施工顺序为:挖井点沟槽,敷设集水总管;冲孔,沉设井点管,灌填砂滤料;用弯联管将井点管与集水总管连接,安装抽水设备;试抽。

井点管埋设方法有射水法、冲孔(或钻孔)法及套管法,根据设备条件及土质情况选用。

射水法是在井点管的底端装上冲水装置(称为射水式井点管)来冲孔下沉井点管,如图 3-18 所示。

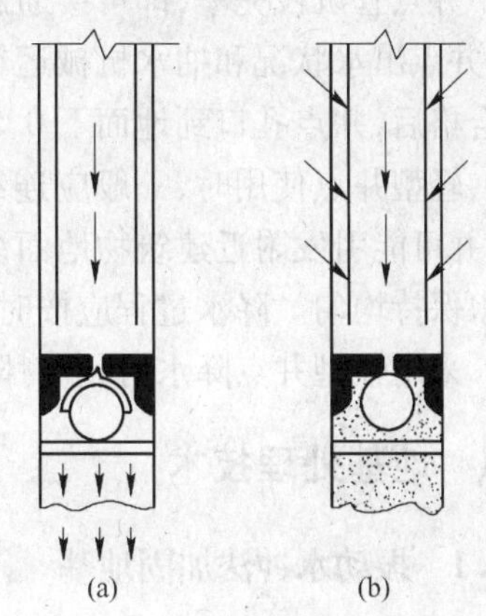

图 3-18 直接用井点管水冲下沉法
(a)水向下冲射时;(b)抽水时

冲孔装置内装有球阀和环阀,用高压水冲孔时,球

阀下落，高压水流在井点管底部喷出使土层形成孔洞，井点管依靠自重下沉，泥砂从井点管和土壁之间的空隙内随水流排出，较粗的砂粒随井点下沉，形成滤层的一部分。当井点管达到设计标高后，冲水停止，球阀上浮，可防止土进入井点管内，然后立即填砂滤层。冲孔直径应不小于300mm，冲孔深度应比滤管深0.5m左右，以利沉泥砂。井点管要位于砂滤层中间。

冲孔法是用直径为50～70mm的冲水管冲孔后，再沉放井点管，如图3-19所示。

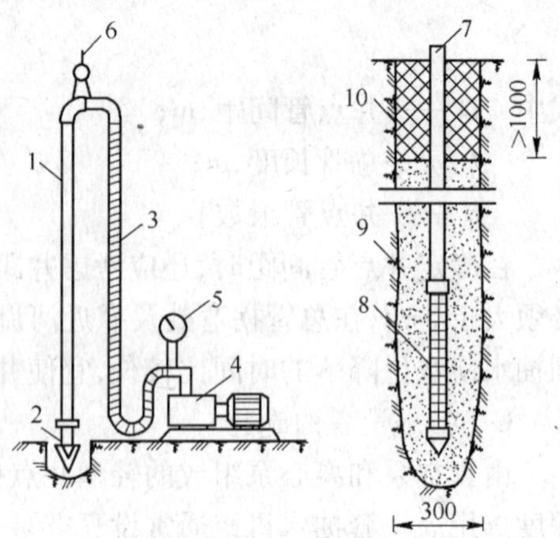

图3-19　冲水管冲孔法

1,2,7—冲管；3—胶皮管；4—高压水泵；5—压力表；6—起重吊钩；8—滤管；9—填砂；10—黏土封口

冲水管长度一般比井点管约长1.5m，下端装有圆锥冲嘴，在冲嘴的圆锥面上钻有三个喷水小孔，各孔之间焊有三角形立翼，以辅助水冲时扰动土层，便于冲管更快下沉。冲管上端用胶皮管与高压水泵连接。为加快冲孔速度，减少用水量，有时还在冲管两旁加装压缩空气管。

冲孔前先在井点管位置开挖小坑，并用小沟渠将小坑连接起来，以便泄水。冲孔时，先将冲管吊起并插在井点坑位内，然后开动高压水泵将土冲松，冲管边冲边沉。冲孔时应使孔洞保持垂直上下孔径一致。冲孔直径一般为300mm，以保证管壁有一定厚度的砂滤层。冲孔深度一般比滤管底深0.5m左右。

井孔冲成后，拔出冲管，立即插入井点管，并在井点管与孔壁之间填灌砂滤层。砂滤层所用的砂一般为粗砂，滤层厚度一般为60～100mm，充填高度至少要达到滤管顶以上1～1.5m，也可填到原地下水位线，以保证水流畅通。

套管法是用直径150～200mm套管，用水冲法或振动水冲法沉至要求深度后，先在孔底填一层砂砾，然后将井点管居中插入，在套管与井点管之间分层填入粗砂，并逐步拔出套管。

每根井点管沉没后应检验渗水性能。井点管与孔壁之间填砂滤料时，管口应有泥浆水冒出，或向管内灌水时，能很快下渗，方为合格。

井点管沉没完毕，即可接通总管和抽水设备，然后进行试抽。要全面检查管路接头的质量、井点出水状况和抽水机械运转情况等，如发现漏气和死井（井点管淤塞）要及时处理，检查合格后，井点孔口到地面下0.5m的深度范围内应用黏土填塞，以防漏气。

轻型井点使用时，一般应连续抽水。时抽时停，滤网易堵塞，也易抽出泥砂，使出水混浊，并可能引发附近建筑物地面沉降。抽水过程中应调节离心泵的出水阀，控制出水量，使抽水保持均匀。降水过程应按时观测流量、真空度和井内的水位变化，并做好记录。

采用轻型井点降水时，应对附近原有建筑物进行沉降观测，必要时应采取防护措施。

3.4　地基处理技术

3.4.1　振动水冲法加固地基

振动水冲法是利用棒式振冲器的激振力和其端部的水冲作用，直接在土层中成孔，然后从地面向孔中投入填充料，随即将填料（砂或碎石）分段挤振密实。一方面旋转振动对周围土体施加水平振动力,另一方面由喷嘴射出一定压力的水柱,破坏土颗料间的摩阻力和毛细管力,使振冲器端部处的土层饱和且在振动作用下液化而形成悬浮液,土颗粒重新排列、孔隙比减少而加固地基。成孔时,振冲器在自重作用下沉落到要求标高。同时,射水还起着清孔和扩壁作用,射水压力一般为0.2~0.3MPa。

(1)填料振实工艺。一般经过定位→成孔→填料→振实。采用边填料边提升、一次填料量全部填入后,随即下落振实的工艺。

(2)桩柱体密实度。通过操作台电流显示振冲器电机的工作电流来控制密实度。

(3)施工顺序。平面布置为群桩时,从群桩柱中心向四周展开,否则易出现后施工的桩柱体向土层较松一侧偏位。

(4)顶部桩柱体的密实度。柱体顶部一段,由于上部受压力小,柱的密实度难以保证。所以,要求建筑物基础底部标高至少要比桩顶标高低1m。因为建筑物的基础均有一定的埋置深度,且一般均在1m以上,所以只要合理安排施工顺序(如场地平整→振冲法加固地基→开挖基坑→施工基础),同时在施工时控制桩柱体顶部标高(略高出基底100~200mm)。这样,吊车行走和排泥浆都很方便,既少用填料又减少基坑开挖时的困难。

振动水冲法加固地基的优点是技术可靠,机具设备简单,操作技术易掌握,施工简便,不用钢材、水泥,工期短,造价低,加固后承载能力明显提高。缺点是有泥浆排出,易污染施工现场。

3.4.2　强夯法加固地基

强力夯实法是将很重(一般8~30t,最重可达200t)的夯锤提升到足够的高度(一般为6~30m),令锤自由落下,对土进行强力夯实,以提高地基承载能力,降低其压缩性的一种地基加固方法。它是在重锤夯实法基础上发展起来又与重锤夯实法截然不同的一项技术。重锤夯实法锤重不大,落距不高,主要缺点是锤对土的压力影响深度不大,对饱和软黏土易出现“橡皮土”。而强夯法是用很大的冲击能(一般为50~800t·m),使土中出现冲击波和很大的压力,致使土中孔隙压缩,土体局部液化,夯击点周围产生裂隙,形成良好的排水通道,土体迅速固结。

强夯法加固地基应注意的问题:

(1)有效深度。影响有效深度的因素有锤重与落距、夯击次数、地下水位和锤底单位压力等,其中锤重与落距影响最大。采用铸铁锤的有效深度要比混凝土锤的深。锤重选5~7t,落距为5~9m,有效夯实深度可达2~3.5m。

(2)夯点布置。夯点位置应根据建筑物结构类型进行布置,并通过现场试夯确定。对较大的建筑物基础。为便于施工,可按正方形或梅花形布置夯点。

(3)夯击遍数。夯击遍数一般为三、四遍。其中前二、三遍采用“间夯”,最后一遍为低能量“满夯”。采用这样的夯击遍数,能取得较好的夯击效果。但从强夯法来看,应尽可能减少夯击遍数,因为两遍之间都需要一定的间歇时间,以利于孔隙水压力的消散,所以夯击遍数越多,工期越长,占用机械的时间也越长,施工费用就相应提高。为达到减少夯击遍数的目的,应根据地基土的性质适当加大每遍的夯击能,即增加每个夯点的夯击次数或适当缩小夯点间距,以便在减少夯击遍数的情况下能获得所需的夯击效果。

(4)锤型。夯锤底面一般为圆形,且留有足够数量的排气孔,以利于夯锤着地时坑底空气迅速排出和起锤时减少坑底吸力。排气孔直径应不小于6mm。

强夯法加固地基具有设备简单,不需耗费大量的水泥和钢材,适用于细砂到砾石、黄土、粉土、黏土、泥炭、沼泽土、碎石等各种地基的加固,经济易行且加固地基效果显著。

3.4.3 高压喷射注浆加固地基

旋喷法是在普通化学注浆法(静压灌浆)的基础上发展起来的一项技术。使用普通化学注浆法加固地基,在渗透系数很小的细颗粒土层中,注浆往往难以达到预定的地点,而在地质条件复杂的地区,又常常会出现浆液大量流失的现象。旋喷法是引用高压水掘削岩石技术,用高压泵(一般为15~20MPa)把水泥系或水玻璃系浆液通过钻杆端头的特殊喷嘴以高速喷入土层。喷嘴在喷射浆液时,一面缓慢旋转(11~20r/min),一面徐徐提升(14~30cm/min),高压浆液的水平射流不断切削土层并使强制切削下来的土与浆液进行搅拌混合,最后,在喷射力的有效射程范围内,形成一个由圆柱盘状混合物连续堆积成的圆柱形凝固体(即旋转喷射桩,桩径为1.0~15m,桩长一般可达40m)。

单管法旋喷只送高压泥浆,而不送高压水和空气;双管法旋喷只送高压泥浆和空气,而不送高压水,三管法旋喷用三根不相通的管子,按直径大小在同一轴线上重合套在一起,用以向土体分别压入水、气、水泥浆三种介质(内管压2MPa以上的水泥浆,中管压20~25MPa的高压水流,外管压1.6MPa以上的空气)。

(1)三管旋喷的特点是:

1)成桩直径大,比单管法提高3~4倍。

2)压力高,可提高1.5~2倍。

3)成桩质量好,搅拌均匀。

4)高压柱塞泵不易出故障,检修方便。

5)泥浆泵压力低,好维护。

6)适合于大面积深层旋喷施工。

7)单位面积内旋喷桩数量少。

8)所用设备多,零件加工复杂。

(2)主要施工机具有:

1)高压泵。采用ACF-700压裂车或3W-7B4型卧式三柱塞单动高压泵。

2)泥浆泵。采用BW250-50型往复式泥浆泵或采用ACF-700型压裂车来输送泥浆。

3)空压机。作用是使高压水喷射时减少衰减,在喷出高压水射流的喷嘴周围,加上喷射圆筒状空气射流的喷嘴,使水和气同轴喷射,从而显著增加了喷射流的有效射程。采用W-9/7型空压机或V-4135型空压机。

4)旋喷器。

5)喷嘴。

6)钻机。钻孔和带动旋喷器旋转。使用8H-30型钻机。

7)桩机。主要用于大规模成孔,使用45kW高频振动打桩机。

8)搅拌器。

(3)三重旋喷加固地基施工工艺是:

1)成孔。使用地质钻机成孔,孔径达150mm,孔深度略深于注浆深度1~2m。

2)检查垂直度。

3)插入旋喷器。

4)旋喷成桩。

5)冲洗旋喷器。

3.5 桩基础施工技术

3.5.1 预制桩锤击沉桩

锤击沉桩也称打入桩,是靠打桩机的桩锤下落到桩顶产生的冲击能而将桩沉入土中的一种沉桩方法,是预制钢筋混凝土桩最常用的沉桩方法。

3.5.1.1 打桩机具

打桩用的机具主要包括桩锤、桩架及动力装置三部分。

(1)桩锤。落锤是将桩打入土中的主要机具,有落锤、单动汽锤、双动汽锤和柴油锤。

落锤一般由生铁铸成,重0.5~1.5t,构造简单,使用方便,提升高度可随意调整,但打桩速度慢(6~20次/min),效率低,适于在黏土和含砾石较多的土中打桩。

汽锤是利用蒸汽或压缩空气的压力将桩锤上举,然后自由下落冲击桩顶沉桩,根据其工作情况又可分为单动式汽锤与双动式汽锤。单动式汽锤的冲击体只在上升时耗用动力,下降靠自重;双动式汽锤的冲击体升降均由蒸汽推动。蒸汽锤需要配备一套锅炉设备。

(2)桩架。桩架的作用是吊桩就位,悬吊桩锤,打桩时引导桩身方向并保证桩锤能沿着所要求方向冲击。要求桩架稳定性好,锤击落点准确,可调整垂直度,机动性、灵活性好,工作效率高。常用桩架基本有两种形式,一种是沿轨道或滚杠行走移动的多能桩架,另一种是装在履带式底盘上自由行走的桩架。

多能桩架由立桩、斜撑、回转工作台、底盘及传动机构等组成。它的机动性和适应性较大,在水平方向可作360°回转,导架可伸缩和前后倾斜。底盘下装有铁轮,可在轨道上行走。这种桩架可用于各种预制桩和灌注桩施工。缺点是机构较庞大,现场组装和拆卸、转运较困难。

履带式桩架以履带式起重机为底盘,增加了立柱、斜撑、导杆等。其行走、回转、起升的机动性好。使用方便,适用范围广,亦称履带式打桩机。可适应各种预制桩和灌注桩施工。

(3)动力设备。打桩机构的动力装置及辅助设备主要根据选定的桩锤种类而定。落锤以电源为动力,需配置电动卷扬机、变压器、电缆等;蒸汽锤以高压饱和蒸汽为驱动力,配置蒸汽锅炉、蒸汽绞盘等;气锤以压缩空气为动力源,需配置空气压缩机、内燃机等;柴油锤以柴油为能源,桩锤本身有燃烧室,不需外部动力设备。

3.5.1.2 打桩施工

(1)准备工作。清除妨碍施工的地上和地下的障碍物;平整施工场地;定位放线;设置供电、供水系统;安装打桩机具;确定打桩顺序等。

桩基轴线的定位点应设置在不受打桩影响的地点,打桩地区附近需设置不少于两个水准点。在施工过程中可据此检查桩位的偏差以及桩的入土深度。

为了使桩能顺利地达到设计标高,保证质量和进度,减少因桩打入先后在邻桩造成的挤压和变位,防止周围建筑物破坏,打桩前应根据桩的规格、入土深度、桩的密集程度和桩架在场地内的移动是否方便来拟定打桩顺序。打桩顺序合理与否,影响打桩速度和打桩质量,当桩的中心距小于四倍桩径时,打桩顺序尤为重要。根据桩群的密集程度,可选用下述打桩顺序:自一侧向单一方向(见图 3-20a);自中间向两个方向对称进行(见图 3-20b);自中间向四周进行(见图 3-20c)。

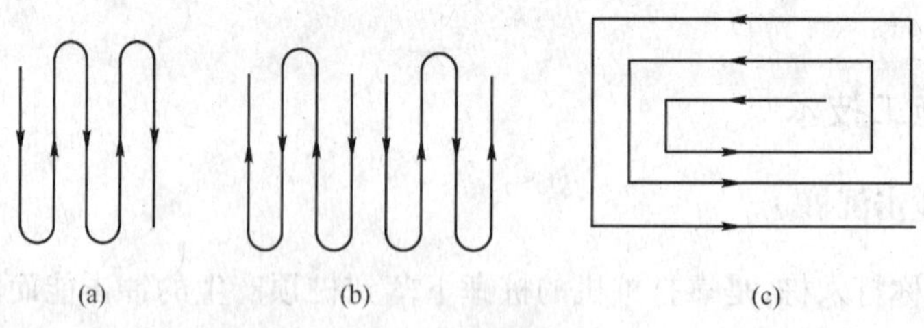

图 3-20　打桩顺序

(a)自一侧向单一方向进行;(b)自中间向两个方向对称进行;(c)自中间向四周进行

(2)打桩方法。打桩机就位后,将桩锤和桩帽吊起来固定在桩架上,后吊桩并送入桩架导杆内,使桩尖对准桩位缓慢送下插入土中,这时桩的垂直度偏差不得超过 0.5%。桩就位后在桩顶放上弹性衬垫,扣上桩帽,后将桩锤缓慢落在桩帽上。这时要求桩锤底面、桩帽上下面及桩顶应保持水平;桩锤、桩帽(送桩)和桩身中心线应在同一轴线上。在锤重作用下,桩将沉入土中一定深度,待下沉稳定后,再次校正桩位和垂直度后,即可开始打桩。

打桩宜重锤低击。桩开始打入时,应采用小落距,以便使桩能正常沉入土中,待桩入土到一定深度,桩尖不易发生偏移时,应适当增大落距,正常施打。当采用落锤或单动汽锤时,落距不宜大于 1m;采用柴油锤时,应使桩锤跳动正常,落距不超过 1.5m。

打桩时速度应均匀,锤击间歇时间不应过长,同时应随时观察桩锤的回弹情况。如桩锤经常回弹较大,桩的入土速度慢,说明桩锤太轻,应更换桩锤;如桩锤发生突发的较大回弹,说明桩尖遇到障碍,应停止锤击,找出原因后进行处理。如果继续施打,贯入度突增,说明桩尖或桩身遭到破坏;打桩时还要随时注意贯入度的变化。打桩是隐蔽工程,为了确保工程质量,便于分析处理打桩过程中出现的质量事故和为工程质量验收提供重要依据,所以施工中应对每根桩的施打做好原始记录。

(3)质量控制。打桩的质量控制包括两个方面的要求:一是能否满足贯入度及桩尖标高或入土深度要求,二是桩的位置偏差是否在允许范围之内。

打桩的控制原则是:当桩尖位于坚硬、硬塑的黏土、碎石土、中密以上的砂土或风化岩等土层时,以贯入度控制为主,桩尖进入持力层深度或桩尖标高可作参考;当贯入度已达到,而桩尖标高未达到时,应继续锤击 3 阵,其每阵 10 击的平均贯入度不应大于规定的数值;桩尖位于其他软土层时,以桩尖设计标高控制为主,贯入度可作参考;打桩时如控制指标已符合要求,而其他的指标与要求相差较大时,应会同有关单位研究处理。

贯入度是指每锤击一次桩的入土深度,而在打桩过程中常指最后贯入度,即最后一击桩的入土深度。实际施工中一般是采用最后 10 击桩的平均入土深度作为其最后贯入度。测量最后贯入度在下列正常条件下进行:桩锤的落距符合规定;桩帽和弹性衬垫等正常;锤击没有偏心;桩顶没有破坏或破坏处已凿平。

3.5.2　预制桩静力压桩

静力压桩是利用压桩机架自重和配重的静压力将预制桩压入土中的沉桩方法。此法适用于在软土、淤泥质土中，沉设截面小于 40cm×40cm，桩长 30~35m 的钢筋混凝土桩或空心桩。这种方法有无噪声、无振动、无冲击力、施工应力小等特点，可以减少打桩振动对地基和邻近建筑物的影响，桩顶不易损坏，不易产生偏心沉桩，节约制桩材料和降低工程成本，且能在沉桩施工中测定桩阻力，为设计、施工提供参数，并预估和验证桩的承载能力。

静力压桩机有机械式和液压式两种。

机械式静力压桩机利用钢桩架及附属设备的重量、配重，通过卷扬机的牵引，由钢丝绳滑轮及压梁将整个压桩机重量传至桩顶，将桩逐节压入土中。

压桩时，由卷扬机牵引，使压桩架就位，吊首节桩至压桩位置，桩顶由桩架固定，下端由滑轮夹持，开动卷扬机，将桩压入土中至露出地面 2m 左右，再将第二节桩接上，要求接桩的弯曲度不大于 1%，然后继续压入，如此反复操作至全部桩段压入土中。机械式静压桩机体积庞大，比较笨重，操作较复杂，压桩速度较慢，工作效率较低，运输安装移动不便。

液压式静力压桩机由压桩机构、行走机构及起吊机构三部分组成。压桩时，先用起吊机构将桩吊入到压桩机主机压桩部位后，用液压夹桩器将桩头夹紧，开动压桩油缸将桩压入土中，接着回程再吊上第二节桩，用硫黄胶泥接桩后，继续压入，反复操作至全部桩段压入土中。然后开动行走机构，移至下一个桩位压桩。液压静力压桩机施压部位在桩的侧面，送桩定位方便快速，压桩效率高，移动方便迅速，已逐渐取代机械式静力压桩机。

3.5.3 泥浆护壁成孔灌注桩

泥浆护壁成孔灌注桩是指采用泥浆保护孔壁排出土后成孔，泥浆在成孔过程中所起的作用是：护壁、携渣、冷却和润滑，其中以护壁作用最为主要。

泥浆具有一定的密度，如孔内泥浆液面高出地下水位一定高度（见图 3-21）在孔内对孔壁产生一定的静水压力，相当于一种液体支撑，可以稳固土壁，防止塌孔。此外，泥浆还能将钻孔内不同土层中的空隙渗填密实，形成一层透水性很低的泥皮，避免孔内壁漏水并保持孔内有一定水压，有助于维护孔壁的稳定。泥浆还具有较高的黏性，通过循环泥浆可将切削破碎的土石渣屑悬浮起来，随同泥浆排出孔外，起到携渣、排土的作用。此外，由于泥浆循环作冲洗液，因而对钻头有冷却和润滑作用，可减轻钻头的磨损。

泥浆护壁成孔灌注桩成孔方法有冲击钻成孔法、冲抓锥成孔法和潜水电钻成孔法三种。

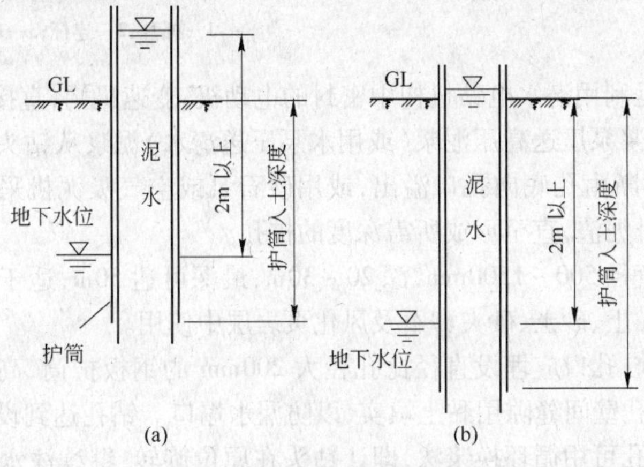

图 3-21 泥浆高度示意图

冲击钻成孔是利用卷扬机悬吊冲击锤连续下落的冲击力，将硬质土层或岩层破碎成孔，部分碎渣和泥浆挤入孔壁，大部分用掏渣筒掏出。

冲孔时，先在孔口设护筒，然后冲孔机就位，冲锤对准护筒中心，开始低锤密击（锤高为0.4～0.6m），并及时加块石与黏土泥浆护壁，使孔壁挤压密实，直至孔深达护筒下3～4m后，才可加快速度，将锤提高至1.5～2.0m以上进行正常冲击，并随时测定和控制泥浆相对密度。每冲击3～4m，掏渣一次。

冲击钻成孔设备简单、操作方便，适用于有孤石的砂卵石层、坚实土层、岩层等成孔，对流砂层亦能克服。所成孔壁较坚实、稳定、坍孔少，但掏泥渣较费工时，不能连续作业，成孔速度较慢。另外，现场泥渣堆积，文明施工较差。冲击钻钻头如图3-22所示。

冲抓锥成孔是用卷扬机悬吊冲抓锥，钻头内有压重铁块及活动抓片，下落时抓片张开，钻头下落冲入土中，然后提升钻头，抓头闭合抓土，提升至地面卸土，如此循环作业直至形成所需桩孔。冲抓锥斗如图3-23所示。其成孔直径为450～600mm，成孔深度为5～10m。该设备简单、操作方便，适于一般较松散黏土、粉质黏土、砂卵石层及其他软质土层成孔，所成孔壁完整，能连续作业，生产效率高。

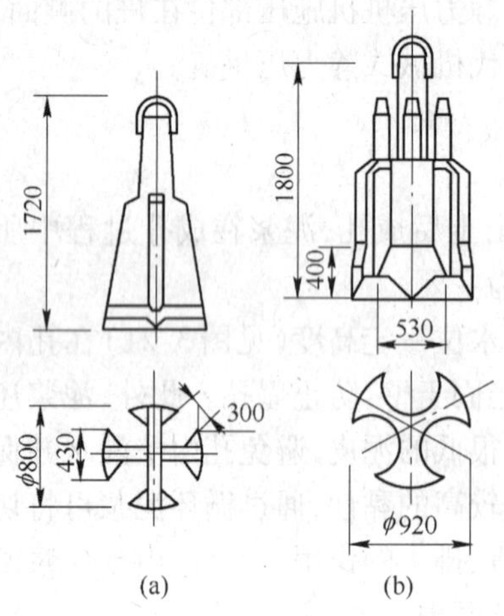

图3-22　冲击钻钻头
（a）ϕ800十字钻头；（b）ϕ920三翼钻头

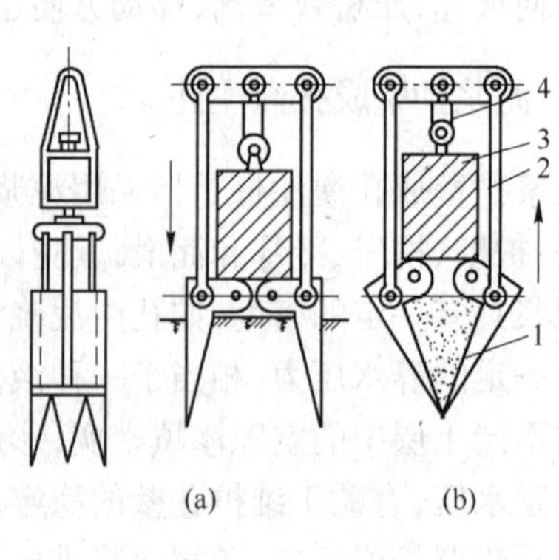

图3-23　冲抓锥斗
（a）抓土；（b）提土
1—抓片；2—连杆；3—压重；4—滑轮组

潜水电钻成孔是利用潜水电钻机构中密封的电动机、变速机构，直接带动钻头在泥浆中旋转削土，同时用泥浆泵压送高压泥浆（或用水泵压送清水）泥浆从钻头底端射出与切碎的土颗粒混合，然后不断由孔底向孔口溢出，或用砂石泵或空气吸泥机采用反循环方式排泥渣，如此连续钻进、排泥渣，直至形成所需深度的桩孔。

潜水钻机成孔直径500～1500mm，深20～30m，最深可达50m，适于地下水位较高的软硬土层、淤泥、粉质黏土、砂土、砂夹卵石及风化页岩层中使用。

潜水电钻成孔前，孔口应埋设直径比孔径大200mm的钢板护筒，高出地面约30cm，埋深1～1.5m，护筒与孔壁间缝隙用黏土填实，以防漏水塌口。钻孔达到设计深度后应进行清孔、放置钢筋笼。清孔可用循环换浆法，即让钻头在原位旋转，继续注水，用清水换浆，使泥浆密度控制在1.1t/m^{3}左右。如孔壁土质较差，宜用泥浆循环清孔，使泥浆密度控制在

1.15～1.25t/m^3,清孔过程中应及时补给稀泥浆,并保持浆面稳定。该法具有设备定型、体积小、移动灵活、维修方便、无噪声、无振动、钻孔深、成孔精度和效率高、劳动强度低等特点。

水下混凝土灌注的方法很多,最常用的是导管法。导管法是将密封连接的钢管(或强度较高的硬质非合金管)作为水下混凝土的灌注通道,混凝土倾落时沿竖向导管下落。导管的作用是隔离环境水,使其不与混凝土接触。导管底部以适当的深度埋在灌入的混凝土拌和物内,导管内的混凝土在一定的落差压力作用下,压挤下部管口的混凝土在已浇的混凝土层内部流动、扩散,以完成混凝土的浇筑工作,形成连续密实的混凝土桩身,如图3-24所示。

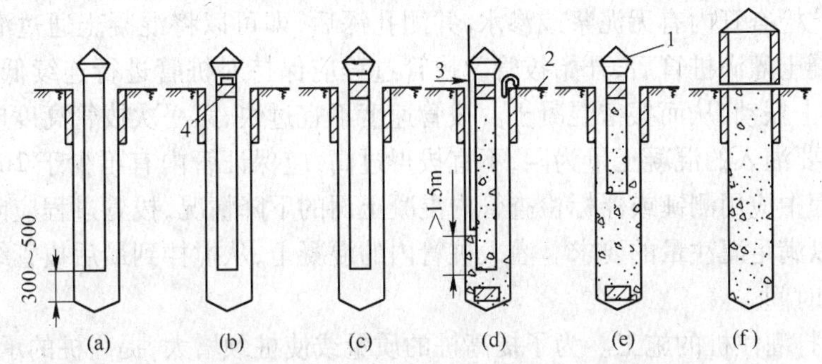

图3-24 滑阀式(隔水塞)导管法施工

(a)安设导管(导管底部与孔底之间预留出300～500mm空隙);(b)悬挂隔水塞(或滑阀),使其与导管水面紧贴;(c)灌入混凝土;(d)剪断铁丝,隔水塞(或滑阀)下落孔底;(e)连续灌注混凝土,上提导管;(f)混凝土灌注完毕,拔出护筒

1—漏斗;2—灌注混凝土过程中排水;3—测绳;4—隔水塞(或滑阀)

3.5.4 套管成孔灌注桩

套管成孔灌注桩又称沉管灌注桩,按其成孔方法不同,可分为振动沉管灌注桩、锤击沉管灌柱桩。这种灌注桩的施工工艺是采用振动沉管打桩机或锤击沉管打桩机将带有活瓣式桩尖,或预制钢筋混凝土桩尖的钢制桩管(直径360～480mm)沉入土中,然后在钢管内放入钢筋骨架,灌满混凝土后,边振动或锤击钢管,边拔出钢管而形成灌注桩。沉管灌注桩施工过程如图3-25所示。

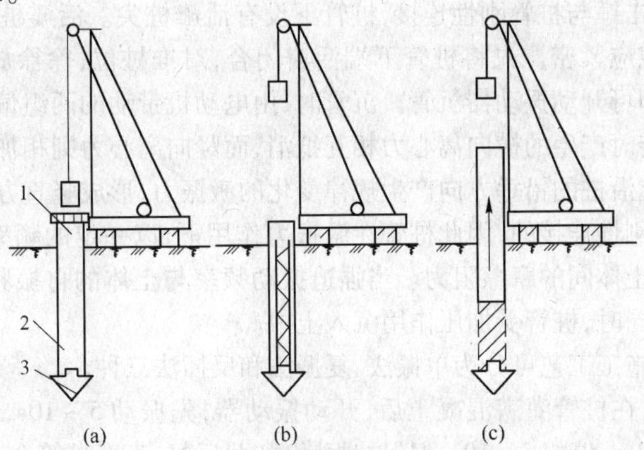

图3-25 沉管灌注桩施工

(a)钢管打入土中;(b)放入钢筋骨架;(c)随浇混凝土拔出钢管

1—桩帽;2—钢管;3—桩靴

3.5.4.1　锤击沉管灌注桩

锤击沉管灌注桩又称打拔管灌注桩，是用锤击沉桩设备将桩管打入土中成孔。桩尖（亦称桩靴）常使用预制混凝土桩尖。

施工时，首先将桩机就位，吊起桩管使其对准预先埋设在桩位的预制钢筋混凝土桩尖上，将桩管压入土中，桩管上部扣上桩帽，并检查桩管、桩尖与桩锤是否在同一垂直线上。桩管垂直度偏差应小于0.5%桩管高度。

初打时应低锤轻击并观察桩管无偏移时方可正常施打。当桩管打入至要求的贯入度或标高后，用吊砣检查管内有无泥浆或渗水，并测孔深后，即可以将混凝土通过灌注漏斗灌入桩管内，待混凝土灌满桩管后，开始拔管。拔管过程应保持对桩管进行连续低锤密击，使钢管不断得到冲击振动，从而振密混凝土。拔管速度不宜过快，第一次拔管高度应控制在能容纳第二次所需要灌入的混凝土量为限，不宜拔得过高，应保证管内有不少于2m高度的混凝土，在拔管过程中应用测锤或浮标检查管内混凝土面的下降情况，拔管过程应向桩管内继续加灌混凝土，以满足灌注量的要求。灌入桩管内的混凝土，从搅拌到最后拔管结束不得超过混凝土的初凝时间。

以上是单打灌注桩的施工。为了提高桩的质量或使桩颈增大，提高桩的承载能力，可采用一次复打扩大灌注桩的直径。对于怀疑或发现有断桩、缩颈等缺陷的桩，作为补救措施也可采用复打法。

复打桩施工是在单打施工完毕、拔出桩管后，及时清除粘附在管壁和散落在地面上的泥土，在原桩位上第二次安放桩尖，以后的施工过程则与单打灌注桩相同。复打扩大灌注桩施工时应注意，复打施工必须在第一次灌注的混凝土初凝以前全部完成，桩管在第二次打入时应与第一次的轴线相重合，且第一次灌注的混凝土应达到自然地面，不得少灌。

3.5.4.2　振动沉管灌注桩

振动沉管灌注桩通常用振动冲击锤作为动力，施工时以激振力和冲击力的联合作用，将桩管沉入土中。在到达设计的桩端持力层后，向管内灌注混凝土，然后边振动桩管边上拔桩管而形成灌注桩。与锤击沉管灌注桩相比，振动沉管灌注桩更适合在稍密及中密的碎石土地基上施工。

施工时振动冲击锤与桩管刚性连接，桩管下设有活瓣桩尖。活瓣桩尖应有足够的强度和刚度，活瓣间缝隙应紧密。先将桩管下端活瓣闭合，对准桩位，徐徐放下桩管压入土中。然后校正垂直度，即可开动振动器沉管。沉管时，由电动机带动的两组偏心块和同速相向旋转，使偏心块在旋转时产生的横向离心力相互抵消，而竖向离心力则相加。由于偏心块转速快，于是使整个系统沿桩的铅垂方向产生规律变化的激振力，形成竖直方向的往复振动。由于桩管和振动器是刚性连接的，因此桩管在激振力作用下，以一定的频率和振幅产生振动，减少了桩管与周围土体间的摩擦阻力。当强迫振动频率与土体的自振频率相同时，土体结构因共振而破坏。同时，桩管受加压作用沉入土中。

振动灌注桩的施工工艺可分为单振法、复振法和反插法三种。

单振法施工时，在桩管灌满混凝土后，开动振动器，先振动5～10s，再开始拔管。应边振边拔，每拔0.5～1m，停拔5～10s，但保持振动，如此反复，直至桩管全部拔出。

复振法施工适用于饱和黏土层。在单振法施工完成后，再把活瓣桩尖闭合起来，在原桩孔混凝土中第二次沉下桩管，将未凝固的混凝土向四周挤压，然后进行第二次灌注混凝土和振动拔管。

反插法施工是在桩管灌满混凝土后，先振动再开始拔管，每次拔管高度 0.5 ~ 1.0m，反插深度 0.3 ~ 0.5m，在拔管过程中分段添加混凝土，保持管内混凝土面始终不低于地表面或高于地下水位 1.0 ~ 1.5m 以上，拔管速度应小于 0.5m/min。如此反复进行，直至桩管拔出地面。反插法能使混凝土的密实性增加，宜在较差的软土地基施工中采用。

3.5.4.3 套管成孔灌注桩常遇问题和处理方法

套管成孔灌注桩施工时常发生断桩、缩颈桩、吊脚桩、夹泥桩、桩尖进水进泥等问题。

(1)断桩。断桩是指桩身裂缝呈水平状或略有倾斜且贯通全截面，常见于地面以下 1 ~ 3m 不同软硬土层交接处。产生断桩的主要原因是桩距过小，桩身混凝土终凝不久(强度低)，邻桩沉管时使土体隆起和挤压，产生横向水平力和竖向拉力使混凝土桩身断裂。避免断桩的措施是：布桩不宜过密，桩间距以不小于 3.5d 为宜；当桩身混凝土强度较低时，可采用跳打法施工；合理制定打桩顺序和桩架行走路线以减少振动的影响。

(2)缩颈桩。缩颈亦称瓶颈，指桩身局部直径小于设计直径。缩颈常出现在饱和淤泥质土中。产生的主要原因是在含水量高的黏性土中沉管时，土体受到强烈扰动挤压，产生很高的孔隙水压力，桩管拔出后，超孔隙水压力作用在所浇筑的混凝土桩身上，使桩身局部直径缩小；或桩间距过小，邻近桩沉管施工时挤压土体使所浇混凝土桩身缩颈；或施工过程中拔管速度过快，管内形成真空吸力，且管内混凝土量少、和易性差，使混凝土扩散性差，导致缩颈。施工过程应经常观测管内混凝土的下落情况，严格控制拔管速度，采取“慢拔密振”或“慢拔密击”的方法，在可能产生缩颈的土层施工时，采用反插法可避免缩颈。当出现缩颈时可用复打法进行处理。

(3)吊脚桩。吊脚桩是指桩底部的混凝土隔空或混入泥砂在桩底部形成松软层。产生吊脚桩的主要原因是预制桩尖强度不足，在沉管时破损，被挤入桩管内，拔管时振动冲击未能将桩尖压出，拔管至一定高度时，桩尖才落下，但又被硬土层卡住，未落到孔底而形成吊脚桩；振动沉管时，桩管入土较深并进入低压缩性土层，灌完混凝土开始拔管时，活瓣桩尖被周围土包围而不张开，拔至一定高度时才张开，而此时孔底部已被孔壁回落土充填而形成吊脚桩。避免出现吊脚桩的措施是：严格检查预制桩尖的强度和规格。沉管时可用吊砣检查桩尖是否进入桩管或活瓣是否张开。如已发现吊脚现象，应将桩管拔出，桩孔回填后重新沉入桩管。

(4)桩尖进水进泥砂。在含水量大的淤泥、粉砂土层中沉入桩管时，往往有水或泥砂进入桩管内，这是由于活瓣桩尖合拢后有较大的间隙，或预制桩尖与桩管接触不严密，或桩尖打坏所致。预防措施是，对缝隙较大的活瓣桩尖应及时修复或更换；预制桩尖的尺寸和配筋均应符合设计要求，混凝土强度等级不得低于 C30，在桩尖与桩管接触处缠绕麻绳或垫衬，使二者接触处封严。当发现桩尖进水或泥砂时，可将桩管拔出，修复桩尖缝隙，用砂回填桩孔后再重新沉管。当地下水量大时，桩管沉至接近地下水位时，可灌注 0.05 ~ 1.0m^3 封底混凝土，将桩管底部的缝隙用混凝土封住，灌 1m 高的混凝土后，再继续沉管。

3.5.5 人工挖孔灌注桩

人工挖孔灌注桩是指在桩位采用人工挖掘方法成孔，然后安放钢筋笼，灌注混凝土而成为桩基。

为确保人工挖(扩)孔桩施工过程的安全，必须考虑防止土体坍滑的支护措施。支护的方法很多，可采用现浇混凝土护壁、喷射混凝土护壁、波纹钢模板工具式护壁等。

人工挖孔灌注桩的桩身直径除了能满足设计承载力的要求外，还应考虑施工操作的要求，故桩径不宜小于800mm，一般为800 ~ 2000mm，国内已施工的最大直径为3500mm。桩端可采用扩底或不扩底两种方法。根据桩端土情况，扩底直径一般为桩身直径的1.3 ~ 2.5倍，最大扩底直径可达4.5m。

当采用现浇混凝土护壁时，人工挖孔桩的构造如图3-26所示。护壁厚度一般为 $D/10+5$（其中 D 为桩径），护壁内等距放置8根直径6 ~ 8mm、长1m的直钢筋，插入下层护壁内，使上下护壁有钢筋拉结，以避免某段护壁出现流砂、淤泥而造成护壁因自重而沉裂的现象。

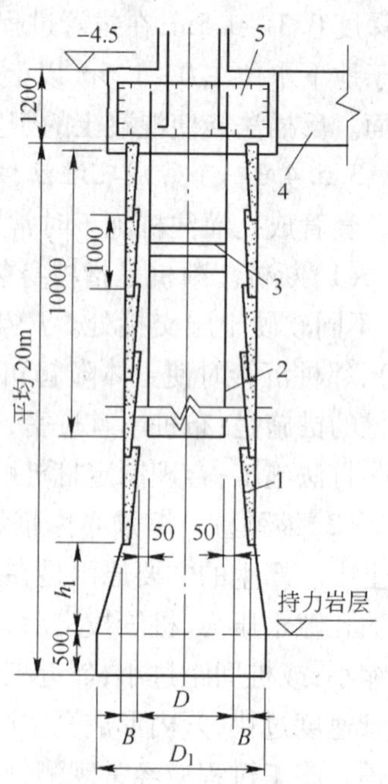

图3-26 人工挖孔桩构造图
1—护壁；2—主筋；3—箍筋；4—地梁；5—桩帽

3.5.6 干作业螺旋钻孔灌注桩

干作业螺旋钻孔灌注桩是用螺旋钻机在桩位处钻孔，然后在孔中放入钢筋笼，再浇筑混凝土成桩。干作业螺旋钻成孔适用于地下水位以上的填土层、黏性土层、粉土层、砂土层和粒径不大的砾砂层。按成孔方法可分为长螺旋钻孔灌注桩和短螺旋钻孔灌注桩。

长螺旋钻成孔施工法是用长螺旋钻孔机的螺旋钻头，在桩位处就地切削土层，被切土块钻屑随钻头旋转，沿着带有长螺旋叶片的钻杆上升，输送到出土器后自动排出孔外，然后装卸到小型机动翻斗车（或手推车）中运走。其成孔工艺可以实现全部机械化。

长螺旋钻成孔速度的快慢主要取决于输土是否通畅，而钻具转速的高低对土块钻屑输送的快慢和输土消耗功率的大小都有较大影响，因此合理选择钻进速度是成孔工艺的一大要点。长螺旋钻机如图3-27所示。

当钻进速度较低时，钻头切削下来的土块钻屑送到螺旋叶片上后不能自动上升，只能被后面继续上来的钻屑推挤上移，在钻屑与螺旋面间产生较大的摩擦阻力，消耗功率较大。当钻孔深度较大时，往往由于钻屑推挤阻塞，形成"土塞"而不能继续钻进。当钻进速度较高时，每一个土块受其自身离心力所产生土块与孔壁之间的摩擦力的作用而上升。为了保持顺畅输土，除要有适当高的转速之外，还需根据土质等情况选择相应的钻压和给进量。实际成孔时，宜采用中、高转速、低扭矩、少进刀的工艺，使得螺旋叶片之间保持较大的空间，就能收到自动输土、钻进阻力小、成孔效率高的效果。

短螺旋钻成孔的施工法是用短螺旋钻孔机的螺旋钻头，在桩位处就地切削土层、使被切土块钻屑随钻头旋转，沿着带有数量不多的螺旋叶片的钻杆上升，积聚在短螺旋叶片上，形成"土柱"，此后靠提钻、反转、甩土、将钻屑散落在孔周。一般每钻进0.5 ~ 1.0m就要提钻甩土一次。一般为正转钻进，反转甩土，反转转速为正转转速的若干倍。短螺旋钻成孔因升降钻具等辅助作业时间长，其钻进效率不如长螺旋钻机高，但短螺旋钻孔省去了长孔段输送土块钻屑的功率消耗，其回转阻力矩小。在大直径或深桩孔的情况下，采用短螺旋钻施工较为合适。短螺旋钻孔机如图3-28所示。

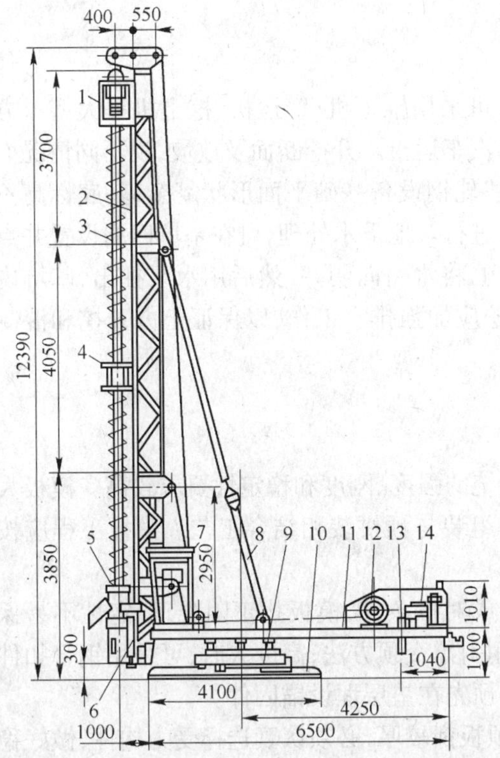

图 3-27　液压步履式长螺旋钻机

1—减速箱总成；2—臂架；3—钻杆；4—中间导向套；
5—出土装置；6—前支腿；7—操纵室；8—斜撑；
9—中盘；10—下盘；11—上盘；12—卷扬机；
13—后支腿；14—液压系统

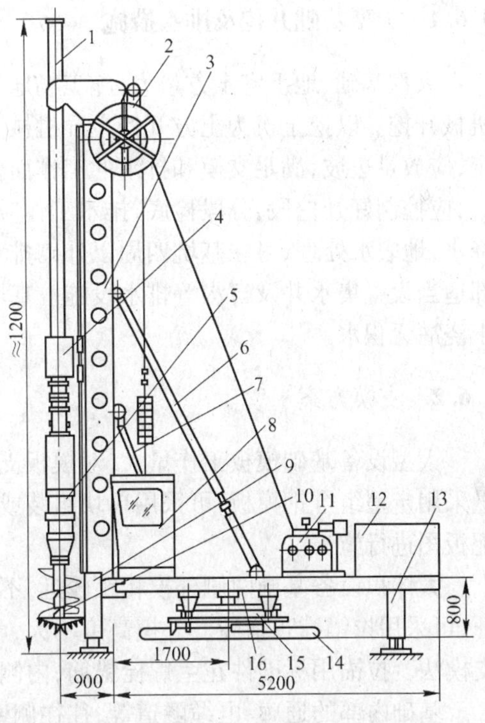

图 3-28　KQB1000 型液压步履式短螺旋钻孔机

1—钻杆；2—电缆卷筒；3—臂架；4—导向架；5—主机；
6—斜撑；7—起架油缸；8—操纵室；9—前肢腿；10—钻头；
11—卷扬机；12—液压系统；13—后支腿；14—履靴；
15—中盘；16—上盘

国产长螺旋钻孔机的桩孔直径为 300 ~ 800mm，成孔深度在 26m 以下。国产短螺旋钻孔机的桩孔最大直径可达 1828mm，最大成孔深度可达 70m（此时桩孔直径为 1500mm）。

当钻孔到预定钻深后，必须在原深处进行空转清土，然后停止转动，提起钻杆。应注意在空转清土时不得加深钻进；提钻时不得回转钻杆。

成孔后浇筑混凝土前吊放钢筋笼，吊放时要缓慢并保持竖直，防止放偏和刮土下落，放到预定深度时将钢筋笼上端妥善固定。

灌注混凝土宜用机动小车或混凝土泵车，应防止压坏桩孔。混凝土坍落度一般为 8 ~ 10cm，强度等级不小于 C13，为保证其和易性及坍落度，应注意调整砂率，掺减水剂和粉煤灰等掺合料。混凝土灌至接近桩顶时，应随时测量桩身混凝土顶面标高，避免超长灌注，同时应保证在凿除浮浆层后，桩顶标高和质量能符合设计要求。

3.6　大型设备基础施工技术

型材车间的设备基础，一般多为箱形或筏形基础，埋置较深，体积庞大，造型复杂，标高不一，内部常有沟道通廊，还有大量的埋设件、地脚螺栓等，要求定位准确，在施工中不变位，从而增加了施工的复杂性。现就几项主要工序的施工方法分述如下。

3.6.1　大型基础开挖及排水措施

大型基础、地下室土方量大,施工场地开阔,可采用推土机、铲运机、挖土机等大型土方机械开挖。以挖土机为土方开挖主导机械,自卸汽车运土。开挖断面及放坡,视不同情况而定,应放足边坡,满足支模和排水的工作面要求。轧钢设备基础平面形状复杂,基底标高不一,应控制好开挖段,分段检底,排水工作应同时进行。地下水处理,可在基坑四周设置井点降水,地表水处理,可在基坑四周以外砌排水明沟,将水引向阴井,然后用水泵抽出,基坑内部适当设置集水井及盲沟等排水设施。基坑开挖应加强排水工作,以保证土方开挖和混凝土浇灌无积水。

3.6.2　支模方案

大型设备基础模板工作量大,对模板支撑系统的强度、刚度和稳定性要求较高。模板大量采用定型组合钢模板,可采用单块组装或单块组装与预拼装相结合工艺。模板工程应按配板图进行施工。

大体积设备基础两侧外模相距较远,不易构成对拉条件,模板找正困难,稳定性不易保证,可采用拉锚撑顶措施。外模高度不大,可采用斜撑交顶方法;高度大时,可采用钢管扣件支模法。拉锚用标准件花兰螺栓锚筋,内侧拉筋预先在垫层埋设锚固件。

基础内部的通廊、电缆隧道等,往往侧壁和顶板都较厚,必须认真选择受力构件,做好稳定措施。底板、侧壁及顶板整体现浇时,可采用单管及四管支柱支模法。顶板厚度不大于0.5m,可用单管支柱,顶板厚度大于0.5m,则要用四管支柱或型钢钢架支模。地下通廊、电缆隧道等截面简单、隧道较长的可采用拉模工艺或分模分段流水施工。对于地下油库等大空间梁板结构,可利用原设计梁或柱采用吊挂支模工艺。捣制梁板结构,可把梁板分开施工,先浇筑梁至板下口,作为吊挂支承点,然后施工顶板。

轧钢设备基础常有大量的埋设件和地脚螺栓,对它们的安装固定应纳入模板设计中。钢板埋件用螺栓与钢模板连接固定,是保证埋件位置准确的有效方法,施工也很方便。大量的地脚螺栓埋设固定,采用"集成组装整体就位"方法,预埋螺栓和螺栓套筒采取场外分组组装在钢制固定架上,再设置螺栓微调装置,待垫层混凝土达到一定强度后,进行整体吊装就位固定。混凝土垫层应预先埋设牢固可靠的埋设件,螺栓固定架就位校正后焊接固定,最后用测量仪器配合,微调螺栓,使之达到规范规定的精度。

3.6.3　混凝土浇灌工艺

轧钢设备基础混凝土量大,采用泵送混凝土可节省劳动力,提高生产率,加快工程进度,保证施工质量。

混凝土采用商品混凝土,用6m^3 混凝土搅拌运输车,混凝土泵用带布料杆的泵车,一台泵车大约配备三台搅拌运输车。混凝土泵车在现场的布置,根据工程轮廓形状、工程量分布、地形和交通条件而定,应力求靠近浇筑地点,便于配管、布料及混凝土运输。多台泵车布置,可适当布置移动式泵车(用布料杆布料)及固定式泵车(用输送管布料),选定位置应使各台泵车承担的浇筑量大致相等,每台泵车周围保证有足够的场地,以使两台运输车交替喂料。要合理规定浇捣顺序,做好准备工作。浇灌时应分层浇筑,每台泵车大约配备四台振动器振捣。混凝土采用泵送，特别是在采用水化热低的矿渣水泥时，捣制过程中泌水性大，所以，模板应留排水孔，以排除泌水。大体积混凝土浇筑，可采用斜面分段分层方法，从一端向另一端推进，更能适应泵送工艺，提高泵送效率。

骨料的级配和规格应严格掌握。用100mm管径的输送管，石子粒径不大于25mm，用125～150mm管径的输送管，石子粒径可用5～40mm，应采用自然连续级配良好的粗骨料。坍落度控制在8～18cm。减水剂采用木质素磺酸钙，既可改善混凝土性能，还可以降低泌水性，有利于水泥水化热的释放。大体积基础混凝土浇灌后，在混凝土凝结过程中，水泥散发出大量的水化热，形成内外温差较大，温度应力会使混凝土产生裂缝。控制裂缝在地下防水中尤为重要。因此，必须采取有效措施，使混凝土内外温差控制在30℃以内。首先，应选用水化热较低的水泥，如选用掺有活性混合材料的矿渣水泥，使水泥成分中C_3A和C_3S含量减少，使水化热温度降低。活性SiO_2和活性Al_2O_3与$Ca(OH)_2$作用时放热较低、较慢，可降低温升。选择合适的砂石级配，减少水泥用量，也可降低水化热温度。掺加木钙减水剂，可以延缓混凝土的凝结，从而延缓水化热的释放速度。另外，应尽量降低混凝土的入模温度，特别在夏季高温季节，大气介质和材料温度都很高，对原材料进行预冷，也是一项有效的措施。如对骨料浇冷水，拌和水中加冰块等，使混凝土入模温度控制在30℃以下。必要时采用人工导热法，在基础混凝土内部埋设冷却水管，用循环水或通冷气来降低混凝土温度。

为及时掌握大体积混凝土基础水化热温度和内外温差情况，需在基础内关键部位埋设热电偶电位差测温装置，浇灌20h后开始测温，掌握好各龄期温差，特别是在养护期进行测温尤为重要。采取措施控制混凝土内外温差不大于30℃，另外还可增加必要的温度配筋。

4 冶金建设工程结构施工技术

4.1 焦炉工程施工技术

焦炉,又称炼焦炉,是煤炼焦的设备。它是焦化技术中的关键。煤焦化技术的应用已有200多年的历史,其炉子的结构形式经历了许多变化。初期炼焦仿造烧木炭的过程采用成堆干馏。18世纪中期,开始演变成砖砌的半封闭式长窑炉。1763年开始采用全封闭式圆窑即蜂窝炉。成堆干馏和窑炉干馏共同的特点是内部加热,即炭化和燃烧在一起,靠燃烧一部分煤和干馏煤气直接加热其余的煤而干馏成焦。19世纪中期,焦炉技术发生转折性变革,从窑炉发展到外部加热的炭化室炼焦阶段,出现倒焰炉。这种焦炉是将成焦的炭化室和加热的燃烧室用墙隔开,在隔墙上部设有通道,炭化室内煤的干馏气经此通道直接流入燃烧室,与来自燃烧室顶部风道的空气混合,自上而下地流动燃烧,这种炉子已经具备了现代焦炉最基本的特征。19世纪70年代,建成了回收化学产品的焦炉,使炼焦走向生产多种产品的重要阶段。此后不久,1883年建成了利用烟气废热的蓄热式焦炉,至此,焦炉在总体上基本定型,如图4-1、图4-2所示。

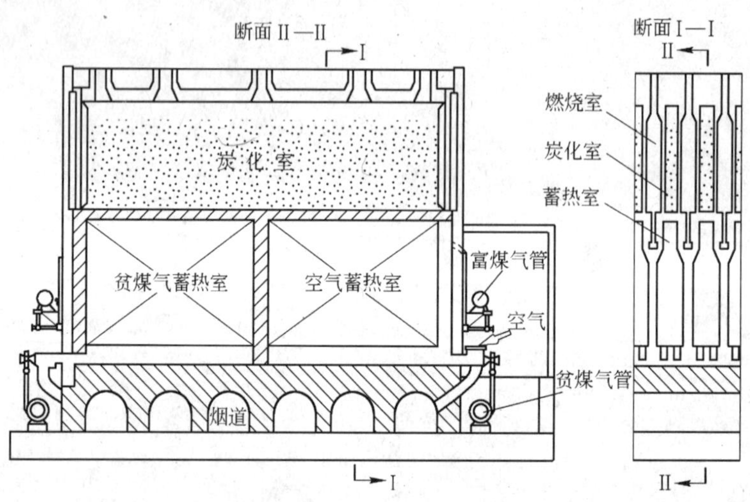

图4-1 焦炉断面示意图

4.1.1 焦炉大体积混凝土工程施工

这里以年产171万吨焦炭的焦化工厂工程为例加以说明。

4.1.1.1 *承台板施工方法*

(1)工程概况。该工程的特点是结构复杂,插筋及预留孔多,插筋位置固定要求高:承台板底部标高有-4.1m、-2.8m、-1.84m三个不同标高;混凝土厚度不同,需安装吊模;要

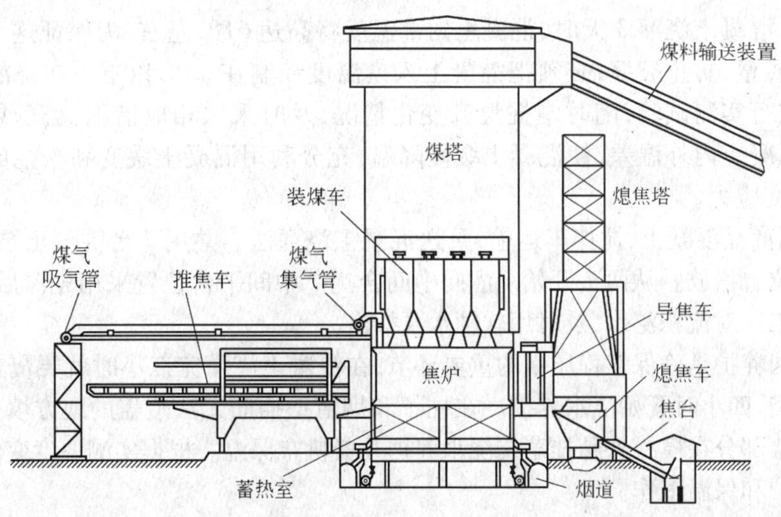

图 4-2 焦炉机械示意图

采取防止厚度不同的大体积混凝土裂缝的措施。

(2)金属固定架。金属固定架主要用来支托承台板上层钢筋网,并固定墙、柱的插筋和悬吊模板。固定架的立柱以钢管柱为支承点。固定架采用∠75×75 角钢,各部尺寸都规定了公差标准,用于模板的固定架要符合模板的公差,用于钢筋的固定架要符合钢筋规定的公差要求。

(3)钢筋工程。钢筋的加工、运输、绑扎均采用常规方法施工。水平运输用汽车,垂直运输用吊车。钢筋间距公差±20mm;保护层公差±10mm,墙、柱插筋±3mm;钢筋搭接长度按 33d,允许 50% 搭接点的公差为±20mm;钢筋排距公差±5mm;钢筋绑扎程序:

按钢筋排距搭头点进行现场放线→承台板下层钢筋绑扎→检查→焊钢筋固定架→安柱身插筋→检查→烟道地层钢筋绑扎→检查→焊钢筋固定架→烟道墙、柱插筋→烟道上层钢筋绑扎→检验→承台板上下基础插筋→检验→钢筋插筋校正固定→联合大检查。

(4)模板工程。采用定型平台钢模板,各种卡具及连杆扣件,共用长 1500mm,宽度分别为 150mm、200mm、300mm 的钢模板 1290 块。钢模板的安装要求非常准确,在底脚地坪上预先放线,并用砂浆抹平,外侧采用木支撑,配用 10% 的型钢模板。在支钢模板时要注意考虑止水带的安装,悬吊钢模板的稳固,支模与绑扎钢筋之间的穿插配合三个问题。

(5)大体积混凝土施工。承台板全长 76.2m,总宽 24.6m,基础下部由 263 根 ϕ609×11 的钢管桩支承。主要有 C20 钢筋混凝土 3100m^3,钢筋 351t,模板 726m^2。要预埋 228 根柱子的插筋,四边烟道壁的插筋和 24 个设备基础的插筋。要预埋 136 个螺栓预留孔。由此可见,工程量大,体积大,结构复杂。混凝土浇灌时的气温有一定要求,国外规定一般不超过 30℃。如遇盛夏季节气温高达 37℃以上时,就必须采取有可靠保证的技术措施:第一要选用水化热较低的矿渣水泥,利用混凝土后期强度来减少每立方米混凝土的水泥用量,这时应采用 60 天强度的配合比,水泥用量控制在 275kg,以降低水化热;第二要选择适宜的混凝土浇灌时间,整个承台板的混凝土浇灌时间预计为 13~16h,为此,选定下午 4 点到次日 8 点之间较好,可以避免中午烈日照射气温太高,从而降低混凝土入模温度;第三就是控制住混凝土内外温差,不得超过 30℃,为此,要采用严格的保温养护措施。据计算，混凝土浇灌 3 天时，混凝土内部温度将高达 61℃左右，为保证这个大体积混凝土工程的质量，防止裂缝，必须把混凝土入模温度控制在 35℃以下。在浇灌混凝土的过程中，要进行实测试验，随时掌握温升变化情况，及时采取相应措施，盖草袋保温加强养护，缩小混凝土内外温差，使混凝土缓慢降温，充分利用混凝土缓变和松弛的特征来降低混凝土温度应力。

(6)采用商品混凝土，搅拌车运输，泵送混凝土浇灌法。共用 7 台混凝土泵车，按作业设计布置的位置摆放。从两头开始浇灌向中间合拢。中间平台位置采用先深后浅，分层连续浇灌法施工。对流积泌水，及时用软轴水泵抽出。

混凝土的养护是确保工程质量的重要环节，在混凝土浇灌完三小时就要覆盖一层塑料布和两层草袋，四小时开始浇水养护。在柱子和烟道壁插筋无法覆盖的地方填充 50mm 厚的湿砂。侧墙部分在模板外悬挂草袋浇水养护并盖帆布保温。根据实测温度变化情况指导混凝土的养护和保温工作。

4.1.1.2 炉床板施工方法

(1)工程概况。炉床板是 M 型焦炉整体现浇钢筋混凝土结构的一个重要组成部分。顶面标高 +4.78m。炉床板长 68.7m，宽 15.7m，厚 0.58m，面积为 1079m^2，上面要预埋 ϕ60、ϕ100、ϕ125、高 800mm 的镀锌钢管共计 3090 根。两侧有 M42，$L=3080$mm 的螺栓 212 根，M24 的螺栓 108 根。$x—x$ 轴方向套管中心允许偏差 ±3mm，$y—y$ 轴方向套管中心允差 ±5mm；管顶标高允差 +5/−3mm；预埋螺栓中心距允差 ±2mm。

如何保证达到上述精度要求，特别是保证达到 3090 根套管的精度要求是整个焦炉土建施工成败的关键。

(2)施工方法。主要包括施工程序的确定，施工缝的确定，套管的预埋，模板施工，混凝土浇灌等内容。

(3)施工程序。先施工 −1.5 ~ +2.1m 的承台柱，然后施工炉床板，由 +2.1 ~ +4.78m 的柱头与梁、板一次施工，加强整体稳定性。

(4)施工缝的确定。由于炉床板下面的托梁和承台柱是现浇整体钢筋混凝土结构，为增强整体稳定性，正确地确定施工缝位置十分重要。柱头与梁底相交成八字角的斜面，设有双向双层 ϕ32 或 ϕ22 的斜向加强钢筋，上至板面，下插入柱身，经分析将施工缝留在 +2.10m处为宜，这样预埋套管型钢固定架立柱可以支撑在 +2.10m 柱顶上，并与埋设件相焊接，这样既便于控制炉床数的标高，又增高了整体混凝土结构的稳定性。

(5)固定架施工。为保证预埋套管的精度，用定型钢模板铺满平台，直接在板上钻孔固定套管底盘，加强底板支撑体系和预埋套管的支撑体系。预埋套管的固定支撑用[10 槽钢立柱，焊在承台柱 +2.10m 处 100×150×6 的预埋铁件上。固定架的横向和纵向水平支撑仍用[10 槽钢，这种支撑件的加工精度和安装精度必须符合规定要求，因为上层水平支撑是承托套管调整板的唯一支撑点，为使套管的中心和标高全部控制在规定的允差范围内，在[10 槽钢的大跨度水平支撑之间要增设一些纵向角钢水平支撑为宜。

(6)炉床板底模及大梁底模支撑体系的施工。板、梁底模的支撑使用 ϕ48 定长钢管顶部再加套管或可调丝杆千斤顶，底部套有可调钢管底座，支撑在 −1.5m 承台板上。根据炉床板的总重量，确定支撑的排距和数量，一般板底模支撑每 2.6m 跨距设 3 排。梁底模支撑 2.6m 跨距设 2 根，2.9m 跨距设 3 根，3.35m 跨距设 4 根，顶部支在小桁架上，由小桁架支托着梁底模板。所有支撑的横向和纵向都用水平十字钢管交叉用扣件连接成整体骨架,支撑的松紧程度直接影响炉床板的平整度。因此,在布置支撑和施工时要注意采取多种稳固措施。

(7)钢模板的组装。模板在使用前要补孔校平,铺好的底模平整度控制在 +2mm 之内。长扣和钩头螺栓不得漏放,板缝用腻子刮平。至于帮模、特殊底模和角模等的施工,参照有关规定即可。

(8)预埋套管的施工。炉床板3090 根套管的安装精度至关重要。首先,在铸铁套管底座上涂铅油划刻90°和45°十字线,然后设立炉床板横向、纵向主轴中心线龙门架,作为分段中心线的控制依据。根据龙门架中心刻点,在炉床板底模平台上面投放中心线,确定套管位置。在具体找平找正时,操作要特别细心,要注意气温变化,反复校核。每道工序都要做好自检、互检和专检,方可进行下道工序施工。一般每座焦炉套管中心位移实测点数应在6000 个以上。实测结果全部都在允许误差范围之内,为全优工程创造条件。

4.1.1.3 抵抗墙施工方法

(1)工程概况。焦炉抵抗墙位于每座焦炉的两端,为钢筋混凝土结构。墙体高12.89m,宽16.00m,厚0.9m;顶部厚1.7m,设在 +4.78m 抵抗墙梁上,顶部标高17.67m;墙背面有十余个钢筋混凝土梁,悬臂伸出1.9m,用作煤塔,中间平台和端平台的支托。悬臂梁造成中心偏移,给支模增加一定困难。每个抵抗墙的工程量为:模板 $456m^2$,钢筋32t,混凝土 $196m^3$。设计规定炉体热膨胀值:炉体可增高138mm、增宽200mm,炉长方向的膨胀用抵抗墙来顶住。炉体往高度和宽度膨胀时,沿抵抗墙面滑动。墙面垂直度和平整度允许公差不得大于 +0/-10mm,否则炉体膨胀时要受损坏,影响焦炉使用寿命。

(2)主要施工方法和技术措施。采用分段施工法和负公差支模法施工。采用刚性骨架定位槽钢座,固定模板微调装置和装配式抗风支架等措施。

1)分段施工法。抵抗墙体从承台板至顶部高度将近14m,四周凌空,上部偏心。如一次支模、模板稳定性差,浇灌混凝土困难。因此,采用两次支模,分两段浇灌混凝土的施工方法,用泵送混凝土。吊桶下料解决垂直运输。严格控制浇灌混凝土速度和坍落度,以减少混凝土浇灌过程中对模板的侧压力。模板侧压力设计为 $6t/m^2$,控制得好,可小于 $4t/m^2$。

2)公差支模法。基于钢筋混凝土施工中容易出现胀模而引起公差的特性,因此,在模板定位时预先从墙面线后退7mm,这样的支模线为0,允许公差由 +0/-10mm,变为 +7/-3mm。就是说允许抵抗墙有7mm 的正公差,相对降低了支模难度,使墙面线的精度有了保证。

3)刚性骨架。为保证抵抗墙的平整度和垂直度,墙内设∠65×5 角钢组成的刚性骨架。既可以用作钢筋的依靠,固定埋设件,又可作为绑扎钢筋和捣固混凝土的工作台,更主要的是确保支模定位和模板的垂直度及平整度。

4)定位槽钢座。预埋在抵抗墙、梁上的特别槽钢,与第一层模板相连接,以保证施工缝位置的准确。

5)固定模板微调装置。为了保证组合大块模板8mm 平整度的要求,在内固定架上焊有“棋盘式”的螺旋微调装置,用来调整定位钢模板,以保证模板平整度的要求。

6)装配式抗风架。为了保证在风荷载作用下将钢模板变形控制在允许误差之内,单纯依靠内部刚性骨架是不够的。因此,用工具式钢管井架搭设工作平台,并使之与刚性骨架连成整体,提高了模板稳定性。同时,又可作为顶部悬臂梁支模时搭设脚手架的依托,也可以作为支模和浇灌混凝土的工作平台。这项措施可以将风荷载作用下钢模板的弹性变形控制在 +7/ -3mm 之内。

4.1.2　焦炉筑炉施工

4.1.2.1　工程概况

M 型焦炉是 50 孔 ×2 座为一个炉组,共计为两个炉组,四座焦炉 200 孔。每座焦炉体长 68700mm,高 12755mm,宽 31000mm。炭化室长 15700mm,高 6000mm,平均宽 450mm,锥度 60mm,有效容积 37.6m^3,炭化室装煤量 28.7t/孔,结焦时间 20.7h,日产焦炭 23.45t/孔。

炉体共分六个部位:

(1)炉底。包括两层红砖,厚 25mm 的水泥砂浆抹灰层,厚 0.3mm 的滑动钢板两层。

(2)水平烟道 10 层(1 ~10 层耐火砖)。

(3)蓄热室 23 层(11 ~33 层耐火砖)。

(4)斜道 9 层(34 ~42 层耐火砖)。

(5)燃烧室 46 层(43 ~88 层耐火砖)。

(6)炉顶 11 层(89 ~99 层耐火砖)。

砖型繁多,大砖共 1324 个砖号,另外,设计需要加工改型 532 个砖号,共计 1855 个砖号。每座焦炉砌砖量为 14750t(7934.45m^3)。其中:红砖 340m^3,断热砖 530m^3,黏土砖 1513m^3,硅砖 5445m^3,浇注料 106m^3。

4.1.2.2　结构特点

(1)双联火道,三道加热,贫煤气、富煤气、空气全下喷的复热式焦炉。

(2)蓄热室分格。每座焦炉共有 62 个蓄热室,每个蓄热室分成 6 个小格子房,煤气、空气间隔排列。

(3)燃烧室采用分段加热,同位加热方式。

(4)炉顶装煤孔,采用大砖沟舌结构。看火孔为承插管砖结构。看火孔与装煤孔之间,烘炉后用灌浆方式密封,保护炉顶严密,表面留有排水坡度。

4.1.2.3　主要施工方法

关于焦炉筑炉施工方法,在国际上有两大派系:一派以法国奥托斯公司为代表,采用先筑炉后安装炉柱等护炉铁件的施工工艺程序,历史比较悠久;另一派以日本“新日铁”为代表,采用先立炉柱后砌砖的施工工艺程序,这种施工方法是近 30 年才发展起来的。

M 型焦炉是采用先立炉柱后砌砖的施工方法。采用这种方法施工,具有以下几个优点:

(1)可以使炉柱、保护板、废气阀及交换装置,下拉条弹簧和蓄热室弹簧等大量设备和护炉铁件的安装与筑炉穿插施工,避免了筑炉后出现的安装高峰,使安装工程能够从容不迫地均衡施工,对安装精度和工程质量提供了可靠的保证。同时也提高了施工的安全性和可靠性,有利于缩短建设工期。

(2)由于避开了安装高峰,在安装炉柱时有宽敞的空间,炉柱进场容易,吊装方便、迅速,由于机、电、管道等安装工程处于均衡施工状态,减少了安装人员。每座焦炉共计 2100t

设备和铁件,在安装高峰时也只需30人就够了。

(3)筑炉时利用已安装好的机、焦两侧钢平台上砖,免去了搭设平台和脚手架这道工序,降低了工程造价。

(4)以炉柱作为筑炉的定位标杆,节约了大量木材,免去了架设纵横中心线标杆和定位的工序,给筑炉施工带来很多方便。

4.1.2.4 筑炉施工顺序

先安装完大棚及106根(每座焦炉)炉柱和机、焦两侧钢平台,办理中间交接,交给筑炉。筑炉施工,从铺红砖和滑动层开始,然后测量防线确定基准点,耐火砖配列,严格按配列砌筑,控制住每块耐火砖的位置,打灰和勾缝,对膨胀缝和近20000个空洞采取妥善的保护措施,并用吸尘清扫炉体,保持清洁,检查办理中间交接,再交给机、电专业安装设备。对M型焦炉筑炉施工顺序简而言之,即:放线→配列→砌砖→勾缝→保护→清扫→检查交接。

M型焦炉的质量标准和精度要求,按设计规定执行。从炉底、蓄热室、斜道、燃烧室,一直到炉顶共计规定19个检查项目。有检点数30442个,专检点数4550个。对质量控制检查分三个阶段:分段自检→质量部门专检→施工、生产双方精度确认→继续施工。

每座M型焦炉筑炉施工工期,日本"新日铁"拟定为7~8个月,比国内相似焦炉的筑炉工期要长,主要是质量要求高。每座焦炉的劳动组织,由88人组成11个作业小组,其中砌砖44人、勾缝44人。

4.1.2.5 主要工程量

表4-1所示为焦炉本体主要工程量。

表4-1 焦炉本体主要工程量表 (m^3)

序号	名称	四座焦炉	四座焦炉烟道	小计
1	硅砖	36773		36773
2	黏土砖	18824	1873	20697
3	断热转	1059	252	1311
4	红砖	2344	3980	6924
合计		59000	6150	65105

4.1.2.6 主要阶段工序安排需考虑的几个问题

(1)技术准备阶段:

1)到耐火材料生产厂家实地考察其生产工艺、设备、产品质量检验、储运包装等情况。

2)大棚设计应综合考虑筑炉、安装及烘炉等方面的要求,并在土建前及时投料制作。

3)备好耐火材料的储运设施,检查、复验、分类、加工及预砌筑场地和设备。

(2)土建施工前期:

1)考察焦炉设备,主要是护炉铁件、交换开闭器、旋塞、四大车的制造质量及供货时间。

2)制作各部位管道、制件、炉体设备安装的专用工具,炉体主要设备试验检查。

3)外部烟道及烟囱为独立构筑物,可先开工。烟囱最好采用整体滑模施工,可少占施工场地,避免工序间的相互干扰。

(3)焦炉基础完工后:

1)外部煤气引入管及大棚安装。

2)炉底加热管道与上部筑炉同时开展。

(4)筑炉中后期:

1)进行四大车安装。

2)护炉铁件及炉顶设备安装与各大车调试同时进行。

(5)烘炉期:

炉顶管道,加热煤气的交换装置安装调整与热态工程并行。

4.1.3　焦炉本体设备安装

(1)炉柱安装。安装大棚前,先用吊车将炉柱吊运到炉床板,按顺序放置在枕木上。待大棚及 $Q=7t/7t/1.5t$ 两台行车安装完,再利用这两台行车吊装炉柱。

炉柱的校正:炉组方向用钢尺找正,炉长方向用拉钢丝的方法找正。

(2)钢平台安装。在机侧用 $Q=45t$ 汽车吊站在炉下管道进口处,将钢平台构件吊到预先安放好的平板小车上,再由平板小车将构件运到安装位置进行安装。钢平台中段梁和斜撑暂不安装,留作废气阀就位的通道。与此同时,利用大棚行车安装导焦车轨道。

(3)保护板安装。当筑炉砌完 41 层时,停下来安装保护板。在此之前,预先把保护板衬砖和浇注料工作做完,并养护到规定强度,在机侧平台安装临时轨道和平板小车,用它将保护板运至炉内,然后用大棚行车吊装就位。在安装就位时,由于炉柱紧具的障碍,使得吊钩的上限至紧具之间只有 700mm 左右,而保护板长已接近 7000mm,故需借助一个 $Q=5t$ 的链条葫芦将保护板拉斜吊进炉内,然后松开链条葫芦,才能将保护板垂直吊装就位。

(4)废气阀安装。利用安装平台的平板小车,将焦侧废气阀运到炉内,然后用吊车吊到另一个平板小车上,推至 +8.9m 钢平台下面,用放置在钢平台下面的单轨猫头吊将废气阀安装就位。机侧废气阀用 $Q=30t$ 吊车吊至 1 号煤塔位置机侧 +8.9m 钢平台下,再用平台下的单轨猫头吊就位安装。上述机侧、焦侧废气阀在安装时,还要利用链条葫芦协助安装;安装完废气阀,将预安装的中段钢平台及斜撑等钢结构安装完。

(5)集气管托架安装。筑炉完毕,就利用筑炉的脚手架,安装和焊接集气管托架。为了安装炉门框和炉门时行车方便,靠近煤塔的三个托架暂不安装。

(6)炉门框及炉门安装。炉门框和炉门的安装,仍利用机修平台设置的临时轨道和平板小车,推进炉内,然后在暂未安装集气管托架的位置,利用木棚内的行车吊装就位。为了使安装炉门框的工作人员操作方便,在机、焦侧分别设置一个活动台架,安装人员站在台架上作业。当炉门框和炉门安装完毕时,将预留未安装的三个集气管托架安装焊接完。

(7)集气管及上升管安装

利用机侧平板小车将集气管和上升管运进炉内,用大棚内的行车进行吊装。上升管预先砌好衬砖。

在集气管和上升管安装完之前,要把炉顶上的纵、横拉条及装煤车轨道等所有设备都吊运到炉顶,垫上枕木摆放好,待安装。否则,等集气管和上升管安装完毕,炉顶设备将很难吊上去。

(8)集气总管安装。集气总管用 $Q=150t$ 汽车吊整体吊装。

(9)大棚拆除。过程略。

(10)燃烧放散管安装。用拆大棚的 $Q=127t$ 汽车吊将两根燃烧放散管吊装完。

4.2 高炉工程施工技术

4.2.1 高炉本体结构安装

高炉本体结构工程施工,包括炉壳安装、框架平台安装及各管道安装。以 4350m³ 宝钢四号高炉为例。高炉本体结构吊装示意图如图 4-3 所示。

4.2.1.1 高炉本体施工顺序

图 4-4 所示为高炉本体主要结构施工程序及主要专业施工内容。

图中程序的实际施工中,随着施工单位本身的资源情况、施工条件的变化以及施工进度的要求,施工程序也随之变化,影响施工程序与施工方案的关键因素是结构安装主吊机的选择和经济性指标。

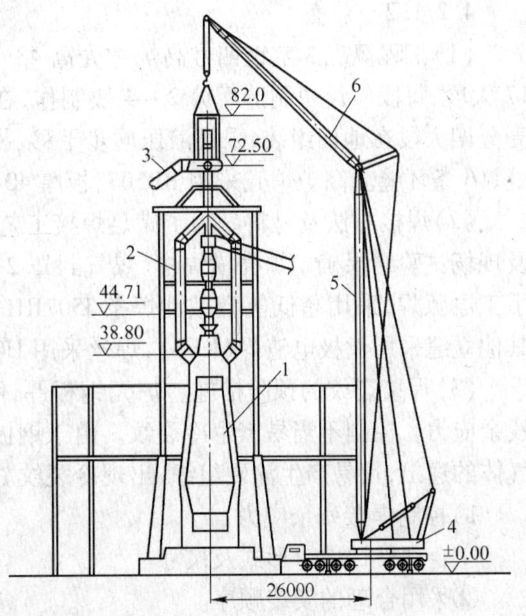

图 4-3 高炉本体钢结构吊装示意图

1—高炉本体;2—上升管;3—下降管;4—300t 汽车吊;5—吊车主杆长 60m;6—吊车副杆长 42m

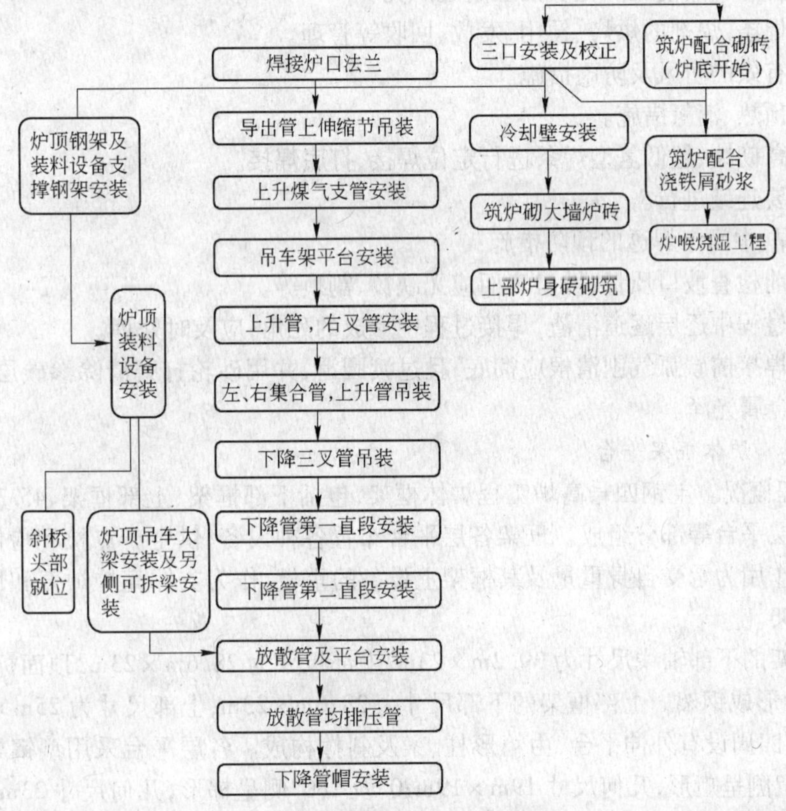

图 4-4 高炉本体施工顺序框图

4.2.1.2　炉壳

(1)工程概况。宝钢四号高炉炉壳高 43.76m,直径 3.1 ~ 18.27m,重 1325t。炉壳共分 17 大段,每段由设备制造厂分 2 ~ 4 块制作,在现场组装。炉壳安装采用快速安装工艺:炉壳分四大段在地面组装,采用液压同步平移、提升技术将炉壳吊装就位。现场共有 47 条焊缝、16 条环缝。高炉炉壳采用 BB503,板厚 40 ~ 90mm。

(2)焊接方法及材料。为了满足焊接工艺评定标准的要求,根据结构形式、现场条件以及现场试验结果确定炉壳横焊缝、煤气封罩 2 ~ 4 段(炉壳倾斜角度大或呈弧线)立缝采用手工电弧焊,采用超低氢型碱性焊条 J507RH 打底、低氢型碱性焊条 J507 填充盖面。炉壳其他立缝采用丝极电渣焊(KES),焊丝采用 H08MnA、焊剂采用 HJ431。

(3)焊接裂纹的预防措施。炉壳钢板厚,刚性大,焊接量大,焊接容易产生较大的焊接残余应力。控制不当易产生冷裂纹。由于钢板厚,手工电弧焊时,焊缝冷却速度快,不利于气体的逸出,且易产生淬硬组织,出现冷裂纹。

1)控制焊接残余应力:

①合理设计坡口形式及尺寸。

②采用合理的安装顺序。

③采用合理的焊接顺序。

④手工电弧焊时,采用多层多道焊,控制焊条摆幅,减小线能量。

2)减少焊缝中氢含量的措施:

①焊接前要认真清理焊缝表面及附近炉壳。

②加强焊条、焊剂的烘烤、领用、发放、回收等管理。

③采用有效的防风及防雨措施。

④采用预热、消氢措施。

⑤采用高韧性、超低氢型焊条进行定位焊接、打底焊接。

3)焊接要连续进行。

(4)夹焊、中间未焊透的预防措施:

1)焊接前检查坡口质量,坡口表面应无缺棱、割痕等。

2)焊接过程中逐层逐道清渣,焊接过程中形成的死角,应及时处理。

3)背面焊接前碳弧气刨清根应彻底,且过渡圆滑,并用砂轮打磨清除渗碳层,露出正焊根部焊道的金属光泽。

4.2.1.3　炉体框架平台

(1)工程概况。宝钢四号高炉工程炉体框架,包括下部框架、上部框架、45.3m 平台、炉顶钢架和各层平台等部分组成。框架各层平台布置各种设备、供生产点检和检修使用。高炉框架主要作用为承受自身重量及其框架上设备的重量、作为支撑高炉炉壳和快速提升炉壳的承重框架。

下部框架的下部轴线尺寸为 39.2m × 23m,上部尺寸为 28.6m × 23m,顶面标高 28.2m,由箱形柱、梁形成钢架。上部框架的下部尺寸为 28.6m × 23m,上部尺寸为 25m × 23m,顶面标高 45.3m,四周设有外伸平台,由箱形柱、梁及斜撑构成。各层平台采用型钢梁。炉顶框架 90°及 270°侧呈矩形,几何尺寸 19m × 19m;0°及 180°侧呈梯形,几何尺寸 23m × 7.702m,顶面标高 86.15m,在 80.530m 处设置悬臂吊梁及支撑,270°侧设有均排压及放散阀平台。

其中全部的下部框架和大部分上部框架的构件均为箱形结构。

(2)悬臂吊悬臂梁水平控制。由于悬臂梁长度较大、自重较大很容易在悬臂梁的顶端产生变形,从而影响悬臂梁的水平度。在现场施工过程中主要通过调节悬臂梁上的支撑控制悬臂梁的水平度。

支撑的安装是采用地面组装成型,一次吊装的施工方法,其中支撑的下部安装又是整个支撑的重点。根据图纸确定45.3m平台的中心点和轴线平面投影,安装时保证下段轴线和平面呈56°的夹角,即上口最下点和45.3m平台垂直。

在整个悬臂梁吊装过程中,支撑下部固定,上部靠卷扬机临时固定,在悬臂梁上放置水平仪,在支撑上选择一点,保证其在水平面上的投影,在悬臂梁吊装过程中,观测水平仪,不断调整悬臂梁的水平度,通过调整支撑的上部达到整个悬臂梁水平的目的。

(3)支撑的吊装。由于支撑有一定的倾斜度,而且使用卷扬机吊装,细微的调整相对困难,要求吊耳位置的确定要准确,减少在吊装过程中的微调次数,节省时间。这就对确定吊耳位置及支撑实际受力分析计算的要求较高。根据两件支撑的中段在地面组装焊接,整体吊装。

(4)框架柱的安装。框架柱是框架部分最具有代表性的构件,其主要特点是构件尺寸大,单件质量大,高强度螺栓多,具有一定的倾斜度,空间定位难等特点。

上部框架的连接形式主要采用高强螺栓连接,各片柱间支撑必须在制作厂进行整体预组装,构件的预组装必须按施工图纸对各点、线、角度等进行严格控制,并做必要的调整,确保构件组装精度,然后根据方位进行编号。

柱间支撑组装完毕后,为防止其在吊装过程中变形,应在柱间支撑部分连接点处安装事先准备好的加固材料,并将施工用临时爬梯、脚手架等安装好。

由于框架系统中高强螺栓数量多,高强螺栓对框架系统有着极其重要的作用。高强螺栓施工现场检查的重点为:高强螺栓连接副终拧后螺栓丝扣外露2~3扣;高强螺栓应自由穿入螺栓孔,不得有现场气割扩孔;高强螺栓连接摩擦面应保持干燥整洁、不应有飞边、毛刺、氧化铁皮、污垢等。

(5)45.3m核心平台吊装。45.3m核心平台为框架核心部分,其安装的顺利与否直接影响到整个框架系统能否达到快速安装的要求。45.3m平台梁由于重量过大,90°、270°方向梁需分为两段吊装,90°方向梁可用攀登机单机吊装,270°方向梁则采用150t履带吊接54.86m杆12m作业半径单机吊。

45.3m平台其他次梁大部分可采用攀登机直接进行吊装,只有180°~270°方向CK4梁安装位置位于攀登机60t作业半径以外,攀登机与150t履带吊单机均无法吊装,必须进行双机抬吊。

4.2.1.4 送风支管的安装

送风支管位于热风围管风口平台间,整个高炉共有38套送风支管设备,沿炉体均匀分布。每套送风支管重约9t,送风支管主要有变径管、膨胀节、弯头、直吹管、上部拉杆、下部拉杆、测压围管等组成,其内部的浇注料以成品形式到达现场。送风支管的安装,尤其是其进出水管的安装和试压程序与风口大中小套的安装紧密相连。

(1)安装顺序。安装顺序如图4-5所示。

(2)安装方法。用出铁场行车将设备吊至风口平台上,用热风管电动葫芦将编号设备运

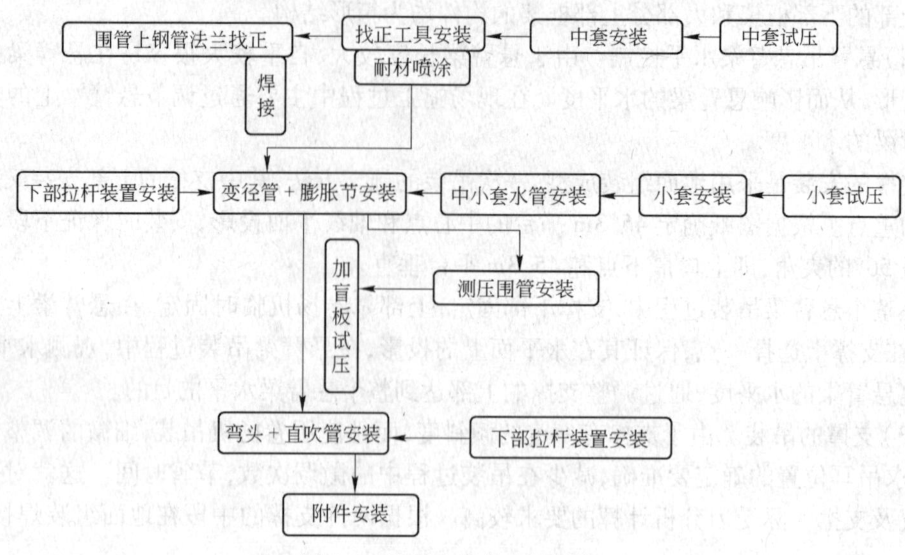

图4-5　送风支管的安装顺序

到相应的设备安装位置。送风支管由南北50/15t起重机吊到风口前，主要有变径管、膨胀节、弯头+直吹管三部分，在安装前，在风口处将变径管和直吹管组装好，以便节省时间和人工，因为每套该处的连接螺栓近30个，且都为高强螺栓。再采用预备好的倒链等吊具将设备按程序进行安装。安装过程中，要注意连接部位的密封圈及密封胶的安装，其各个连接面不同，密封圈和石棉绳的用量及规格型号不同，尤应注意。

在安装送风支管的过程中，通过调整膨胀节处的上部拉杆和固定于大套上的下部拉杆来保证弯头与膨胀节连接的法兰面的紧密正确连接。

4.2.2　高炉本体耐火材料

4.2.2.1　高炉耐材构成

高炉关键部位的炉底、炉缸区耐材，利用维持较好炉型的热压小块炭砖加大块炭砖结构形式，炉底为有较好耐侵蚀能力的陶瓷砖底垫，具体结构为：炉底第1层满铺石墨砖CBY；第2、3、4层采用"D"级普通大炭砖；第5、6层为陶瓷砖；在炉底满铺砖与冷却壁之间砌一环热压小块炭砖NMA，炉缸侧壁橡胶侵蚀区以及铁口区采用热压小块炭砖NMD，炉缸侧壁的其余部位采用热压小块炭砖NMA。高炉耐材布置图如图4-6所示。

对于炉腹至炉身中部区域，则除用了大冷却深度的54层铜冷却板模式外，为克服冷却板仅为点冷却的不利因素，还在炉腰至炉身中部、冷却板的间隔间镶入小块冷却壁而形成"板壁"结合的模式，为配合这一模式，在此区域段耐材采用了石墨材质和塞隆结合碳化硅材质砖的混砌模式，具体为：在炉腹软融区炉墙（第1～14层铜冷却板范围内）全部采用高导热的石墨砖以降低炉墙热面温度，提高砌体挂渣能力；为兼顾炉腰以上炉衬的耐磨和耐侵蚀的能力，在第14～40层铜冷却板范围内，冷却板之间全部采用高导热的石墨砖而其前端及非冷却板区镶嵌塞隆结合碳化硅砖，从而充分地发挥石墨砖导热性好、抗震稳定性强的优势和塞隆结合碳化硅砖高机械强度、抗炉料磨损和抗渣铁侵蚀的特性；在第41～54层铜冷却板较高热负荷区域，采用塞隆结合碳化硅与密集式冷却板相配，起到了冷却和耐磨的双重

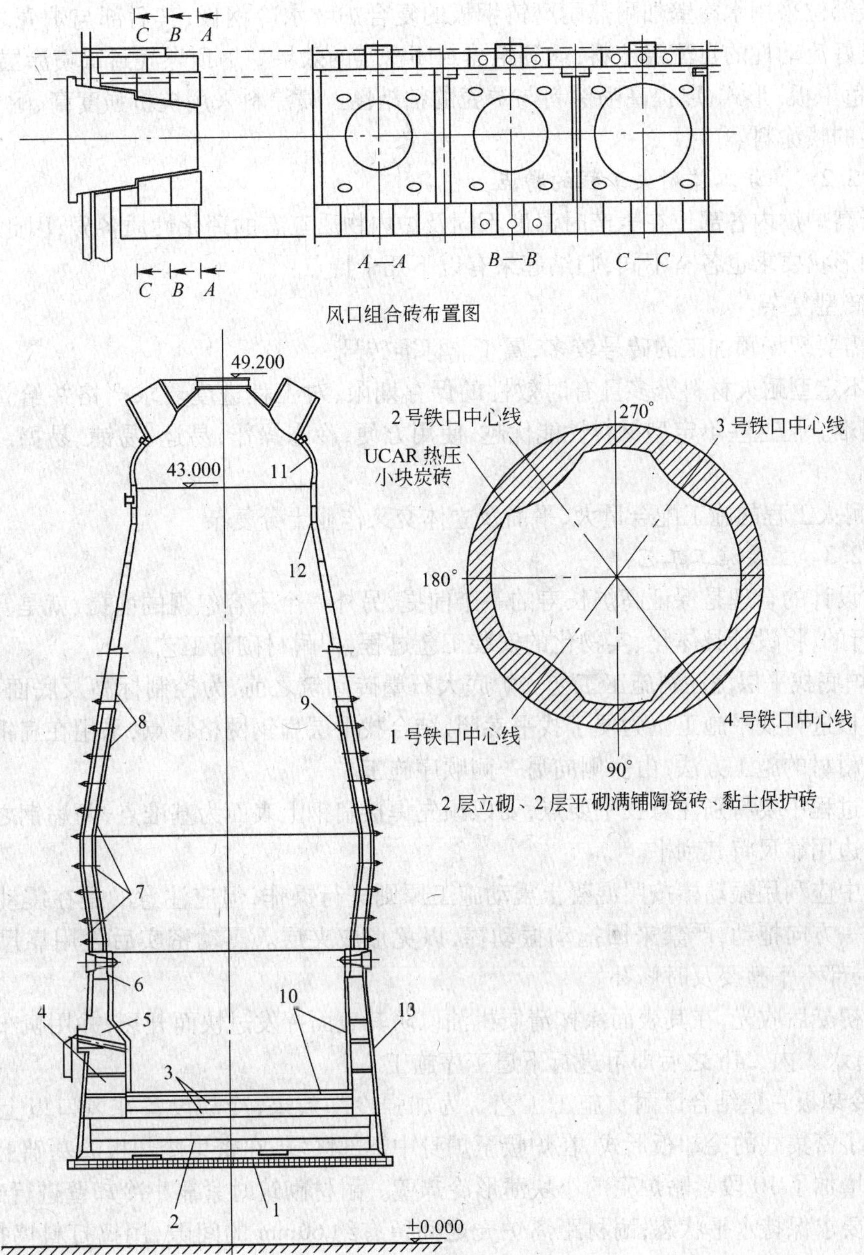

图 4-6 高炉耐材布置图

1—炉底第一层 UCAR 石墨砖 CCBY；2—炉底 2 ~ 3 层 UCAR D 级大炭砖；3—炉底刚玉垫层 GY1 ~ 2；4—铁口及铁口以下炉缸外环 UCAR 半石墨砖 NMD；5—标高 15.000 以下及炉缸内环 UCAR 热压小炭砖 NMA；6—风口组合砖 GL15.000 ~ GL16.770 日本黑崎莫来石砖；7—炉腹、炉腰及炉身中下部（GL29.612）全石墨砖向石墨砖、碳化硅砖混合砌筑过渡；8—炉身中下部，由石墨砖、碳化硅砖混砌区向全碳化硅砖过渡；9—炉腹以上保护砖（N53）；10—炉底炉缸保护砖（N53）；11—煤气封板喷涂 YPZ-1；12—钢砖背面自流浇注料 SC-T2；13—炉壳与冷却壁之间压入泥浆 SC-8YK

作用。炉身上部则设置3段镶砖球墨铸铁水冷壁，镶砖材质为氮化硅结合碳化硅砖。

炉喉部位采用水冷壁加耐热耐磨铸钢板的复合炉喉水冷钢板，其后部与炉壳之间则灌入具有良好流动性的自流浇注料，达到绝热封闭密实的效果。炉顶煤气封罩喷涂层，其锚固件采用“龟甲板”形式，以提高喷涂料与炉壳的粘结性。喷涂料采用抗折强度高、耐 CO 侵蚀性能优良的喷涂料。

4.2.2.2　高炉本体耐火工程的特点

由于高炉炉内各部位在生产时温度不同及炉内物质三态的理化性质各异，因此，对耐材的材质和形状要求也各有不同，归纳起来有以下几个特点：

(1) 砖型复杂。

(2) 需要现场预加工的砖号较多，属于非标准砖号。

(3) 不定型耐火材料繁多且有时效性的保存期限，对工程进度要求严格并给管理带来一定的困难。但这些不定型材料性能优越，使用方便，冷态操作，易运、易铺、易捣、易结、易铲平。

(4) 耐火工程的施工配合量大，平面及立体交叉作业十分复杂。

4.2.2.3　主要施工工艺

耐材设计的合理是保证高炉长寿的一个前提，另外一个不容忽视的前提，就是要有一个合理、可行的，将设计具体化、实物化的安装工艺过程，即耐材砌筑工艺。

(1) 炉底找平层浇注料施工工艺。炉底大石墨砖砌筑之前，为控制标高及底面平整度，需在炉底板进行找平施工。为便于找平参照，结合找平层扁钢网格特点，采用在扁钢条之间间隔浇注耐材的施工方法，由一侧向另一侧顺序施工。

浇注过程中要特别注意找平要点，要以预先焊接扁钢上表面为基准点，两扁钢之间的料要边震动边用靠尺将其刮平。

施工中应利用振动棒按照混凝土震动施工原则进行操作，但应注意的是在震动过程中要按照同一方向拖动，严禁来回拖动振动棒，以免形成夹层。震动密实后再用靠尺检查一遍，发现局部不平整要及时修补。

待料初凝后收光，在其表面涂抹清质机油以防其表面挥发过快而开裂，并用帆布覆盖养护，严禁有水入内，24h 之后即可进行下道工序施工。

(2) 冷却板 - 壁结合区耐材施工工艺。为加强冷却效果，冷却设备在风口以上的炉腹区域采用了密集式的冷却板形式，在炉腰至炉身中下部区域，在密集冷却板的基础上在冷却板之间还增加了10段紧贴炉壳的小块薄形冷却壁。耐材砌筑时紧靠小冷却壁进行砌筑，冷却板安装要求保持水平状态；耐材距离炉壳之间留有约60mm 的间隙，用捣打料捣打填实，冷却板安装要求保持水平状态。

(3) 大型炭块钢带吊装工艺。视所吊装炭块的最大单重，选用厚度在1～1.3mm、宽度在38～51mm 的高强度捆扎钢带(起吊重量为最大单砖种)，按每块2根的量进行购置，每根带长3500～4200mm，每2根一组。钢带本身要无锈、无折痕，厚度和宽度要均匀。按2根并且等长为一组下料，每根3枚锁扣、200mm 间距搭接扣紧，并将锁扣与钢带锁压在一起。

为保持平衡，将2根钢带分别从炭砖两段套入，调整定位于炭砖长度的1/3处，并将锁扣置于炭砖上方一侧，便于拆除，利用钢制扁担平稳起吊，起吊离地高度应不大于110mm。炭砖初步定位后，剪断钢带，使其一端保持自由状，带有锁扣那一端固定于钢扁担上随吊钩上行而抽出。

(4)铁口钻孔工艺。此高炉本体关键部位的铁口采用“全封闭式”砌筑,待高炉耐材砌筑基本完毕,出铁场主沟框架结构全部完成后,采用由铁口外在砌体上按设计中心和角度向炉内钻孔方式形成铁口通道。施工重点主要把握铁口与主沟中心夹角、铁口与高炉中心夹角及铁口与垂直方向夹角这三个数据。钻孔前先对主沟及铁口中心进行测量放线,确定并标出铁口钻孔中心点,并在铁口框上安装钻机底座框架,安装尺寸要精确。

钻孔机安装完毕后,调节螺栓在此次进行中心校准。安装钻机导杆和支架,导杆应严格按照铁口与高炉中心的向心倾角及垂直角度进行安装,并进行调整定位。炉内铁口处要搭设保护装置,防止钻机在钻孔过程中将炉内保护墙损坏。

(5)满铺炉底炭砖开槽工艺。根据正式设计,宝钢四号高炉本体允许埋入耐材的热电偶缆共计829只,其中炉底标高5.380m至标高7.180m范围内埋设热电偶缆164只,按设计要求这些电偶在现场施工好的满铺炉底耐材层面上开槽埋设。根据热电偶缆的位置不同,开槽的位置、方向、深度、长度、宽度均有明确的要求。炉底标高5.380m至标高7.180m范围内共开槽64条,开槽最大深度20mm,开槽最大长度9485mm,并且同一条开槽的深度和宽度随槽内埋设热电偶缆数量的不同而在长度上发生变化。

工艺流程:测量定点→放线画线→按线切割→精修磨→热电偶缆安装及预固定→填充料涂抹烘烤→清除杂物→报验。

4.3 熔融炼铁工程施工技术

4.3.1 竖炉、流化床工程施工

4.3.1.1 竖炉

炉身直立,炉内大部分装满物料的冶金炉。炉气在炉内向上运动,与炉料之间呈逆流换热;多数竖炉的炉料与燃料直接接触。按工艺用途分熔炼竖炉和焙烧竖炉两大类。熔炼竖炉常用的有高炉、炼铜、炼锌和炼铅用的鼓风炉、化铁用的冲天炉等。炉体外层是钢壳,内砌炉衬。炉体下部高温区的炉衬中有水冷箱。有些竖炉的部分炉体由钢板水套做成水冷壁(例如炼铜、炼铅鼓风炉)。水冷虽然增加炉子热损失,但是可以延长炉子寿命和提高生产率。

高炉、冲天炉和小型炼铜鼓风炉的横截面为圆形。炼铜、炼铅的大型鼓风炉,为了防止杂质(铁等)还原过多,炉子高度不宜过大(料柱高8m),所以鼓风压力较小,风的穿透能力小。如果炉子直径过大,则炉内气流分布不均匀,因此,采用矩形截面,风口处的对侧宽度仅1~2m,炉子长度可达20~30m。使用热风能提高炉温,高炉鼓风都经预热。

熔炼竖炉的炉缸有三种典型结构:

(1)高炉型结构,铁水和炉渣在炉缸中分离,每隔一段时间,分别从铁口和渣口放出。

(2)炼铅鼓风炉型结构,熔炼过程中虹吸口内始终存满铅液,像是个“水封”,从虹吸口连续放出铅液。

(3)带有前室的结构(部分冲天炉),金属液和炉渣连续不断地流入用煤气或重油加热的前室。前室一方面起保温作用,另一方面又可使铁水成分趋于均匀。

炉顶的构造,有敞开的和密闭的两种。废气出口位于炉顶中心或炉顶侧面。高炉炉顶

排放的煤气(高炉煤气)含一氧化碳量较大,净化后可作燃料。炼铜、炼镍鼓风炉的炉顶煤气含二氧化硫量较多,可回收制酸。

竖炉料柱应有良好的透气性,所以要求炉料粒度均匀,粉料最多不超过10%。精矿粉必须经过烧结或制成球团,才能入炉。炉顶的装料和布料装置能使炉料透气均匀。鼓风压力的高低,取决于气体通过料柱时的压力损失大小。

焙烧竖炉用于焙烧各种物料,如铁矿石、铁精矿球团、有色金属矿石、黏土矿物、石灰石等。物料在焙烧过程中始终保持固态。

4.3.1.2　流化床工程

以某碱厂热电节能技改工程CG—75/3.82循环流化床锅炉锅筒施工为例。

A　工程概况

某碱厂75t锅炉安装工程,建成后主要为汽轮机发电供汽和为全厂供热。锅筒的几何尺寸及各部分的重量如下:

锅筒的几何尺寸:$\phi 1580, \delta = 40, L = 7500 + 1000 = 8500$mm;

锅筒本体及焊在锅筒上的附件重量:13991.1kg;

锅筒内部装置重量(已装入锅筒内):1892.41kg;

锅筒总重:13991.1 + 1892.41 = 15883.51kg;

锅筒安装横向中心线标高:29.640m;

锅筒安装形式:本锅炉系单锅筒横置式,采用U形吊挂装置来固定;

锅筒横向中心线距Z1立柱中心线1250mm。

B　锅筒的安装标高及吊装方法的确定

锅筒的安装标高:即锅筒的横向水平中心线标高为29.64m,锅筒的顶标高为30.43m。

吊装方法的确定:根据施工现场的实际情况,利用炉顶梁来作吊梁,跨装于钢架顶部32.190m标高处的DL-3锅炉纵向大梁上,在大梁处拴H20×4D的滑轮组,用两台5T的电动卷扬机来进行吊装。

C　炉筒吊装应注意的安全技术措施

本吊装工作均系高空作业,难就难在吊装高度上,因此凡参加本吊装的所有工作人员都必须群策群力、齐心协力和精心组织、精心施工,确保吊装全过程中的安全工作和施工质量。

要求所有参与人员都必须按规定正确地使用安全帽、安全带、安全网,切实搞好高空作业和"四口"的防护以及吊装作业中的安全工作。

遵守安全生产的六大纪律和施工前必须进行技术和安全交底,并应当分工明确,职责明确,指挥信号含义交付清楚、配合协调、相互关照、相互提醒、有节奏、有程序、有步骤、有秩序的工作。

严禁不适应高空作业人员进行高空作业,严禁酒后和过度疲劳从事高空作业。在高处作业时要带工具包和穿防滑胶鞋,并按规定拴牢安全带。

锅筒在正式吊装前,必须先进行试吊离开地面半小时,当所有的受力机具、索具和受力点受力后应进行仔细的检查、验收,各受力点、地锚等要明确分工和派人看守。

各钢丝绳要远离焊接手线,采取有效的防护措施,以免触电伤人和损伤钢丝绳,当钢丝绳与有关构件的倒角处、建筑物的棱角处接触时,必须垫木板或其他破布、麻袋等物,以防构件受损和绳索受损破坏。

吊装区域非操作人员严禁入内,吊装机械必须完好,扒杆垂直下方严禁站人。

遵守劳动纪律,服从指挥,工作时思想集中,坚守岗位,未经允许不能从事非本工种作业。

在整个施工过程中要切实做好施工现场的文明施工,经常做好施工现场的清理工作,清除安全隐患和障碍物,以利操作过程的顺利进行。

在吊装的全过程中要特别注意,在快要接近成功的一瞬间,千万不能麻痹大意,不能只顾高兴而放松了警惕性,因为往往就在这一瞬间容易发生事故。因此要求所有的参与人员都要共同把关,使吊装工作"完整无损,万无一失"地落实到实处。

4.3.2　熔融气化炉工程施工

以浦钢搬迁罗泾 COREX C-3000 熔融气化炉工程为例。

4.3.2.1　熔融气化炉冷却设备安装技术

A　工程概况

浦钢搬迁罗泾 COREX C-3000 熔融气化炉炉体采用软水系统冷却,冷却设备主要为炉底水冷管、炉内铸铁冷却壁、镶砖冷却壁以及冷却壁连接件等。气化炉炉底共有 78 根冷却水管,沿 90°~180°轴线对称分布。管道采用不锈钢材质,管径为 $\phi34\times3.5$,冷却水管均采用整根供货,中间无焊接。

B　施工工艺

a　施工前准备

冷却壁安装前,需割除其安装位置的炉壳加固撑、吊耳等附件,确保内壁光滑过渡,内表面干燥、清洁。

冷却壁前使用模板逐个检查确认炉壳冷却壁孔洞位置、孔洞尺寸以及孔洞外侧的倒脚。

在每块冷却壁上标注编号,并在炉壳内外的每个位置上标注好相应冷却壁编号,便于安装检查。

安装冷却壁前,先检查冷却壁的损坏情况,更换丢失的管帽,清洁冷却壁上热电偶的孔,并核查它们的尺寸,检查冷却壁孔的缺陷。

冷却壁安装前在现场逐个进行水压试验、通球试验,并吹干试压的余水、密封管帽。

b　冷却壁安装

(1)施工工艺流程。冷却壁的倒运及安装就位→密封构件的压缩→耐材填料前钢圈的焊接→交耐材专业施工→GP、MP 处钢圈最终焊接→螺杆和螺栓上钢帽的焊接→伸缩节的安装→冷却壁间联络管的安装。

(2)冷却壁吊装。根据安装顺序依次将冷却壁从 30.5 轴线处吊装孔吊装至 26.2m 平台上,通过滑行小车将冷却壁运至气化炉内,再用固定平台上部 10t 卷扬机将冷却壁吊装至活动平台上,然后利用上部平台上沿环形轨道行走的电动葫芦将冷却壁吊装至安装位置。

清洁冷却壁冷面(炉壳相对面),按照图纸要求将冷却壁与气化炉间的密封件固定。冷却管道和紧固螺栓处密封件固定冷却壁上,残铁口、氧口、铁口、烧嘴、料位计等处的密封环先固定在炉壳上,不得遗漏。

通过倒链牵引将冷却管道小心嵌入炉壳孔内,调整冷却壁位置,然后紧固螺栓临时固定。

按照冷却壁水平和垂直间距要求、冷却管道与气化炉炉壳处的间距要求，分别调整至最佳状态。如果达不到所需的间距，需移开冷却壁并且打磨壳孔，直到满足要求。

如果冷却壁上有热电偶，需要把冷却壁上热电偶孔和相应的炉壳壳孔调整一致，应用热电偶保护管进行检查。

一旦铸铁冷却壁或铜冷却壁调整就位，采用300～500N·m的扭矩进行螺栓紧固。紧固螺栓后，检查确认冷却壁和气化炉炉壳间密封件无偏斜、无脱落。如存在问题，需松开螺栓、移开冷却壁重新设置。

(3)炉壳外部冷却壁密封件安装。炉壳外部冷却壁密封件各点上的钢垫圈以及螺栓上的管帽虽然焊接方法相同，但是焊接步骤存在着差异：

1)固定点上的钢垫圈在紧固螺栓绷紧后，填充耐材施工前进行。

2)导向点、活动点处的钢垫圈在耐材填充前仅需电焊，在耐材填充后完成最终焊接。

3)当滑动点和固定点至少焊接30%后，需100%松开螺母，待耐材填充完后进行螺栓管帽的焊接。

(4)缩节的安装。因膨胀系数不同，伸缩节允许带冷却管道的冷却壁自由运动。当整段冷却壁都安装就位，所有垫圈焊接完毕，并且耐材工作都完成，可以开始安装伸缩节。安装时注意以下几点：

1)伸缩节焊接在气化炉外部，连接到冷却管道。

2)采用带有伸缩节尺寸的模板，标注气化炉上伸缩节的位置。

3)焊接其末端到气化炉外部，焊接伸缩节的另一端至出水管。

4)气化炉必须保持干燥，以防止焊接时产生氢气。

5)对伸缩节采用焊接保护。在焊接前，确保伸缩节既不压缩也不伸长，并且移除衬垫。只有在焊接完毕之后，才能安装衬垫。

6)为了减少气化炉变形，需要在气化炉周围安排7个焊工，并且同时焊接。

7)在焊接伸缩节前，先预热气化炉，防止其焊接变形。

8)将伸缩节点焊至炉壳(3条焊缝，最短的长20mm，120°分布)第1个焊缝在伸缩节末端和炉壳之间，第2个焊缝在伸缩节和冷却水管之间。

c　炉底水冷管安装

(1)施工工艺流程。炉底水冷管支架定位放线→炉底水冷管支架安装→炉底水冷管安装定位→炉底水冷管压力试验→炉底耐材安装至水冷管处→安装水冷管上部炭砖支架→调整好炭砖支架精度，交耐材专业施工。

(2)施工注意事项如下：

1)水冷管进入现场后检查管道尺寸规格，用洁净空气对管道进行逐根吹扫，并在管道两端装上管帽，然后按照图纸要求标注管口及管道编号。

2)管道支撑架安装前检查气化炉炉底板上所有的孔已完成封闭。

3)管道支撑架安装前对炉底板进行测量放线、支架标高定位。

4)炉底水冷管固定炭砖支架安装精度要求为±0.2mm。现场安装时先用螺栓初步固定，然后根据测量值进行微调。

5)水冷管安装完，炉底耐材施工前对管道进行压力试验，试验合格后方可进行耐材施工、伸缩节安装。

4.3.2.2 熔融气化炉炉壳施工技术

熔融气化炉是COREX炼铁工艺的核心，位于主体塔架下部，顶部为一半球。因运输条件所限，气化炉炉壳除第四吊装带、第十吊装带采用整带进场外，其他各带均采用分块进场，现场拼装后整带吊装。

A 炉壳组装

熔融气化炉因外形尺寸较大，各弦带一般采用分块供货，现场组装后进行吊装。为保证组装精度，现场需设置一固定组装平台，便于测量监控。

(1)炉壳组装平台搭设要求及方法。包括：

1)平台搭设位置要合理，要求减少吊机行程，同时不影响炉壳和塔架施工作业；

2)根据炉壳外形尺寸组装平台；

3)将平台基础用回填土填平压实，铺设500mm厚的碎石，并对碎石进行再次压实找平；

4)碎石压实后再在其上铺设路基箱，并对路基箱进行找平，再用I30及20mm钢板做成的整片平台固定在路基箱上；

5)工字钢固定好后再在其上放置定位钢板和搭设测量塔架；

6)组装平台搭设完后，应采用仪器调整水平度，符合要求后再用路基箱或吊机配重对组装平台进行预压；

7)在组装平台上分别设置中心点、控制基准线以及炉壳组装定位板等；

8)在使用过程中对组装平台进行沉降观测，并根据测量值及时予以调整。

(2)炉壳组装要点。包括：

按照基准控制点将各分块炉壳就位，初步调整后，开始架立测量塔架进行炉壳的校正检测，主要控制炉壳上口标高及水平度、炉壳上下口半径误差。

炉壳定位后进行立缝调整，调整时按照焊接工艺考虑立缝焊接收缩量。各项控制尺寸符合设计要求以及控制标准后，采用立缝定位板固定，采用立缝定位焊。

炉壳组装检测、校正、固定完毕应进行立缝引弧板的设置，引弧板材质要求同母材材质相同。引弧板安装在立缝两端。

炉壳组装焊接完后，再利用测量塔架对炉壳进行精度复测，并切除引弧板；

炉壳组装完毕后，在炉壳安装环缝700mm处设置内外施工平台、上下爬梯等。

B 炉壳安装

根据设计图纸，熔融气化炉底座锚固螺栓规格为M110×3740，共有110枚，需采用液压紧固器进行施工，其操作要求为：

螺栓拉伸器的反作用力作用于240mm×240mm的地板上，要求与240mm×240mm的底板关于螺栓中心轴线的偏移不得大于1mm；

螺栓受拉界面为ϕ110轴杆，根据截面积以及被拉伸作用长度等，计算出螺栓的被拉伸长量；

施工时先对螺栓进行编号，两个液压螺栓拉伸器以180°分布，同时工作，一个拉单号螺栓，一个拉双号，并编制表格；

操作室确定拉伸力。每次操作室都用磁盘百分表架于螺栓上方以测定螺栓的伸长量，在正常范围内后拨动螺母拨环，锁紧螺母。

C 支撑梁安装及炉底封板

(1)支撑梁安装。气化炉第二吊装带安装结束，交付下工序进行炉底环板的二次灌浆和炉底耐热混凝土施工，同时将炉底支撑梁垫板设置完成，开始准备气化炉支撑梁安装。

炉底支撑梁为H型钢，主要用来支撑炉底封板，通过若干“L”型钢件左右对称地固定敷设梁下翼缘。

支撑梁安装工艺：

支撑梁安装原则为先中间，后两边，对称安装；

支撑梁就位后采用千斤顶或导链进行微调；

按照图纸位置要求将“L”压块对支撑梁进行固定，“L”压块采用螺栓固定在基础上；

支撑梁安装完，检测符合设计要求后办理工序交接，交下道工序节能型耐热混凝土浇筑。

(2)炉底封板安装。炉底封板设置在炉底支撑梁上，四周与炉底环板连接，炉底封板上已焊接若干灌浆短管。

炉底封板安装工艺：

炉底封板吊装按照先中间，后两边对称安装的原则进行；

用水平仪检测炉底板就位后的水平度以及底板标高，如有偏差，对其进行校正，使其符合设计要求和规范要求；

校正后，用卡板卡紧，并进行定位焊接；

炉底板焊接完成，可交下道工序进行灌浆；灌浆完成，割除灌浆短管，进行灌浆孔封板的焊接。

4.4 电炉工程施工技术

以某铸铁用感应电炉为例。

4.4.1 100t电炉炉体工程概述

(1)感应圈。感应圈是感应电炉的心脏，拆除炉衬时，为保护线圈绝缘，使用铁钎、风镐等不可垂直打炉衬，以免碰坏线圈绝缘及铜管。

(2)磁轭。在磁轭与线圈间垫2~3mm聚四氟乙烯板用以吸振。经常检查磁轭穿芯螺钉对磁轭对地都应有良好的绝缘，否则会造成打火导致感应圈损伤，逆变元件损坏。

(3)水冷电缆。频繁倾炉易造成水冷电缆的可挠导线断丝，接线端部连接螺栓松动可能引起电流不平衡，一般按倾炉次数确定水冷电缆为三年更换，若螺栓变色，则需及时重新紧固。

(4)炉衬。电炉在生产中炉温变化大，还承受炉渣侵蚀及电磁搅拌，炉衬极易损伤，而筑炉成本高，因此，延长炉衬使用寿命、降低筑炉频次对于降低成本来说相当重要。

4.4.2 100t电炉炉体工程施工

(1)耐火胶泥的施工、修补：

1)局部修补。将胶泥上的杂物清掉，再用胶泥修补，修补后保持表面光滑平整同心。

2)重抹耐火胶泥。将涂抹料嵌进线圈匝间，涂层厚度约6mm，表面光滑平整。当用推出机构拆除旧炉衬时，涂层应做出上大下小的光滑倒椎形内表面，下部涂层厚度可为10~

12mm。

3)新耐火胶泥涂抹完后,应使涂抹层与电炉底/上部的支撑结构形成一个整体的平滑圆柱面,以便在炉衬受热膨胀或冷却时,可在其光滑表面自由升缩,防止炉衬裂纹产生。

4)耐火胶泥涂抹层完成后应用钢丝刷将其表面拉毛,以利于干燥。

5)新耐火胶泥或较大面积的胶泥涂抹层的修补层至少需经较长一段时间的自然干燥期,小范围线圈胶泥涂抹层修补也需6h自然干燥期。可用电加热管烘干或用坩埚模放进炉内作为被加热体,使用木炭、天然气等小火缓慢烘烤,用其热量来均匀烘烤胶泥涂抹层。

(2)炉衬侧壁材料的安装:

1)中频炉安装炉衬侧壁绝缘层材料前需测量耐火胶泥涂抹层对地绝缘电阻,应不小于2MΩ。

2)(工频炉按要求砌筑砖体后)在感应圈内壁衬垫由玻璃丝布、云母板、石棉板等组成的干燥的绝缘保温层以及坩埚报警电极板网等。

3)将侧壁材料顺长度方向在炉内沿轴向紧贴胶泥涂抹层铺设,每块材料间搭接75mm平整无皱褶,一端有100mm挂出电炉顶部,再用胀圈固定,铺好炉底石棉板保温层。

(3)炉口浇注槽的砌筑。在筑炉前先砌筑好炉口浇注槽,使浇注槽附近的炉衬垂直方向形成一平滑结合面。在炉口钢板上均匀焊上一定密度的短钢筋,用木打板将可塑性炉口料在炉口筑紧实并保持表面光滑,再用天然气烘烤,使之达到较高强度,不需要频繁修补。

(4)筑炉前的准备工作。确保筑炉区域内、电炉顶部和内部彻底清除一切可能在筑炉过程中掉落到炉衬材料中去的杂物;对炉衬材料使用前必须检查是否回潮结块,潮湿料仅仅用于修筑炉嘴,否则容易导致炉衬局部裂纹、剥落;将炉衬材料包装袋上的灰尘清除,检查材料牌号和规格是否符合要求;拆开袋后的炉衬材料要求经过磁选。

4.4.3 100t电炉炉体工程安装

(1)炉底捣筑:

1)需要安装漏炉报警装置的电炉按要求在炉底砖砌面上铺设好检漏接地极钢丝,接地极必须弯曲90°向上穿出炉底炉衬,炉底炉衬捣筑完成后,应确保接地极与坩埚良好接触。

2)不同牌号炉衬材料每次加入厚度不同,每层加料后用捣筑叉、铲将炉衬材料平整并捣筑四遍以除去空气。逐次加料直至底部料层高度高于设计标高75mm。

3)将振动器振动底板用起重机吊放到电炉底部,仅与炉衬材料接触。使振动器正常工作,振动底板明显敲击底部炉衬材料,振动时间约20~30min,在此期间要数次改变振动频率。捣筑完后的炉底炉衬厚度要大于图纸标明的炉底炉衬厚度25mm左右。

4)在放入坩埚模前用镘刀刮去多余高度的炉衬材料(刮下的材料应废弃不用),将坩埚外周与侧壁炉衬材料相接的炉底炉衬表面耙松,使炉底与侧壁炉衬材料具有良好的衔接。

(2)坩埚模放置。坩埚模应连续焊接,焊缝须打磨光滑不留锐角,用前应喷丸除锈。坩埚外圆尺寸公差及同心度严格限制在5mm以内,以保证坩埚侧壁厚度的均匀。筑完炉底用水平仪检查炉底表面的水平度。将坩埚模小心放入炉底,确保它放置水平,用铅垂线将坩埚模定位于炉子中心,确保从炉底到炉顶的侧壁厚度均等。

(3)侧壁捣筑:

1)用捣筑叉与侧壁炉衬衔接的炉底材料叉筑四遍后加入侧壁炉衬材料开始侧壁捣筑。

2)以合适的加料厚度向侧壁加入炉衬材料,用捣筑叉、铲平整材料，并叉筑四遍去除空气。不同炉衬材料一次加入厚度不同，每层加料后检查炉衬材料中有无夹带的杂物等，若有立即去除,如此操作直至侧壁炉衬材料加到炉顶部。

3)将侧壁筑炉机用起重机吊起，调节好与坩埚模内壁间的间距，进行振击工作。锤击时间为每 10cm 起吊升程至少振击 1～1.5min 以上。为避免干振料重新振松，坩埚模上方应用较小的振击力结束锤击。振击过程中炉衬干振料下降及时添加。

4)电炉侧壁炉衬捣筑完成后，去除顶部多余长度的侧壁背材。

操作时要严格控制振动时间，反复振动会造成粒度偏析，影响炉衬质量。筑好的炉衬未干燥、未烧结之前，不宜倾动炉体，以免破坏尚不具备强度的炉衬。

4.5　转炉及炉外精炼工程施工技术

转炉工程施工主要是本体的安装,以 300t 转炉本体安装为例。

4.5.1　转炉及炉外精炼工程概述

转炉炼钢的主要工艺设备有:

(1)转炉。炉体可转动,用于吹炼钢或吹炼锍的冶金炉。转炉炉体用钢板制成,呈圆筒形,内衬耐火材料,吹炼时靠化学反应热加热,不需外加热源,是最重要的炼钢设备,也可用于铜、镍冶炼。

某厂 300t 转炉有 3 台,转炉本体的总设备安装量为 2893t。炉体分成上、下段制作,其目的在于适应现场运输,到达现场后,在安装中焊接而形成整体炉壳。

转炉的基本规格:

转炉容积	工程 300t,最大出钢量 301t,最小出钢量 280t	
结构形式	耳轴托圈式,炉体、炉底一体型	
炉体尺寸	炉体内径 ϕ8500mm,炉高 11500mm,炉高/炉径 1.35,炉口内径(砌砖后)3600mm	
倾斜角度	炉底部锥约 15°,炉盖倾斜约 30°	
炉内容积	铁皮内容积 524m^3,砌耐火砖后的内容积 315m^3	
耳轴轴承中心距	12400mm	
主要部位材质	炉体 SM41C	
	炉口金属结构 FOD40	
	耳轴托圈 SM41C	
	耳轴 SCW49	
结构板厚	炉口法兰	150mm
	炉顶圆锥部分	75mm
	炉身直筒部分	85mm
	炉身圆环部分	85mm
	炉底圆锥部分	80mm
	炉底圆环部分	75mm
	炉底部	75mm

转炉结构示意图如图 4-7 所示。

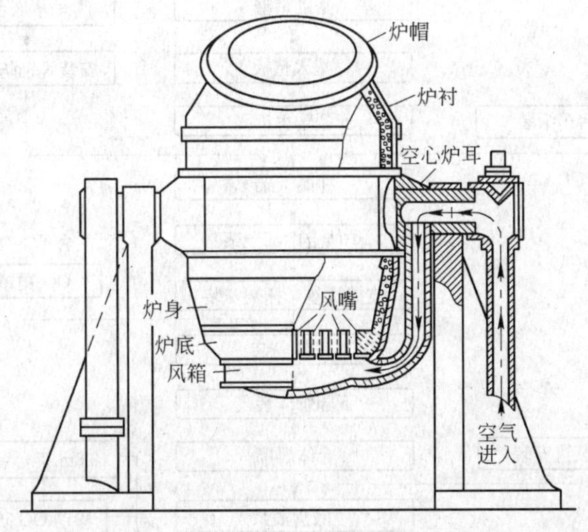

图 4-7 转炉结构示意图

(2)氧枪。氧枪是转炉供氧的主要设备,它是由喷头、枪身和尾部结构组成。喷头是用导热性良好的紫铜经锻造和切割加工而成,也有用压力浇铸而成的。喷头的形状有拉瓦尔型、直筒型和螺旋型等。目前应用最多的是多孔的拉瓦尔型喷头。拉瓦尔型喷头是收缩 - 扩张收缩型喷孔,当出口氧压与进口氧压之比小于 0.528 时形成超音速射流。

(3)转炉倾炉系统。倾炉系统采用变频调速(变频器 + 电机 + 减速机 + 大齿轮)。倾炉机构由轨道、倾炉油缸、摇架平台、水平支撑机构和支座等组成。

(4)AOD 精炼炉。AOD 即氩氧脱碳精炼炉,是一项用于不锈钢冶炼的专有工艺。AOD 炉型根据容量有 3t、6t、8t、10t、18t、25t、30t 等。装备水平也由半自动控制发展到智能计算机控制来冶炼不锈钢。

(5)VOD 精炼炉。VOD 精炼炉,是在真空状态下进行吹氧脱碳的炉外精炼炉,它以精炼铬镍不锈钢、超低碳钢、超纯铁素体不锈钢及纯铁为主。将初炼钢液装入精炼包中放入密封的真空罐中进行吹氧脱碳、脱硫、脱气、温度调整、化学元素调整。

(6)LF 精炼炉。LF(ladle furnace)炉是具有加热和搅拌功能的钢包精炼炉。加热一般通过电极加热,搅拌是通过底部透气砖进行的。

4.5.2 转炉及炉外精炼工程安装程序

安装程序如图 4-8 所示。

4.5.3 安装方法

(1)安装临时脚手架。临时脚手架主要有以下部位需安装:基础四周的脚手架;托圈安装用脚手架;托圈加工用脚手架;炉体焊接用脚手架;炉内焊接用脚手架;安装支撑螺栓、端部管用脚手架。

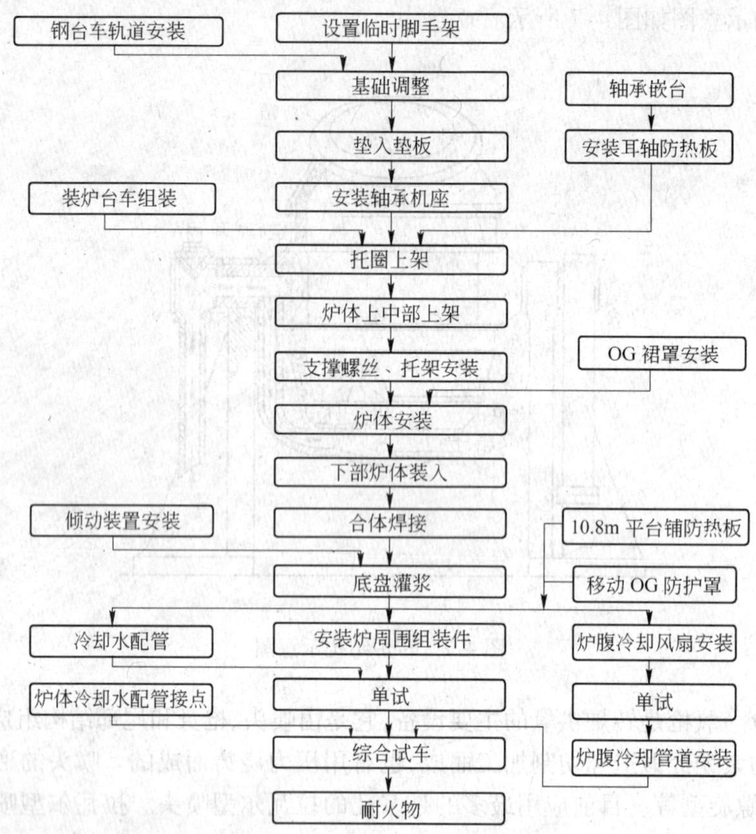

图 4-8　转炉安装程序流程图

(2) 土建移交基础资料。在安装开始前应进行土建和机械安装专业之间的中间交接，土建单位应提交如下资料：基础混凝土强度试验报告；基础外形各部尺寸检查资料；基础沉降观测记录；基础底座基准点、标高基准点及其检查记录。安装单位应对后三项资料作验收检查，以作为安装用的基本资料。

在安装转炉前，应在基础上作画线检查。检查转炉基础的相对尺寸、位置；以转炉的两轴承座为基准，定出各部分的标高，复查地脚螺栓的中心线、标高，并与转炉底座的实物复核。

(3) 安装轴承座。轴承座包括主动轴承座和从动轴承座两个部分。它们的重量分别为 18t 和 18.5t，用 45t 液压起重机完成安装工作，如图 4-9 所示。

安装时的顺序为：先用倾动装置安装台架，再安装主动轴承台，后安装非传动侧轴承台。就位后应加防倒铁杆，临时固定好。

(4) 托圈上架。进行托圈上架工作时，应先将安装台车组装好，在台车上安装托圈、炉体上、中部，然后将装炉车牵引到转炉位置，再将炉体上、中部和托圈一起向安装位置上就位。

托圈由 440t 铸锭起重机吊到装炉台车上，在装料台架上置 8 个 200t 的千斤顶，使托圈上的十字中心线 0°、90°、180°、270°分别和台车上的相应中心线相符合。

在装上装炉台车之前，托圈应先安装支撑螺栓。用水平销支撑螺栓安在托圈上，再插入下部座面座铁件，并插入垫板，使支撑螺栓直立。

(5) 炉体上、中部上架。上中部炉体的重量为 21.9t，上架前，先将安装托圈时用的吊杆

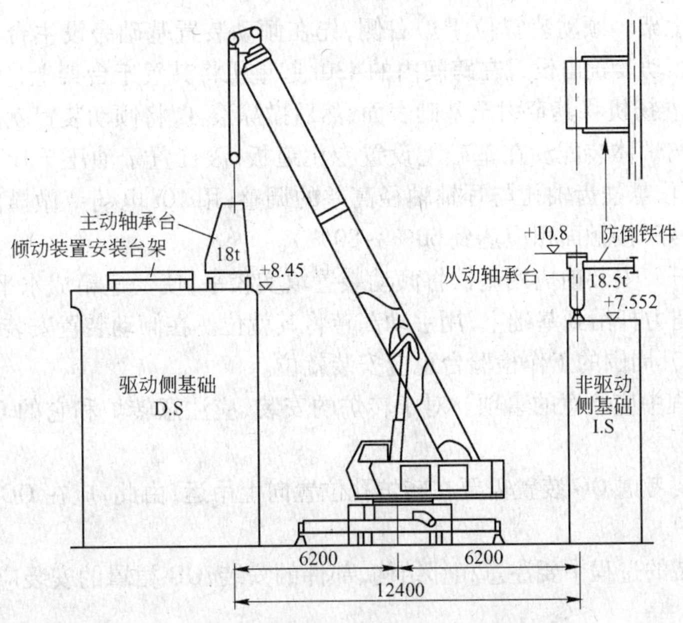

图 4-9 安装轴承座示意图

去掉，然后用 440t 吊车将炉体上、中部吊起，从托圈上方，向托圈内缓缓下落，使托圈上的支持螺栓对准炉体法兰下部球面铁件，再将炉体安装在托圈上。

(6)炉体安装。先将料台车用滑车组牵引，由 5t 卷扬机作为动力，将台车以 30m/h 的速度向转炉安装位置移动。

在向转炉位置上安装前，应将在厂房结构安装时做临时固定用的部分 + 10.8m 平台拆除，当装炉台车牵引到离基础中心 3.3m 时停止。8 个千斤顶分成两组交替同步地向上顶升至 820mm，使转炉轴承底座面超过基础上已安装好的轴承支座面，然后再慢慢地启动卷扬机，将台车牵引到转炉基础中心位置为准，此时，千斤顶渐渐下降，使轴承座与基础支撑座中心相吻合。穿上 M95 螺栓，并予以拧紧。炉体上、中部就位安装完毕。

转炉就位后，应进行位置矫正，检查是否有轴向位置、中心线位移。一旦发现有，应及时进行调整。确认转炉安装位置准确后，应对转炉进行临时固定。

(7)下部炉体装入。为适应下部炉体的就位安装高度，在开始安装之前，应将装炉车的上段拆除。将千斤顶放到安装下部炉体的位置上。然后用 440t 吊车将炉底部分装上装炉台车上，炉底部上也应作上中心线标记。由卷扬机将台车牵引至安装位置。下部炉体的上顶面标高应低于设计安装标高 150 ~ 200mm。待到达安装地点时，用千斤顶向上抬起，逐渐与炉体上部分接合，完成炉体一体化。

(8)合体焊接。炉体上、中部和炉体底部都应进行焊接，使炉体合体。焊接的施工顺序是：临时设施→外面预热(80 ~ 100℃)→外面焊接→内面气刨→目测检查→外面预热(80 ~ 120℃)→内面焊接→外面预热(80 ~ 120℃)→外面焊接→后热处理→检查。

(9)倾动装置安装。倾动装置的安装顺序：基础定心→设置装用台车→倾动装置上架→倾动装置与炉体装配→安装扭力杆与制动器→底座浇浆→安装检验台→试运转。这里着重介绍倾动装置上架、倾动装置与炉体装配、安装扭力杆与制动器三个部分。

1)倾动装置上架。倾动装置位于炉右侧,先在倾动装置基础旁设主台架、台架与基础之间搭接平台。倾动装置由设置在跨间内的430t起重机将其置于台架上,凭借设置在台架上的滚杠,由10t卷扬机将其牵引至基础表面,然后撤除滚杠,将倾动装置就位于基础上。

2)倾动装置与炉体装配。在基础上设置专用道板;滚杠置于油压千斤顶下部,作横移用;用液压千斤顶作悬挂齿轴孔与耳轴轴径高差的调整;用10t电葫芦做横向移动,安装切向链,使接触面良好(接触面积应达到60%~80%)。

3)安装扭力杆。安装前应用垫铁将倾动装置填实校平,使变速箱成水平状态。然后利用吊车将挡块及扭力杆吊到基础上,用手动葫芦将其就位。在倾动装置安装过程中,要使倾动马达安装就位,其周围的工作检验台也应安装就位。

(10)施工过程中应注意的事项。对于转炉的安装,应注意转炉和它的OG除尘装置相关联的几点:

1)转炉安装要考虑OG装置需要在转炉孔位置向上吊运,由此,应在OG系统运入后才可以开始安装转炉。

2)转炉在安装的过程中要注意相邻结构、部件的安装,OG裙罩的安装应在炉体安装前完成。

3)在转炉安装前,应拆除建筑平台局部梁板部分、搭设各种脚手架、卷扬设备、滑轮组。

4)安装转炉用的组装台车,有时在设备供货合同中作为安装机具供给。否则,就应该自行加工制作,要提前制作好并运到现场,以供使用。

4.6　连铸机工程施工技术

4.6.1　弧形连铸机安装特点

现代化炼钢工厂的弧形连铸机是将大量的机器组装在一条连续作业线上(见图4-10),在安装时应保证在该作业线上相关联的设备,都要有很精确的安装位置。

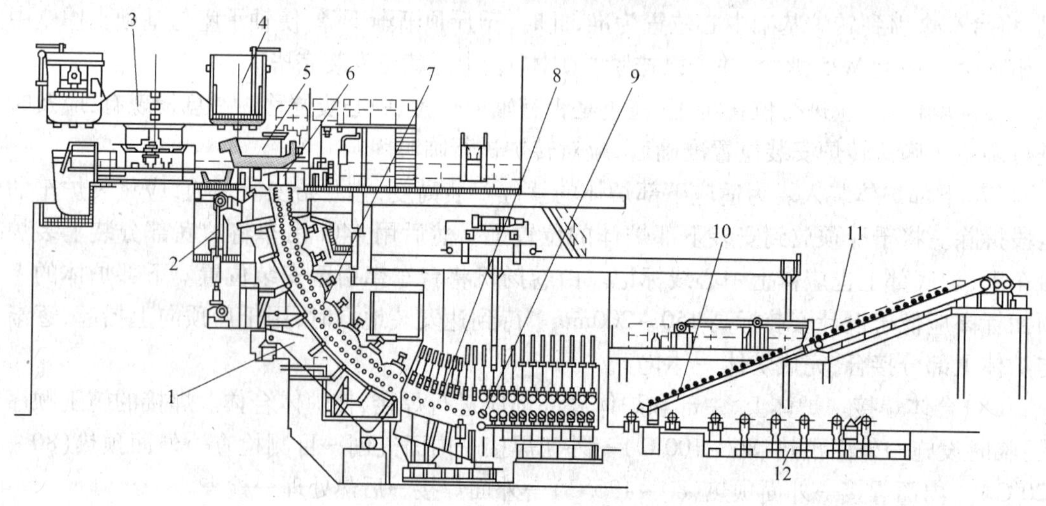

图4-10　板坯弧形连铸机

1—二次冷却装置下框架;2—振动装置;3—钢包回转台;4—钢包;5—结晶罐;6—结晶器;7—扇形段;8—多辊拉矫机 9—切点辊;10—引锭杆存放台;11—引锭杆;12—输出辊道

由于连续浇铸的工艺特点及其高度自动化的生产过程,所以对连铸机的安装提出了较严格的要求。要保证安装质量,必须的要求如下:

(1)制定完善、精确的安装测量控制组。

(2)拟定合理的安装程序。

(3)对设备的关键部位要有进行检测的手段。

(4)设备制造厂应提供专用的测量销及测弧样板,并有指导性的说明文件。

(5)设备的安装精度要符合 YBJ 202—1983 冶金机械安装工程施工及验收规范《炼钢设备》第 4.1 条。

(6)安装时推荐采用座浆法放置垫板,用无收缩混凝土进行二次灌浆。

4.6.2 安装测量控制网的设置

在弧形连铸机的安装过程中,测量工作始终是一个重要环节。安装测量网合理布局,精确投设,对安装的精度起决定作用。因此在连铸机安装前,首先要制定完善的测量控制网,以此为基准,指导整个安装工程。测量控制网由纵横基准线和标高基准点组成。

4.6.2.1 纵、横基准线的布置

(1)纵向基准线 I_x。与连铸机铸流方向平行,位于冷却室外侧,见图 4-11。该线邻靠拉矫机传动装置一侧,距连铸机中心线的距离,可根据车间地形及测量需要任意选定。线上应有下属三个位置的标志:表示铸机外弧起始点的标志;表示铸机外弧切点的标志;表示铸机末端,输送辊道首辊线的标志。

(2)横向基准线 I_y。与连铸机切点辊轴线重合。该线上应有连铸机各流设备纵向中心线位置的标志。上述两条纵横基准线应从工厂的测量控制网引出,设定后,在整个安装期间保持不变,投产后也要妥善保留下来。

(3)纵向基准线 II_x。根据铸机流数设定的一条或多条铸机铸流设备中心线。

(4)横向基准线 II_y。即铸流外弧面与铅垂面的切线,与横向基准线 I_y平行,其水平距离等于铸流半径。

(5)横向基准线 III_y。即输送辊道起始辊的轴线。根据安装需要,还可以增设几条横向基准线,并用经纬仪复查,是否与纵向基准线直角正交。为确保基准线的精确性,每条基准线的中心标板应埋设在同块基础砌体内。在中心标板上设点定线,其误差不得大于 0.5mm。在冷却室内,纵、横基准线上的测点不得少于 3 个。

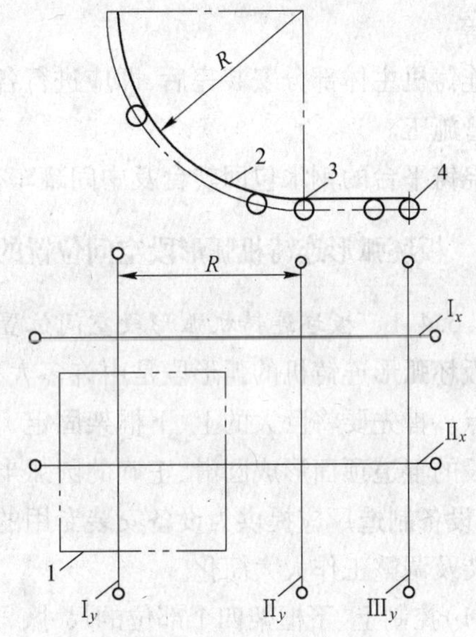

图 4-11 连铸机安装基准线

I_x, II_x—纵向基准线;I_y, II_y, III_y—横向基准线

1—冷却室;2—铸流外弧;3—拉矫机切点辊;4—输送辊道起始辊

4.6.2.2　标高基准点的埋设

标高基准点应埋设在以下部位：在拉矫机第一个驱动辊传动装置侧的基础内埋设1个基准点；在连铸机各层标高的基础内各埋设1个基准点；在浇铸平台上埋设1个基准点；在输出辊道、铸坯切断区域埋设1个基准点 。

以上埋设的各基准点标高，应从工厂测量控制网的标高控制点引出。需长期保留的基准点宜用铜材制作。在设备质量集中的部位，还应埋设沉降观测点。埋设的标高基准点，测量误差不得大于0.5mm。

4.6.3　弧形连铸机安装程序

弧形连铸机在安装前已经建立了完整、精确的测量控制网，其安装程序可根据施工现场的条件、设备到达的先后以及工期的要求等具体情况确定。

比较合理的安装程序是以拉矫机为定位设备，并以它的切点辊定位。首先安装拉矫机曲线段，将曲线段切点辊轴线对准横向基准线，切点辊顶面标高为 ±0.00mm（出坯辊顶面标高）。拉矫机曲线段定位后，可分为两条主要作业线同时进行安装工作。一条作业线是逆铸流方向，自下而上进行，依次是：二次冷却装置的下框架、上框架、上横梁、扇形段更换装置、扇形段、结晶器震动台架及传动装置、过渡段、结晶器。另一条作业线是按出坯方向进行，首先是拉矫机直线段，然后是输出辊道、引锭台架及脱引锭设备、切割设备等。

连铸机主体部分安装完后，即应进行各种冷却水管、喷淋水管、液压管线、甘油润滑管等的配管施工。

浇铸平台的钢水包回转台及中间罐车行走装置等，也应与连铸机平行施工。

4.6.4　板坯弧形连铸机弧形段空间位置的检测与调整

4.6.4.1　板坯连铸机弧形段空间位置测定

板坯弧形连铸机的弧形段是由许多大型机架组合，积木式叠加而成，具有空间立体安装的特点。首先要将巨大的上、下框架固定，再将扇形段逐一插入框架滑道内，最后才能将各扇形段的辊道顶面形成圆滑、正确的圆弧半径。因此，必须掌握它的安装、测定和调整方法。同时，设备制造厂应提供为设备安装专用的、高精度的测量销及测量样板。这样，可以使空间安装及调整工作大大简化。

（1）控制上、下框架四个部位的尺寸，即可确定弧形段的圆弧半径（见图4-12）。

下框架空间位置由如下三个部位尺寸控制：

A——下测量销与切点辊的中心距。可按照尺寸“A”在基础上作辅助中心标板，用经纬仪投到测量销中心测得；

B——下测量销轴线与切点辊顶面的高差；

C——上测量销轴线与切点辊顶面的高差；

（尺寸 *B*、*C* 可通过精密水平仪测得相应点对基准点的标高后计算得到）

D——专用侧隙样板的测量面与滑道顶面之间的间隙。

检测以上四个控制尺寸都要符合安装图纸上规定数值，其允许误差见表4-2。

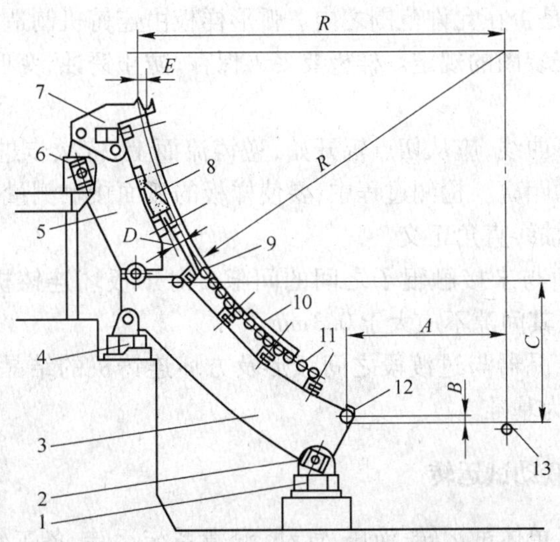

图 4-12 板坯二次冷却装置安装示意图

1—下底座；2—下支承座滑槽；3—下框架；4—中底座；5—上框架；6—上支承座滑槽；
7—上横梁；8—专用样机；9，12—专用测量销；10—弧形样板；
11—扇形段辊子；13—拉矫机切点辊

表 4-2 各控制尺寸允许误差表

<table>
<tr><th colspan="2" rowspan="3">名 称</th><th colspan="6">极限偏差/m</th><th colspan="2">公 差</th></tr>
<tr><th rowspan="2">纵向中心线</th><th colspan="5">定位尺寸</th><th rowspan="2">对弧/mm</th><th rowspan="2">横向水平度</th></tr>
<tr><th>A</th><th>B</th><th>C</th><th>D</th><th>E</th></tr>
<tr><td rowspan="2">板坯二次冷却装置</td><td>上、下框架 上横梁</td><td rowspan="2">±1</td><td>±0.50</td><td>±0.20</td><td>±0.50</td><td>±0.10
−0.20</td><td>±0.50</td><td rowspan="2">0.50</td><td rowspan="4">0.2/1000</td></tr>
<tr><td>扇形段 过渡段</td><td colspan="5">—</td></tr>
<tr><td rowspan="2">方坯二次冷却装置</td><td>支承座</td><td rowspan="2">±0.50</td><td colspan="5">±0.50</td><td>—</td></tr>
<tr><td>弧形段</td><td colspan="5">—</td><td>0.30</td></tr>
</table>

注：板坯二次冷却装置的定位尺寸 *E* 为参考值。

(2)对 *A*、*B*、*C*、*D* 尺寸确认后，再复核下列两处。检查上、下支撑滑块是否位于滑槽中央，其偏差不大于 2mm，且偏向热膨胀相反方向。检查上横梁支撑叉口中心与铸机外弧之间的距离 *E* 是否符合图纸上所计算的尺寸，其误差如果超过 0.5mm，需检查原因。如不是制造原因所造成，应重新调整尺寸 *A*、*B*、*C*、*D*。

检查控制尺寸 *A*、*B*、*C*、*D*，要在设备的左右侧同时进行。

4.6.4.2 弧形连铸机弧形段圆弧尺寸检测

弧形连铸机安装后，弧形段所有的辊子顶面是否能形成圆滑正确的弧形，其弧形半径是否符合安装图上的尺寸，是对设备制造精度、安装质量的综合考验，也是将来生产时能否顺利连续浇铸，不拉漏、不拉断铸流的关键所在。因此，连铸机安装后要用弧形样板在辊子两侧顶面,检测其弧形误差是否在允许范围之内。弧形样板由连铸机制造厂随机提供,样板测量面的弧形半径应符合安装图的规定。样板要妥善保存,防止锈蚀、变形。初次使用时应对其弧形半径进行复检。

用弧形样板检测圆弧曲线,应从切点辊开始,逆铸流而上,依次步进。每步的重叠长度不长于两个辊子轴线间的距离。检测过程中,要使样板的弧面接触测量范围内的每个辊子,样板位置不变,且与辊子轴线直角正交。

用塞尺检测样板弧面与未接触辊子之间的间隙。对于板坯连铸机,其间隙不应大于0.5mm;对于方坯连铸机,其间隙不应大于0.3mm。

检测板坯连铸机的结晶器与过渡段之间弧形及方坯连铸机的结晶器与足辊之间弧形时,都应以结晶器的弧面为基准。

4.6.5　弧形连铸机冷态联动试运转

在弧形连铸机完成了单体试运转,液压、气动、润滑系统运转,各工作功能试验,电气控制系统调整,模拟试验以后,按照编制的冷态联动试运转方案,严密组织连铸机的冷态联动试运转。

4.6.5.1　连铸机冷态联动试运转

连铸机冷态联动试运转要达到以下目的:

(1)在“送引锭”及“浇铸”过程中,检验全套动作是否配合、协调,液压、气动设备动作是否可靠,引锭杆运行过程中是否“跑偏”或“擦边”。

(2)电气控制程序是否按照设计所规定的时间完成各个程序的动作。

(3)进一步检测机械、电气、仪表、液压、气动系统的设备和元件,工作是否可靠。

4.6.5.2　连铸机冷态联动试运行程序

连铸机冷态联动试运转就是模拟的浇铸程序试运转。试运转时,除浇铸平台上的设备如钢包回转台、钢水包、中间包及其运载小车、结晶器等要进行单独操作外,在送引锭、浇铸和尾坯运出过程中,都是引锭杆跟踪系统自动跟踪控制的。通过数字控制系统发出与行程有关的指令,控制液压系统,并按程序给液压缸以“接通”、“压紧”、“打开”的相应指令。

冷态联动试运转的程序逻辑如下:

送引锭准备程序,送引锭程序,浇铸准备程序,浇铸、出坯、定尺切割程序,尾坯运出程序。

上述各程序如果准确无误地完成,经过连续三次,没有出现任何差错和故障,冷态联动试运转即认为结束。

4.7　冷/热轧工程施工技术

4.7.1　施工平面的利用

连轧机机架布置集中,设备基础高差较大,因此在施工平面的利用上应尽量集中,小型零件仓库的安排一定要适当,并且根据场地尽量扩大面积,这样会有利于施工管理、防火管理、设备管理,保证工作的正常进行。在施工中根据设备的大小,个别零件吨位的多少,应适当安排设备的进场及堆放方案,并根据施工程序及工期进度,准确地搞好设备进场计划。

4.7.2 冷/热轧设备基础施工技术

以宝钢宽厚板轧机加热炉工程为例。

(1)工程概况。宝钢宽厚板轧机加热炉工程,施工场地原始地形为农田、村庄,并分布有纵横交错的沟、塘等。设计地基处理方式为高强预应力钢筋混凝土管桩(PHC)承载,其中加热炉本体基础平面尺寸为100m×60m,基坑开挖深度大部分为-12.7m,局部达到-14m,基础底板钢筋混凝土厚度1.6m到1.9m不等。基础底部分布503套ϕ600的PHC桩,桩顶标高分为-10.0m、-11.0m、-11.3m、-12.5m、-13.8m五种形式,桩长分为51.9m、52.9m和53.9m三种。

(2)施工方案的选择。按上海市标准《基坑工程设计规程》(DBJ 08—61—97)规定,开挖深度大于或等于10m,属于一级基坑。加热炉设备基础开挖深度分别为-10.2m、11.2m、12.7m以及局部的-14m,符合一级基坑规定,施工方案的选择必须经过反复验算,慎重考虑。在决定采用无支护大开挖的总体方案前提下,必须根据工程地质情况,选择合理降水方案,从而提高土的固结能力,达到理想的抗剪强度,在降低土的含水率的前提下,考虑安全的边坡设计。

(3)基础施工过程中采取的措施。施工过程严格控制方案的实施,根据进程以及工程中出现的状况进行动态调整,采取了一些有效的措施。

1)根据以往工程的经验和深基坑施工规范,确定本工程PHC桩水平位移的预警值为100mm,过程中采用信息化施工方法,对PHC桩的位移进行监测。通过信息化监测手段,掌握施工过程中边坡滑移情况、土体倾斜情况及PHC桩位移情况,指导施工采取及时措施。

2)减少临时边坡的挖土坡度,从以往施工的1:2减少到1:3,并且挖土作业从三级接力挖土改为四级接力,虽然增加了土方开挖的机械及难度,但确保了挖土过程中临时边坡的相对稳定,同时控制了临时边坡失稳滑动的速度。

3)对临时边坡进行护坡,在停挖或歇工时,挖土临时边坡按总体边坡1:3修整,并全面覆盖塑料薄膜,避免临时边坡日晒雨淋。

4)加热炉设备基础开挖后,为了保护边坡上PHC桩的稳定,减少由于边坡土体蠕动对PHC桩的影响,桩顶与桩顶之间用∠75×75角钢与桩顶法兰焊接,以及用钢管互相拉结,使得群桩由独立的个体组成整体,水平方向相互连接,增加了整体稳定性。

5)根据信息化监测结果及现场巡视情况,采取局部卸载,减少主动土压力影响。

6)遵循深基坑作业快速施工原则,即调配各种资源,周密安排,快速封底。

7)细化降水方案,减少土体含水率,提高土体抗剪强度,增加边坡稳定等。

4.7.3 机械设备的安装

4.7.3.1 设备技术检查

对于连轧机的所有设备,除了经过专管部门的入库开箱检查外,在现场还应做必要的设备质量检查。因为经过长时间设备运输及各种气候条件的侵害,如果不排除在质量上的缺陷,将会给安装及生产带来不可想象的损失。除了设备解体检查损坏和锈蚀外,对于重要的设备零部件,必须进一步用仪器检查。

4.7.3.2　设备安装技术标准及要求

以1700mm冷轧工程为例加以说明。在冷轧设备安装中,辅助设备采用一般机械设备安装的技术标准和技术要求。对主机设备标准应采用以下要求:

(1)连轧机安装。以中间一台机架底板为准,定出轧机的标高、中心、水平,然后以此为准,陆续测定出相邻各机架底板的标高、中心、水平,这样可以减少和避免安装中的测量积累误差。同时,还可以把施工面铺开,有利于工期及劳动力的安排。

中间一台轧机允许误差±0.50mm;

标高允许误差±0.50mm;

中心允许误差±0.50mm;

底板水平允许误差±0.05mm;

相邻机架底板允许误差:水平允许误差±0.02mm;

中心允许误差±0.3mm;

相邻机架之间平行度允许误差±0.02mm/m。

(2)轧机牌坊。牌坊垂直度的测量,一般是在滑板拆除的情况下进行的。如果滑板的加工精度达到设计要求,也可带滑板进行。牌坊垂直度允许误差0.05mm/m。水平度是在垂直度达到要求精度的情况下进行测定,垂直度与水平度在正常情况下,是相间地进行测定。首先测定一个牌坊的内框下平面,然后再测定两个牌坊的内框下平面的相互水平度,牌坊内框架下面水平允许误差为0.02mm/m。每个机架有两个牌坊,这两片牌坊的窗口面应装在一个面上,同时该平面应平行于机架中心线,其平行度允许误差为0.02mm/m。为保证连轧机组安装中心的直线性,相邻牌坊平行度允许误差为0.2mm/m。机架与底板的密合度,在机架与底板接触周长的80%以上,以0.03mm塞尺塞不进为合格。

4.7.3.3　设备安装的准备

(1)按设备图再一次核实设备基础尺寸,根据土建单位的放线、沉降点、标高逐个检查。所有螺栓头部的螺纹部分应保护好,不得损坏;预留孔洞中不能有积水杂物,要清理干净。

(2)选用设备垫板。垫板有两种,平垫板和斜垫板。平垫板较经济,但斜垫板安装优越性较多。如果采用斜垫板时,应与平垫板配合使用较为合理。安放垫板时应注意:

1)每个地脚螺栓旁要有一组垫板,垫板增加部分辅助垫板,保证相邻垫板之间的间距不超过500mm。

2)垫板与基础表面应有50%以上的接触面积。

3)垫板应整齐,并应外露底座10~20mm。垫板的层数一般以少为佳,对平垫板应进行电焊,对斜垫板必须焊接。

4.7.3.4　牌坊底板的安装

在牌坊底板安装前,先复检底板基础,并根据施工要求投放出坐标点,并做好铲麻面的工作。垫板安装应根据底板与基础的实际情况,不但应布置合理还要经计算得出所应用垫板的数字。一般底板下面垫板上面的标高,要高出设计标高1mm。在紧固牌坊时,用大锤冲击扳手紧固时可消除0.4~0.6mm,再用150kg游锤冲击扳手紧固牌坊时又可消除0.3~0.5mm。当然,这个压缩量与垫板的平整度及层数等各种因素有关,不过一般可以这样处理。

底板安放工作结束,即可以进行底板安装。底板的安装程序是:在连轧机组中,应该先安装中间一组底板,当3号机架出口侧的底板找正后,再安装入口侧底板。当3号机架底板全部安装结束后(指完成中心线、标高、间距、水平等测定项目),2 号和 4 号机架就可以 3 号机架底板为基础,完成各项测定内容。依此类推,直到完成 1 号机架入口侧底板及 5 号机架出口侧底板安装为止。

底板间距取决于安装牌坊的方法。

(1)用公盈的办法安装牌坊。就是把底板(轨座)之间的距离(与牌坊底脚的装配尺寸相等)缩小 0.1 ~ 0.2mm,待底板固定后利用牌坊本身的自重压入到底板(轨重)之中,达到底板(轨座)与牌坊脚处的装配接触间隙小于 0.03mm。

(2)用公隙的办法安装牌坊。就是把底板(轨座)之间的距离放大 0.2 ~ 0.3mm,待底板固定后,把牌坊滑入到底板(轨重)之中。

两种方法比较,采用公隙办法较好,它可以消除采用公盈方法安装时牌坊压入到底板(轨座)的过程中,由于吊装不垂直、不稳定而造成和增加过大的阻力,以至挤伤配合面,完不成装配工序。为了保证相邻机架牌坊窗口平定度及机架中心距的准确性,对预留的间隙控制是采用每个机架中有一个固定的底板及一个活动的底板,最后利用活动的底板来消除预留间隙。也就是在保证机组总的间距基础上,扩大一个间距的间隙值,而减少另一个相近间距相当于扩大的间隙值。

在冷轧机组中,因热膨胀的因素,底板与牌坊脚下留有间隙。

4.7.3.5 牌坊安装及精找正

(1)牌坊安装前的准备工作。对地脚螺栓进行“封密”。牌坊地脚灌浆安装模板,基础表面涂刷环氧树脂油漆,防止酸性及碱性的溶液侵蚀。轧机牌坊底板四周打扫清理,除去杂物,然后放入格栅平台,以便拆除牌坊吊具及为机架内设备安装使用。最后进行吊具的试装及牌坊的试吊,以及确定吊装牌坊路线,为正式吊装创造可靠的保证。

(2)牌坊的吊装。吊装牌坊也应按安装底板的先后程序来吊装。首先吊装 3 号机架的牌坊,至于先安装 3 号机架哪一侧的牌坊,则根据牌坊的存放场地在哪一侧做决定。如果在操作侧存放牌坊时,应先吊装传动侧的一片牌坊,然后再吊装操作侧的牌坊,这主要是为了给吊装牌坊创造一个较大的活动范围。当牌坊的底端配合面未进入到底板的相应配合处以前,应使下降动作暂时停止,重新检查各配合面是否有杂物及支柱,在配合面处,涂抹一层较薄的润滑剂,当检查一切正常后,重新开始下降牌坊。在下降过程中严防牌坊与底板相互碰撞。在接触处还有 100 ~ 150mm 时,再次检查接触面的清洁度,然后一直把牌坊落到底并拧好螺栓。牌坊临时固定后,可拆除牌坊吊装的吊具,做好吊装下一个牌坊的准备工作。

(3)牌坊的找正。按照牌坊的找正顺序从 3 号机架开始。根据机组投放的中心坐标,挂好 3 号机架中心线,然后,按程序进行牌坊的找正。在找正过程中,除了按所规定的技术标准要求外,还要参照机架在制造厂预装时的记录,进行核实。

4.7.3.6 牌坊底板的二次灌浆

二次灌浆工作不但能够起到分担基础垫板的设备负荷,而且能防止各种油脂及液体进入到设备基础内,腐蚀基础表面,造成基础表面疏松、破裂而影响设备的牢固性。要注意以下几点:

(1)采用矾石无收缩砂浆料作为设备基础二次灌浆材料。

(2)灌浆前,清除基础上的疏松混凝土、污物等杂质,使基础表面干净、坚固、粗糙。设备底部及螺栓周围清除油漆及油污并保持干净，安装前应用压缩空气吹扫基础表面，并保持干净，模板支撑牢固。其高度要求高出标准面50mm，特别是注入的地方，更要高出来，以防止灌浆料在自流动时有料溢出模板，而减少镶嵌自流的挤压力。模板各缝隙要堵严、密封，不准有漏浆现象出现，灌浆一侧的模板应做成斜的并装有漏斗，漏斗越高则压力越大，自流动效果越好。基础表面及模板用水湿润（要求湿润时间大于6h），但防止局部存水。

（3）灌浆工作应迅速和连贯，尽可能一次完成，以防引入气泡，产生空隙而降低强度，影响灌浆效果。灌浆料只能一侧灌入，不得从两侧四周同时灌入。施工中灌浆只能靠自重流进去，不能施加外力或进行振捣，灌浆24h后，应及时浇水养护7～14天。

4.8　综合处理系统工程施工技术

现代钢铁工业的生产过程包括材选、烧结、炼铁、炼钢（连铸）、轧钢等生产工艺。钢铁工业废水主要来源于生产工艺过程用水、设备与产品冷却水、烟气洗涤和场地冲洗等，但70%的废水还是源于冷却用水。间接冷却水在使用过程中仅受热污染，经冷却后即可回用；直接冷却水因与产品物料等直接接触，含有污染物质，需经处理后方可回用或串级使用。

在此仅以炼铁废水处理及连铸机废水处理为例加以说明。

4.8.1　炼铁废水的处理与利用

4.8.1.1　概述

炼铁工艺是将原料（矿石和熔剂）及燃料（焦炭）送入高炉，通入热风，使原料在高温下熔炼成铁水，同时产生炉渣和高炉煤气。炼铁产生的高炉渣，经水淬后成水渣，用于生产水泥等制品，是很好的建筑材料。炼铁厂包含有高炉、热风炉、高炉煤气洗涤设施、鼓风机、铸铁机、冲渣池等，以及与之配套的辅助设施，见图4-13。

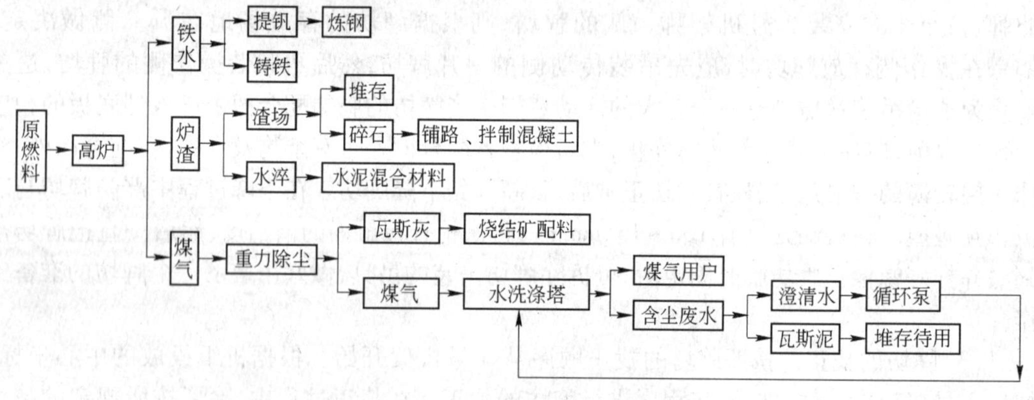

图4-13　炼铁生产工艺流程图

4.8.1.2　废水处理的技术路线

废水主要的处理技术有：悬浮物的去除；温度的控制；水质稳定；沉渣的脱水与利用；重复用水五方面内容。

（1）悬浮物的去除。炼铁厂废水的污染，以悬浮物污染为主要特征，高炉煤气洗涤水悬浮物含量达1000～3000mg/L，经沉淀后出水悬浮物含量应小于150mg/L。鉴于混凝药剂近年来得到广泛应用，高炉煤气洗涤水大多采用聚丙烯酰胺与铁盐并用，都取得良好效果。

(2)温度的控制。用水后水温升高,通称热污染,循环用水而不排放,热污染不构成对环境的破坏。但为了保证循环,针对不同系统的不同要求,应采取冷却措施。炼铁厂的几种废水都产生温升,由于生产工艺不同,有的系统可不设冷却设备,如冲渣水。水温度的高低,对混凝沉淀效果以及解垢与腐蚀的程度均有影响。设备间接冷却水系统应设冷却塔,而直接冷却水或工艺过程冷却系统,则应视具体情况而定。

(3)水质稳定。水的稳定性是指在输送水过程中,其本身的化学成分是否起变化,是否引起腐蚀或结垢的现象。既不结垢也不腐蚀的水称为稳定水。控制碳酸盐解垢的方法如下:

1)酸化法。即采用在水中投加硫酸或者盐酸,利用 $CaSO_4$、$CaCl_2$ 的溶解度远远大于 $CaCO_3$ 的原理,防止结垢。

2)石灰软化法。在水中投入石灰乳,利用石灰的脱硬作用,去除暂时硬度,使水软化。

3)药剂缓垢法。加药稳定水质的机理是在水中投加有机磷类、聚羧酸型阻垢剂,利用它们的分散作用,晶格畸变效应等优异性能,控制晶体的成长,使水质得到稳定。最常用的水质稳定剂有聚磷酸钠、NTMP(氮基磷酸盐)、EDP(乙醇二磷酸盐)和聚马来酸酐等。

(4)沉渣的脱水与利用。炼铁厂的沉渣主要是高炉煤气洗涤水沉渣和高炉渣,都是用之为宝、弃之为害的沉渣。高炉水淬渣用于生产水泥,已是供不应求的形势,技术也十分成熟。高炉煤气洗涤沉渣的主要成分是铁的氧化物和焦炭粉,将这些沉渣加以利用,经济效益十分可观,同时也减轻了对环境的污染。

(5)重复用水。应该指出,悬浮物的去除、温度的控制、水质稳定和沉渣的脱水与利用是保证循环用水必不可少的关键技术,一环扣一环,哪一环解决不好,循环用水都是空谈。它们之间又不是孤立的,互相联系,互相影响,所以要坚持全面处理,形成良性循环。

4.8.2　连铸机废水处理

随着钢铁生产的发展,连铸技术已被越来越多的钢铁企业采用,我国的连铸比大幅度上升。连铸工艺省去了模铸和初轧开坯的工序,钢水直接流入连铸机的结晶器,使液态金属急剧冷却,从结晶器尾部拉出的钢坯进入二次冷却区,二次冷却区由辊道和喷水冷却设备构成。在连铸过程中,供水起着重要作用,为了提高钢坯的质量,对连铸机用水水质的要求越来越高,水的冷却效果好坏直接影响到钢坯的质量和结晶器的使用寿命。由于连铸工艺的实施,简化了加工钢材的过程,不但大量节省基建投资和运行费用,而且减少能耗,提高成材率。连铸生产中废水主要形成以下三组循环系统。

(1)设备间接冷却水(软化水系统)。此类冷却循环水系统是密闭循环,主要指结晶器和其他设备的间接冷却水。由于水质要求高,一般用软化水,必须处理好水质稳定问题。采用脱硬后的软水,伴随着低硬水腐蚀速度加快,防蚀成为主要矛盾。采用投药方法控制水质稳定应考虑定量强制性排污,以防止盐类物质的富集。由于各部位对水压和流速的要求不同,应注意分别不同情况供水。软化水系统示意图如图4-14所示。

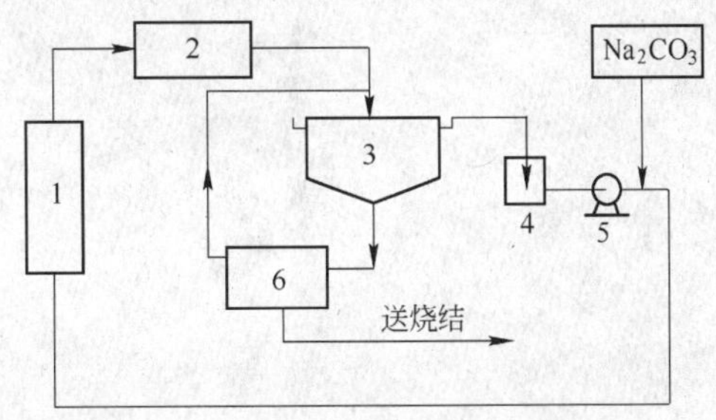

图4-14　磁凝聚沉淀水稳药剂工艺流程
1—洗涤器;2—磁凝聚器;3—沉淀池;
4—集水槽;5—循环泵;6—过滤机

(2)设备和产品的直接冷却水。主要是指二次冷却区产生的废水,大量的喷嘴向拉辊牵引的钢坯喷水,进一步使钢坯冷却固化,此水受热污染并带有氧化铁皮和油脂。二次冷却区的吨钢耗水量一般为0.5~0.8m^3。含氧化铁皮、油和其他杂质,以及水温较高,这是二次冷却水的特点。处理方法一般采用固-液分离(沉淀)、液-液分离(除油)、过滤、冷却、水质稳定措施,以达到循环利用。图4-15所示为连铸二次冷却水的常规流程。废水经一次铁皮坑,将大颗粒(50μm以上)的氧化铁皮清除掉,用泵将水送入沉淀池,在此一方面进一步除去水中微细颗粒的氧化铁皮,另一方面利用除油器将油除去。为了保证沉淀池出水悬浮物含量低一些,以保证冷却喷嘴不致阻塞,所以一般投药,采取混凝沉淀的方式(试验表明,用石灰、25mg/L的活化氧化钙和1mg/L的聚丙烯酰胺进行混凝处理,可使净化效率提高10%~20%,同时也减轻快滤池负荷)。

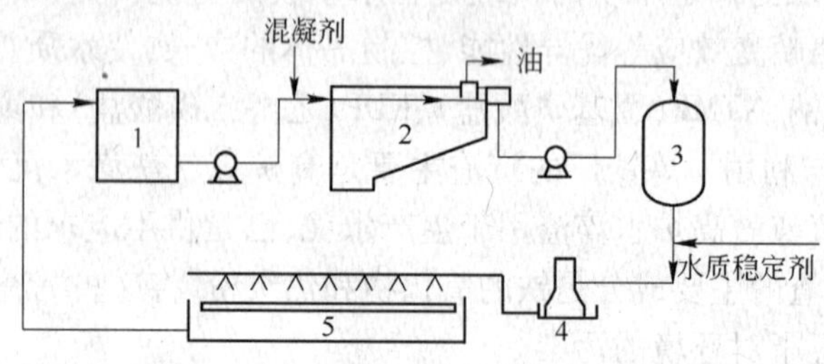

图4-15 连铸直接冷却水处理流程

1—铁皮坑;2—沉淀除油池;3—过滤器;4—冷却塔;5—喷淋

(3)净循环水系统。此系统是用于冷却软水的,水源一般来自工业给水系统,由泵将水送入热交换器,交换软水中的热量,而净循环水系统的热量由冷却塔降温,降温后循环使用。由于冷却塔和储水池与外界接触,应考虑水量损失和风沙污染。

5 冶金建设工程施工组织技术

5.1 流水施工

流水作业是分工协作进行产品批量生产的组织方法。实践证明,流水作业是组织生产的有效方法。

5.1.1 流水施工概述

5.1.1.1 基本概念

流水施工是指所有的施工过程按一定的时间间隔依次投入施工,各个施工过程陆续开工、陆续完成,使同一施工过程的施工队伍保持连续、均衡施工,不同的施工过程尽可能地平行搭接施工的组织方式。

5.1.1.2 流水施工的分级

根据流水施工组织的范围大小,流水施工通常可分为:

(1)分项工程流水施工(也称为细部流水施工)。它是在一个专业工种内部组织起来的流水施工,是构成流水施工作业的最基本流水线路。

(2)分部工程流水施工(也称为专业流水施工),它是在一个分部工程内部、各分项工程之间组织起来的流水施工。

(3)单位工程流水施工(也称为综合流水施工)。它是在一个单位工程内部、各分部工程之间组织起来的流水施工。

(4)群体工程流水施工(也称为大流水施工)。它是在一个个单位工程之间组织起来的流水施工。

5.1.1.3 流水施工的表达方式

(1)水平图表。水平图表具有绘制简单、流水施工形象直观的优点。在施工进度计划表上,细部流水是一条标有施工段或工作队编号的水平进度指示线段,如图5-1所示。

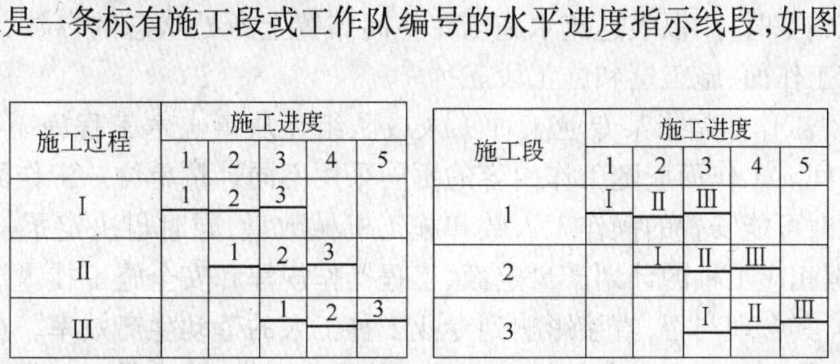

施工过程	施工进度				
	1	2	3	4	5
Ⅰ	1	2	3		
Ⅱ		1	2	3	
Ⅲ			1	2	3

(a)

施工段	施工进度				
	1	2	3	4	5
1	Ⅰ	Ⅱ	Ⅲ		
2		Ⅰ	Ⅱ	Ⅲ	
3			Ⅰ	Ⅱ	Ⅲ

(b)

图5-1 水平指示图表

(2)垂直图表。在垂直图表中,细部流水是斜向进度指示线段,可由其斜率形象地反映出各施工过程的流水强度。这种表达方式能直观反映出在一个施工段中各施工过程的先后顺序和相互配合关系。在垂直图表中,横坐标表示流水施工的持续时间,纵坐标表示开展流水施工所划分的施工段,斜线段表示各专业工作队或施工过程开展流水的情况,如图 5-2 所示。垂直图表中垂直坐标的施工段编号是由下向上编写的。

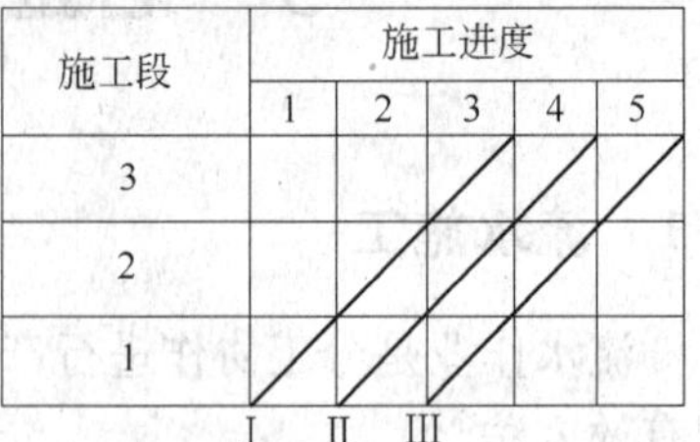

图 5-2　垂直指示图表

以上述两种细部流水为基础,在施工进度计划表上,分部工程流水是一组标有施工段或工作队编号的水平进度指示线段或斜向进度指示线段;单位工程流水是若干组分部工程的进度指示线段,并由此构成一张单位工程施工进度计划表;群体工程流水则是一张项目施工总进度计划表。

5.1.1.4　主要流水作业参数及其确定

流水参数是指用来描述流水施工进度计划图表特征和各种数量关系的参数,是组织流水施工的根本依据。按其性质不同,可分为工艺参数、空间参数和时间参数三大类。

A　工艺参数

在组织流水施工时,用以表达流水施工在施工工艺上开展顺序及其特征的参数,称为工艺参数。通常,工艺参数包括施工过程、流水强度、工组队数等。

(1)施工过程。施工过程所包括范围可大可小,既可以是分部、分项工程,又可以是单位工程或单项工程。它是流水施工的基本参数之一,根据工艺性质不同可分为制备类施工过程、运输类施工过程和砌筑安装类施工过程三种。一般以 n 表示施工过程的数目。

(2)流水强度。某施工过程在单位时间内所完成的工程量,称为该施工过程的流水强度。

(3)工组队数目。工组队数目是指组织流水时各施工过程所安排的投入施工专业工作队的队数,以 b_i 表示。专业工种的施工工作队数目应根据分部流水中划分的施工过程建立,即按专业分工的原则建立相应的专业工种施工队组。一般情况下,专业工种施工队组的数目与分部流水中划分的施工过程数相等,即比较常见的是 $b_i = 1$、$\sum b_i = n$ 的安排。

B　空间参数

在组织流水施工时,用以表达流水施工在空间布置上所处状态的参数,称为空间参数。空间参数主要有工作面、施工层和施工段三种。

(1)工作面。工作面是指某专业工种工人或队组在从事土木工程施工的过程中,所必须具备的活动空间。工作面应随工作内容的不同采用不同计量单位。工作面的大小决定了施工过程在施工时可能安置的操作工人数和施工机械数量,同时也决定了每一施工过程的工程量;需要根据相应工种的计划产量定额、工程操作规程和安全施工技术规程等的要求确定工作面的大小,其合理与否,直接影响到专业工种工人的劳动生产效率。在生产工人能充分发挥劳动效率、保证施工安全条件下对工作面的最小要求,称为最小工作面。

(2)施工层。在组织流水施工时,为了满足专业工种对操作高度和施工工艺的要求,将拟建工程项目在竖向上划分为的若干个操作层,称为施工层。施工层一般以 j 表示。

施工层的划分,要按工程项目的具体情况,根据建筑物的高度、楼层来确定。如砌筑工程的施工层高度一般为 1.2m,室内抹灰、装饰、油漆玻璃和水电安装等,可按楼层进行施工层划分。

(3)施工段。为了有效地组织流水施工,通常把施工对象在平面上按施工工艺和施工组织的要求划分成若干个施工段落,这些施工段落称为施工段。施工段数目是流水施工的基本参数之一,常以 m 表示。

划分施工段是为各施工队组提供一个有明确界限的施工空间,以便使不同的施工过程能在不同的施工空间内组织连续的、均衡的、有节奏的施工。划分段时主要应考虑施工段的段界位置和大小、多少等因素,施工段的段界位置主要是应满足施工技术方面的要求,施工段的大小、多少则主要是应满足施工组织方面的要求。

C 时间参数

在组织流水施工时,用以反映一个流水过程中各施工过程在每一施工段上完成工作的速度和彼此在时间上制约关系的参数,称为时间参数。它包括流水节拍、流水步距、间歇时间、搭接时间和流水工期等。

(1)流水节拍。流水节拍是指某个施工过程在某个施工段上的工作时间,常用 t_{ij}表示。其大小受到项目施工方案、流水方式、各施工段投入劳动力、施工机械以及材料供应量、工作班次以及施工段大小等因素的影响。

流水节拍反映了施工速度的快慢、节奏感的强弱和资源消耗量的多少。一般是根据资源的实际投入量来计算,或是根据施工工期倒排进度来确定流水节拍。

(2)流水步距。相邻两施工过程(或专业工作队组)在保证施工顺序、满足连续施工、最大限度搭接和保证工程质量要求的条件下,先后投入流水施工的时间间隔,称为流水步距,以 $K_{j,j+1}$表示。在一般情况下,是指相邻细部流水之间搭接施工的最小时间间隔。

不同的流水组织方式中流水步距有具体要求,详见 5.1.2 ~5.1.4 节所述。

(3)间歇时间。在流水施工的组织中,除了需考虑两相邻工作队之间流水步距这种时间间隔外,还需考虑因工艺或组织产生的间歇要求的时间间隔。这种时间间隔,按其性质,有技术间歇时间和组织间歇时间之分,一般分别以 $Z_{j,j+1}$ 和 $G_{j,j+1}$ 表示;按其发生时间、部位,有层内间歇和层间间歇之分,一般分别以 $\sum Z_1$、$\sum G_1$ 或 Z_2、G_2 表示。

(4)平行搭接时间。在组织流水施工时,有时为了缩短工期,在工作面允许的条件下,如果前一个专业工作队完成部分施工任务后,能够提前为后一个专业工作队提供工作面,使后者提前进入前一个施工段,两者在同一个施工段上平行搭接施工,工期可进一步缩短,施工更趋合理。这个搭接的时间称为平行搭接时间,一般以 $C_{j,j+1}$表示。

(5)流水工期。流水工期 T 是指一个流水过程中,从第一个施工过程(或工作队)开始进入流水施工,到最后一个施工过程(或工作队)施工结束所需的全部时间。

5.1.1.5 流水施工的组织方法

组织流水施工,实质上是组织专业流水,即依靠各专业施工队的协作配合,彼此按照一定顺序作业,形成一种节奏性活动来完成工程对象的相关施工任务。同一流水过程中,各施工过程流水节拍相互间的关系决定了流水施工节奏。

根据各施工过程时间参数特点及其节奏规律的不同,专业流水分为有节奏流水和无节奏流水两种;根据各施工过程流水节拍之间的关系,有节奏流水又分为等节奏流水和异节奏流水两类。流水施工组织方式的具体分类如图 5-3 所示,详见 5.1.2 ~5.1.4 节所述。

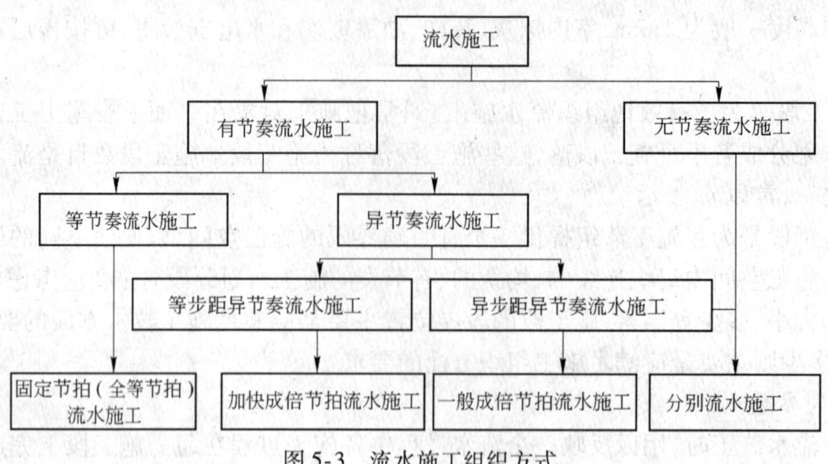

图 5-3　流水施工组织方式

5.1.2　等节奏流水施工

等节奏流水是指各种流水方式中组织条件最严格、效果最理想的一种。这里仅简要介绍 n 个施工过程、划分为 m 个施工段的单层专业流水组织问题。

5.1.2.1　组织条件

设施工过程 $i(i=1,2,\cdots,n)$ 在施工段上 $j(j=1,2,\cdots,m)$ 的节拍为 t_{ij}。

若 t_{ij} 满足下列条件：

$t_{i1}=t_{i2}=\cdots=t_{ij}=\cdots=t_{im}=t_i$，即同一施工过程在不同施工段上的流水节拍相等，且 $t_1=t_2=\cdots=t_i=\cdots=t_n=t$，即不同施工过程在同一施工段上的流水节拍也相等，则可以组织等节奏流水。

5.1.2.2　组织方法

采取各施工过程均安排一个专业工作队、总工作队数等于施工过程数的作法，即 $b_i=1$、$\sum b_i=n$；取定各相邻施工过程间的流水步距为 $K_{1,2}=K_{2,3}=\cdots=K_{i,i+1}=\cdots=K_{n-1,n}=t$，即各流水步距等于流水节拍。按流水作业原理，可将其组织为效果良好的等节奏流水。其基本形式如图 5-4 所示。从垂直图表 5-4b 中可知，各施工过程的进度线是一组斜率相同的平行直线，非常协调。

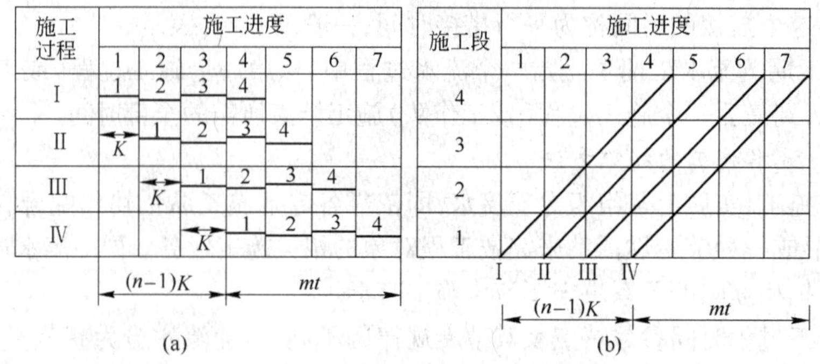

图 5-4　等节奏流水指示图

(a)水平指示图；(b)垂直指示图

由图 5-4 易知，等节奏流水的工期，可按式(5-1)计算：

$$T=(n-1)K+mt \tag{5-1}$$

因 $t=K$，式(5-1)也可写为 $T=(m+n-1)K$。

5.1.2.3 组织特点

等节奏流水的组织特点为：专业工作队连续逐段转移，无窝工；专业工作队按工艺关系对施工段连续加工，无工作面空闲；施工过程之间的流水步距相等；施工队数目与施工过程数相等。

5.1.2.4 工期公式

对于有间歇和搭接时间的单层专业流水，其等节奏流水总工期按式(5-2)计算，如图 5-5 所示。

$$T=(m+n-1)K+\sum Z_1-\sum C \tag{5-2}$$

式中 $\sum Z_1$——层内间歇时间之和；

$\sum C$——层内搭接时间之和。

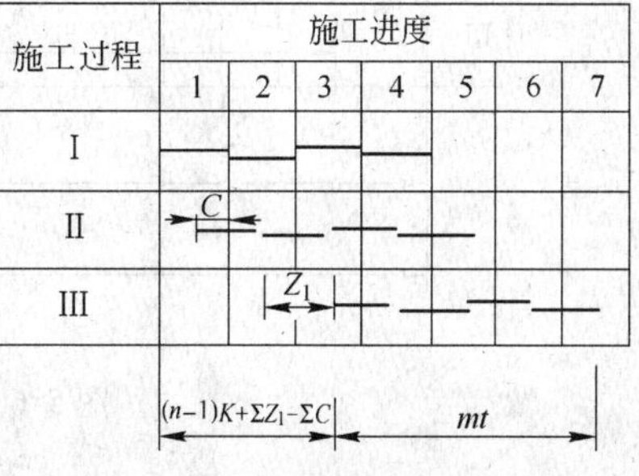

图 5-5 等节奏流水指示图

5.1.3 异节奏流水施工

当流水节拍不满足等节奏流水的严格要求但仍具有明显规律时，可以组织异节奏流水。下面简要介绍 n 个施工过程、划分为 m 个施工段的单层专业流水组织问题。

5.1.3.1 组织条件

设施工过程 $i(i=1,2,\cdots,n)$ 在施工段上 $j(j=1,2,\cdots,m)$ 的节拍为 t_{ij}。

若 t_{ij}满足下列条件：$t_{i1}=t_{i2}=\cdots=t_{ij}=\cdots=t_{im}=t_i$，即同一施工过程在不同施工段上的流水节拍相等；但不同施工过程在同一施工段上的流水节拍彼此不完全相等。

5.1.3.2 组织方法

由等节奏流水的组织方法可知，安排流水首先要确定工作队数和流水步距两项基本参数。按照同一施工过程投入专业工作队的多少，异节奏流水可分为异步距异节奏流水(一般成倍节拍流水)和等步距异节奏流水(加快成倍节拍流水)两种情况。

(1)异步距异节奏流水(一般成倍节拍流水)。仍采取各施工过程均安排一个专业工作队、总工作队数等于施工过程数的做法，即 $b_i=1$、$\sum b_i=n$。

各相邻施工过程间的流水步距按下列两种情况确定：

第一种，前一施工过程的流水节拍小于等于后续施工过程的流水节拍，即 $t_i\leqslant t_{i+1}$，如图 5-6 所示。

按式(5-3)计算流水步距：

$$K_{i,i+1}=t_i(\text{当 } t_i\leqslant t_{i+1}\text{时}) \tag{5-3}$$

第二种，前一施工过程的流水节拍大于后续施工过程的流水节拍，即 $t_i>t_{i+1}$。

应按式(5-4)计算流水步距：

$$K_{i,i+1}=t_i+(t_i-t_{i+1})(m-1)(\text{当 } t_i>t_{i+1}\text{时}) \tag{5-4}$$

在工作队数和流水步距两项基本参数确定后，就可按流水原理组织异步距异节奏流水，也称为一般成倍节拍流水(与加快成倍节拍流水比较而言)，基本形式如图 5-6 所示。

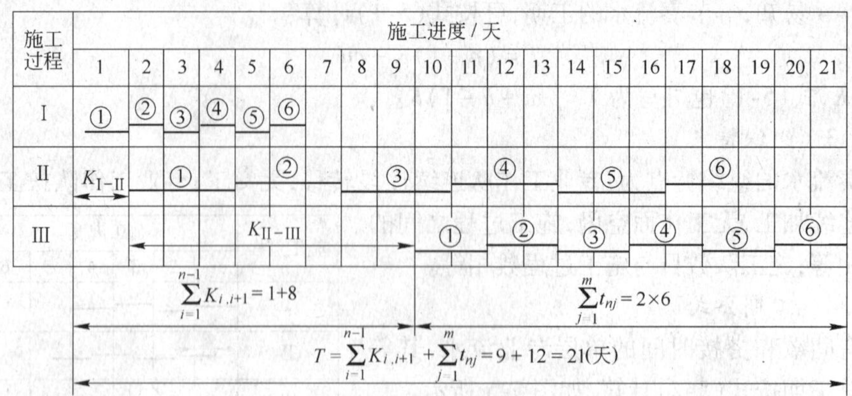

图5-6 异步距异节奏流水指示图

(2)等步距异节奏流水(加快成倍节拍流水)。异步距异节奏流水施工中,施工段有可能空闲,因而工期较长。空闲施工段所具备的工作面条件,为后续施工过程提前进行施工创造了空间条件。若要缩短施工工期、并保持施工的连续性和均衡性,可利用各施工过程之间流水节拍的倍数比关系,取其最大公约数来组建每个施工过程的专业施工队,构成一个工期短、保持流水施工特点、类似于等节奏流水的组织方案,称为等步距异节奏流水,也称为加快成倍节拍流水。

组织等步距异节奏流水时,流水节拍较长的施工过程,需组织多个专业班组参加流水施工,以与其他施工过程保持步调一致。

各施工过程的工作队队数按式(5-5)计算:

$$b_i = \frac{t_i}{K} \tag{5-5}$$

式中 b_i——第 i 个施工过程所需的工作队队数;

t_i——第 i 个施工过程的流水节拍;

K——流水步距,可取各施工过程流水节拍 t_i 的公约数,为了尽量缩短工期,一般取最大公约数,且在整个流水过程中为一常数。

可见,作为异步距异节奏流水的一个特例,加快成倍节拍流水是在资源供应满足要求的前提下,对流水节拍较长的施工过程,安排几个同工种的专业工作队,以使其与其他施工过程保持同样的施工速度,最终完成该施工过程在不同施工段上的任务。

基本形式如图5-7所示。

5.1.3.3 组织特点

由图5-6易知,异步距异节奏流水,即一般成倍节拍流水的组织特点为:各个专业施工队能连续作业;施工段有空闲;各施工过程之间的流水步距不完全相等;专业施工队数目与施工过程数相等。

由图5-7易知,异步距等节奏流水,即加快成倍节拍流水的组织特点为:同一专业工作队连续逐段转移,无窝工;不同专业工作队按工艺关系对施工段连续加工,无工作面空闲;各施工过程之间的流水步距相等,等于各流水节拍的最大公约数;流水节拍长的施工过程要组建成倍的同型工作队,专业施工队数目大于施工过程数。

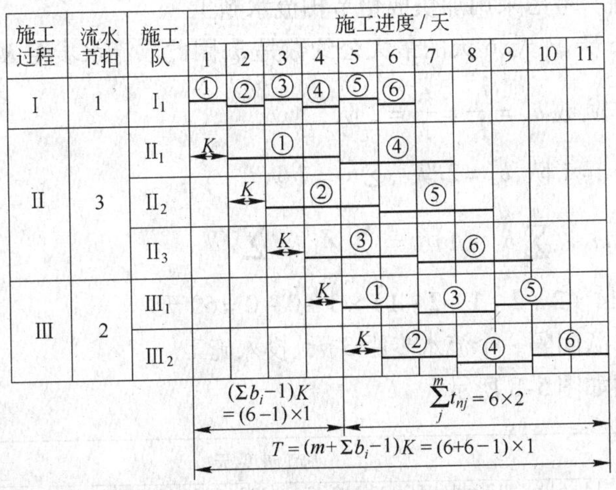

图 5-7 加快成倍节拍流水示意图(单层)

5.1.3.4 工期公式

(1)异步距异节奏流水的工期。由图 5-6 可知,异步距异节奏流水由于流水步距不同,流水工期应按式(5-6)计算:

$$T = \sum_{i=1}^{n-1} K_{i,i+1} + \sum_{j=1}^{m} t_{nj} + \sum Z - \sum C \tag{5-6}$$

式中 $\sum_{i=1}^{n-1} K_{i,i+1}$——流水步距之和;

$\sum_{j=1}^{m} t_{nj}$——最后一个施工过程在各施工段上的节拍之和;

$\sum Z$——间歇时间之和;

$\sum C$——搭接时间之和。

需要说明的是,异步距异节奏流水一般仅在单层施工时才采用;有多个施工层时,这种一般成倍节拍组织方法并无太大实用价值。

(2)等步距异节奏流水的工期。由前述组织方法可知,等步距异节奏流水是通过合理组建多个同型工作队队组的做法,形成了与等节奏流水一样效果的流水施工。

由图 5-7 可知,加快成倍节拍流水中,流水节拍长的施工过程安排了一个以上的工作队,总工作队数 $\sum b_i > n$。对于无间歇和搭接的单层施工,其流水工期为:

$$T = (m + \sum b_i - 1)K \tag{5-7}$$

式中 $\sum b_i$——各施工过程的工作队总数;

其他符号同前。

例 5-1 3 栋同类型房屋的基础组织流水作业施工,4 个施工过程的流水节拍分别为 6 天、6 天、3 天、6 天。若各项资源可按需要供应,规定工期不得超过 60 天。试确定流水步距、工作队数并绘制流水指示图表。

解:因工期有限制,考虑采用加快成倍节拍流水施工。

流水节拍6天、6天、3天、6天的最大公约数是3,因此取流水步距 $K=3$ 天。

各施工过程工作队数 $b_1=\dfrac{t_1}{K}=\dfrac{6}{3}=2$ 队

同理 $b_2=2$ 队,$b_3=1$ 队,$b_4=2$ 队,$\sum b_i=7$ 队

总工期为 $T=(m+\sum_{i=1}^{n} b_i-1)K+\sum Z_1-\sum C$

$=(14+2+2+1+2-1)\times3+0-0=60$ 天

依次组织各工作队间隔一个流水步距3天、投入施工。

绘制流水指示图如图5-8所示。

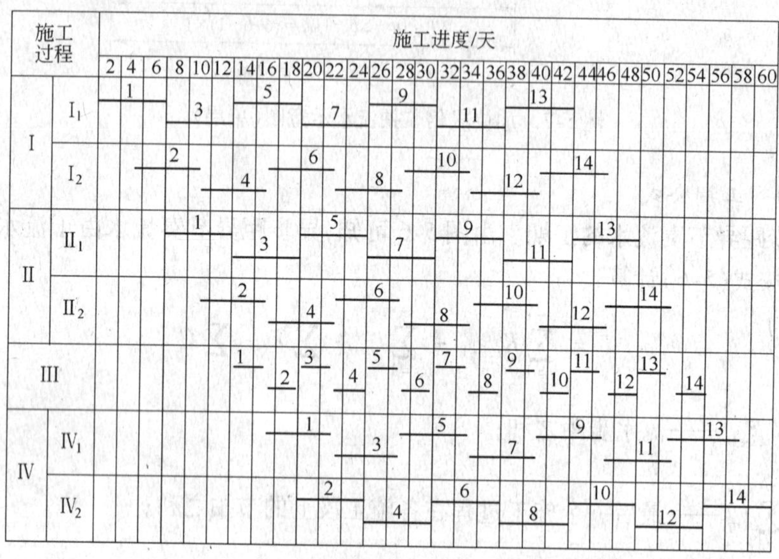

图5-8　3栋同类型房屋基础工程流水指示图

5.1.4　无节奏流水施工

前两节的有节奏流水,是一种比较理想化的施工组织方法。实际工作中,通常每个施工过程在各个施工段上的工程量彼此不相等,或各个专业工作队的生产效率不同,从而导致大多数施工过程的流水节拍彼此不相等或没有倍数关系。在此情况下,只能按照施工顺序,合理确定相邻专业工作队之间的流水步距,使其在开工时间上争取最大搭接,组织成每个专业施工队都能够连续作业的无节奏流水施工。

无节奏流水是流水施工的普遍组织形式,而有节奏流水是无节奏流水的特殊形式。

5.1.4.1　无节奏流水的概念

所谓无节奏流水,是在工艺上互相有联系的分项工程,先组织成若干个独立的分项工程流水,然后再按施工顺序联系起来的组织方法。组织无节奏流水的基本要求是保证各施工过程衔接的合理性;各工作队尽量连续工作和各施工段尽量不间歇或少间歇。当各施工过程在各个施工段上的流水节拍不相等、且变化无规律时,应根据上述原则进行安排。一般来讲,各施工过程安排一个专业工作队比较合理,无节奏流水也按此原则安排。

5.1.4.2 无节奏流水的组织

无节奏流水组织的关键是确定流水步距。确定流水步距方法很多,一种简便的实用方法,称为"累加数列错位相减取大差"。其计算步骤如下:

求同一施工过程专业施工队在各施工段上的流水节拍的累加数列;按施工顺序,将所求相邻的两个施工过程流水节拍的累加数列,向右错位相减;在错位相减结果中数值最大者,即为相邻专业施工队组之间的流水步距。

5.1.4.3 无节奏流水的组织特点

各专业工作队都能连续施工,个别施工段可能有空闲;专业工作队队数等于施工过程数;流水步距通常不相等。

5.1.4.4 流水工期

流水工期按式(5-7)计算。需要说明的是,这个公式适用于流水施工的各种组织形式;有节奏流水中均是以其为基础所提炼的规律公式。

例 5-2 某分部工程由 A、B、C、D 四个施工过程组成。各施工过程的流水节拍依次为 1 天、3 天、2 天、1 天。在劳动资源相对稳定的条件下,试组织流水施工。

解:本例从流水节拍特征来看,可以组织有节奏流水中的异节奏流水。由于劳动资源要求稳定,无法实施加快成倍节拍流水,只能按一般成倍节拍流水考虑。

本例按无节奏流水组织施工,步骤如下:

为使专业工作队连续施工,取施工段数等于施工过程数,且各施工过程均安排一个专业工作队。

流水节拍的累加数列为:

A:1,2,3,4

B:3,6,9,12

C:2,4,6,8

D:1,2,3,4

因为

$$\begin{array}{rrrrrr} & 1, & 2, & 3, & 4 & \\ -) & & 3, & 6, & 9, & 12 \\ \hline & 1, & -1, & -3, & -5, & -12 \end{array}$$

所以 $K_{A,B} = \max\{1, -1, -3, -5, -12\} = 1$ 天;

同理 $K_{B,C} = 5$ 天;$K_{C,D} = 5$ 天。

流水工期为 $T = (1+5+5) + (1+1+1+1) = 15$ 天

绘制指示图如图 5-9 所示。

由图 5-9 可知,当同一施工段上不同施工过程的流水节拍不同但互为整倍数关系时,如果不组织多个同型专业工作队完成同一施工过程的任务,流水步距必然不等,只能用无节奏流水的形式组织施工;如果以缩短流水节拍长的施工过程达到等步距流水,就要在增加劳动力没有问题的情况下,检查工作面是否满足要求;如果延长流水节拍短的施工过程,工期就要延长。

到底采用哪一种流水施工的组织形式,除要分析流水节拍的特点外,还要考虑工期要求和承包商自身的具体施工条件。任何一种流水施工的组织形式,仅仅是一种组织管理手段,其最终目的都是要实现工程质量好、工期短、成本低、效益高和安全施工的目标。

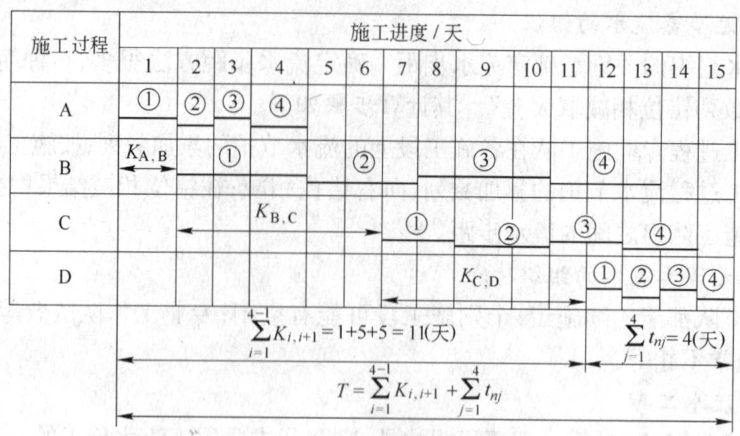

图 5-9　无节奏流水指示图

5.2　工程网络计划技术

网络计划技术于 20 世纪 50 年代后期出现于美国，其中应用最早的是关键线路法(CPM)和计划评审技术(PERT)。

当前，世界上工业发达国家都非常重视现代管理科学，美国、日本、德国和俄罗斯等国建筑界公认网络计划技术为当前最先进的计划管理方法，其主要用于进行规划、计划和实施控制，在缩短建设周期、提高工效、降低造价以及提高生产管理水平方面取得了显著的效果。

5.2.1　网络计划的分类

按照不同的分类原则，可以将网络计划分成不同的类型。

(1)按性质分类。网络计划可分为：

1)肯定型网络计划。指工作、工作与工作之间的逻辑关系以及工作持续时间都肯定的网络计划。在这种网络计划中，各项工作的持续时间都是确定的单一的数值，整个网络计划有确定的计划总工期。

2)非肯定性网络计划。指工作、工作与工作之间的逻辑关系和工作持续时间中一项或多项不肯定的网络计划。在这种网络计划中，各项工作的持续时间只能按概率方法确定出三个值，整个网络计划无确定的计划总工期。

(2)按表示方法分类。网络计划可分为：

1)单代号网络计划。这是指以单代号表示法绘制的网络计划。在网络图中，每个节点表示一项工作，箭线仅用来表示各项工作间相互制约、相互依赖的关系。

2)双代号网络计划。双代号网络计划是以双代号表示法绘制的网络计划。网络图中，箭线用来表示工作。目前，施工企业多采用这种网络计划。

(3)按目标分类。网络计划可分为：

1)单目标网络计划。指只有一个终点节点的网络计划，即网络图只具有一个最终目标。如一个建筑物的施工进度计划只有一个工期目标的网络计划。

2)多目标网络计划。指终点节点不止一个的网络计划。此种网络计划具有若干个独立的最终目标。

(4)按有无时间坐标分类。网络计划可分为:

1)时标网络计划。指以时间坐标为尺度绘制的网络计划。在网络图中,每项工作箭线的水平投影长度,与其持续时间成正比。如编制资源优化的网络计划即为时标网络计划。

2)非时标网络计划。指不按时间坐标绘制的网络计划。在网络图中,工作箭线长度与持续时间无关,可按需要绘制。通常绘制的网络计划都是非时标网络计划。

5.2.2 双代号网络计划

双代号网络图是由若干表示工作的箭线和节点所组成的,其中每项工作都用一根箭线和两个节点来表示,每个节点都编以号码,箭线前后两个节点号码即代表该箭线所表示的工作。

5.2.2.1 双代号网络图的组成

双代号网络图主要由工作、节点和线路三个基本要素组成。

A 工作

(1)工作的表达。工作又称工序、活动,是指计划任务按需要粗细程度划分而成的一个消耗时间或也消耗资源的子项目或子任务。它是网络图的组成要素之一,在双代号网络图中工作用一条箭线与其两端的圆圈(节点)表示。

如图5-10所示,图中 i 为箭尾节点,表示工作的开始;j 为箭头节点,表示工作的结束。工作的名称写在箭线的上面,完成工作所需要的时间写在箭线的下面,如图5-10a所示;若箭线垂直画时,工作名称写在箭线左侧,工作持续时间写在箭线右侧,如图5-10b所示。

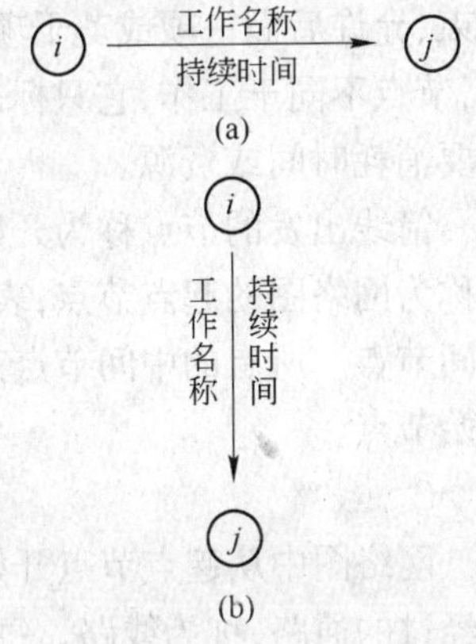

图5-10 双代号网络中的工作

根据一项计划(或工程)的规模不同,其划分的粗细程度、大小范围也不同。如对于一个规模较大的建设项目来讲,一项工作可能代表一个单位工程或一个构筑物;如对于一个单位工程,一项工作可能只代表一个分部或分项工作。

(2)工作的分类如下:

1)按照工作是否需要消耗时间或资源,工作通常可以分为三种:需要消耗时间和资源的工作(如浇筑基础混凝土);只消耗时间而不消耗资源的工作(如混凝土的养护);既不消耗时间,也不消耗资源的工作。

前两种是实际存在的工作,称其为"实工作",用实箭线表示;后一种是人为的虚设工作,只表示相邻前后工作之间的逻辑关系,称为"虚工作",以虚箭线表示。

2)按照网络图中工作之间的相互关系,可将工作分为:

①紧前工作。如图5-11所示,相对工作 $i—j$ 而言,紧排在本工作 $i—j$ 之前的工作 $h—i$,

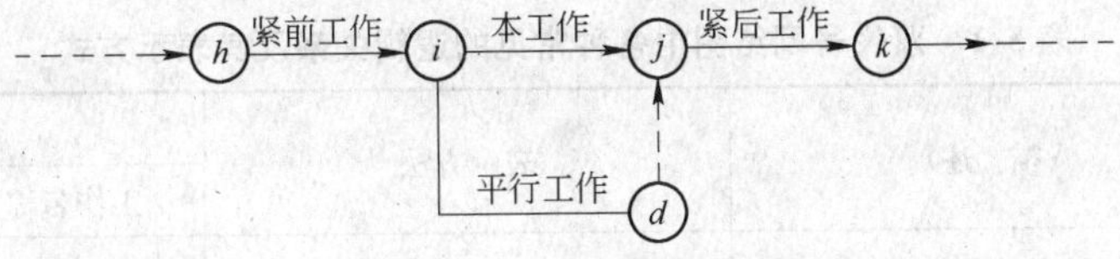

图5-11 工作间的关系

称为工作 $i—j$ 的紧前工作,即工作 $h—i$ 完成后本工作即可开始。

②紧后工作。如图 5-11 所示,紧排在本工作 $i—j$ 之后的工作 $j—k$ 称为工作 $i—j$ 的紧后工作,本工作完成之后,紧后工作即可开始;否则,紧后工作不能开始。

③平行工作。如图 5-11 所示,可以和本工作 $i—j$ 同时开始和同时结束的工作, $i—d$ 就是 $i—j$ 的平行工作。

④起始工作。即没有紧前工作的工作。

⑤结束工作。即没有紧后工作的工作。

⑥先行工作。自起点节点至本工作开始节点之前各条线路上的所有工作,称为本工作的先行工作。

⑦后续工作。本工作结束节点之后至终点节点之前各条线路上的所有工作,称为本工作的后续工作。

绘制网络图时,最重要的是明确各工作之间的紧前或紧后关系,其他任何复杂的关系都能借助网络图中的紧前或紧后关系表达出来。

B 节点

在网络图中箭线的出发和交汇处画上圆圈,用以标志该圆圈前面一项或若干项工作的结束、允许后面一项或若干项工作的开始的时刻,称为节点(也称为结点、事件)。在网络图中,节点不同于工作,它只标志着工作的结束和开始的瞬间,具有承上启下的衔接作用,而不需要消耗时间或资源。

箭线出发的节点称为开始节点,箭线进入的节点称为完成节点,表示整个计划开始的节点称为网络图的起点节点,表示整个计划最终完成的节点称为网络图的终点节点,其余称为中间节点。所有的中间节点都具有双重的含义,既是前面工作的完成节点,又是后面工作的开始节点。

C 线路

网络图中从起点节点开始,沿箭线方向连续通过一系列箭线与节点,最后到达终点节点所经过的通路,称为线路。每一条线路都有自己确定的完成时间,它等于该线路上各项工作持续时间的总和,称为线路时间。

5.2.2.2 双代号网络图的绘制

A 双代号网络图中的逻辑关系及表示方法

(1)逻辑关系。逻辑关系是指工作进行时客观上存在的一种相互制约或依赖的关系,也就是先后顺序关系。各工作间的逻辑关系的表示是否正确,是网络图能否反映工程实际情况的关键。

(2)各种逻辑关系的正确表示方法。在网络图中,各工作之间的逻辑关系是复杂多样的。表 5-1 中所列的是网络图中常见的一些逻辑关系及其表示方法。

表 5-1 双代号网络图中各种常见的逻辑关系及其表示方式

序 号	描 述	表示方法	逻辑关系	
			工作名称	紧前工作
1	*A* 工作完成后,*B* 工作才能开始	○—*A*→○—*B*→○	*B*	*A*

续表 5-1

序 号	描 述	表示方法	逻辑关系	
			工作名称	紧前工作
2	*A* 工作完成后，*B*，*C* 工作才能开始		*B* *C*	*A* *A*
3	*A*，*B* 工作完成后，*C* 工作才能开始		*C*	*A*，*B*
4	*A*，*B* 工作完成后，*C*，*D* 工作才能开始		*C* *D*	*A*，*B* *A*，*B*
5	*A*，*B* 工作完成后，*C* 工作才能开始，且 *B* 工作完成后，*D* 工作才能开始		*C* *D*	*A*，*B* *B*

通过前述各种工作逻辑关系的表示方法，可以清楚地看出，虚箭线不是一项正式的工作，而是在绘制网络图时根据逻辑关系的需要而增设的。虚箭线的作用主要是帮助正确表达各工作间的关系，避免逻辑错误。

B　绘制双代号网络图的基本规则

绘制双代号网络图时，要正确地表示工作之间的逻辑关系和遵循有关绘图的基本规则；否则，就不能正确反映工程的工作流程和进行时间参数计算。

绘制双代号网络图时应当遵循以下基本规则：

(1)必须正确表达已定的逻辑关系。绘制网络图之前，要正确确定工作顺序，明确各工作之间的衔接关系，根据工作的先后顺序逐步把代表各项工作的箭线连接起来，绘制成网络图。

(2)双代号网络图中，严禁出现循环网络在网络图中。如果从一个节点出发顺着某一线路又能回到原出发点，这种线路就称作循环回路。例如图5-12中的 2—3—5—2 和 2—4—5—2 就是循环回路，它表示的逻辑关系是错误的，在工艺顺序上是相互矛盾的。

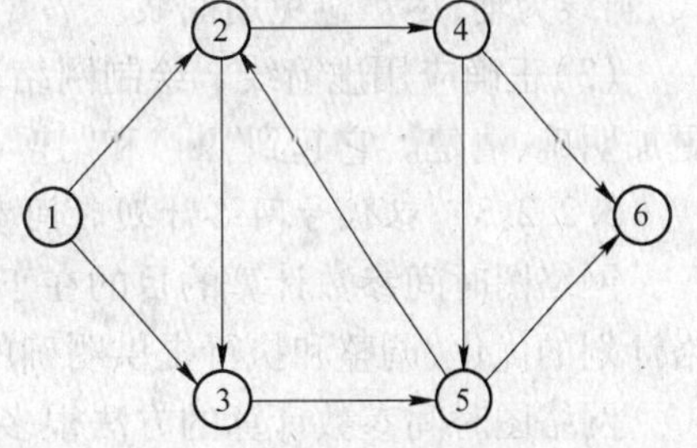

图 5-12　网络图中出现循环回路

(3)双代号网络图中，在节点之间严禁出现带双向箭头或无箭头的连线。用于表示工程计划的网络图是一种有序有向图，沿着箭头指引的方向进行。因此一条箭线只有一个箭头，不允许出现方向矛盾的双箭头箭线和无方向的无箭头箭线，如图 5-13 中的2—4 和3—4。

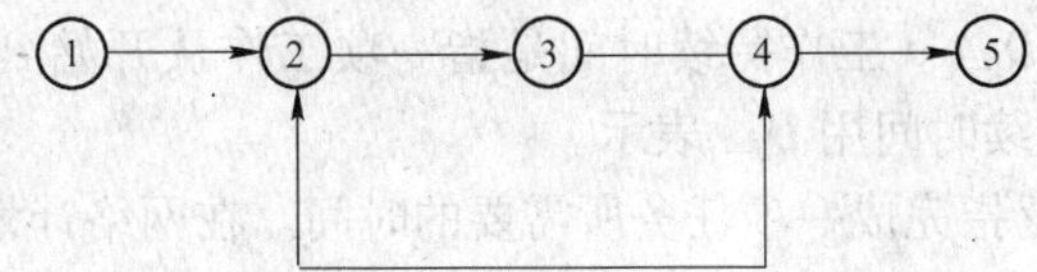

图 5-13　出现双向箭头箭线和无箭头箭线错误的网络图

(4)在双代号网络图中,严禁出现没有箭头节点或没有箭尾节点的箭线。

(5)交叉箭线的表达。绘制网络图时,箭线不宜交叉;当交叉不可避免时,可用过桥法或指向法。

(6)只能有一个起点节点和终点节点。双代号网络图中应只有一个起点节点;在不分期完成任务的网络图中,应只有一个终点节点;而其他所有节点均应是中间节点。

C 网络图的编号

按照各项工作的逻辑顺序将网络图绘就之后,即可进行节点编号。节点编号的目的是赋予每项工作一个代号,并便于对网络图进行时间参数的计算。

网络图节点编号应遵循以下两条规则:

(1)一条箭线(工作)的箭头节点的编号"j",一般应大于箭尾节点的编号"i",即 $i<j$。编号时号码应从小到大,箭头节点编号必须在其前面的所有箭尾节点都已编号之后进行。

(2)在一个网络计划中,所有的节点不能出现重复的编号。

有时考虑到可能在网络图中会增添或改动某些工作,故在节点编号时,可预先留出备用的节点号,即采用不连续编号的方法,如1,3,5…或1,5,10…,等等,以便于调整,避免以后由于中间增加一项或几项工作而改动整个网络图的节点编号。

D 网络图的结构

网络计划是用来指导实际工作的,所以网络图除了要符合逻辑外,图面还必须清晰,要进行周密合理的布置。在正式绘制网络图之前,最好先绘成草图,然后再加整理。

E 绘制网络图应注意的问题

(1)层次分明,重点突出。绘制网络计划图时,首先遵循网络图的绘制规则画出一张符合工艺和组织逻辑关系的网络计划草图,然后检查、整理出一幅条理清楚、层次分明、重点突出的网络计划图。

(2)构图形式要简捷、易懂。绘制网络计划图时,通常的箭线应以水平线为主,竖线、折线、斜线为辅,尽量避免用曲线。

(3)正确应用虚箭线。绘制网络图时,正确应用虚箭线可以使网络计划中的逻辑关系更加明确、清楚。它起到"断"和"连"的作用。

5.2.2.3 双代号网络计划时间参数的计算

网络图时间参数计算的目的在于,确定网络图上各项工作和各个节点的时间参数,为网络计划的优化、调整和执行提供明确的时间概念。

网络图时间参数计算的方法很多,这里仅对常用的工作计算法、节点计算法加以介绍。

A 时间参数的概念及其符号

网络图时间参数计算的内容主要包括:各个节点的最早时间(ET_i)和最迟时间(LT_i);各项工作的最早开始时间(ES_{i-j})、最早完成时间(EF_{i-j})、最迟开始时间(LS_{i-j})和最迟完成时间(LF_{i-j});各项工作的总时差(TF_{i-j})和自由时差(FF_{i-j})等。

(1)工作持续时间 D_{i-j}。工作持续时间是指一项工作从开始到完成的时间,在双代号网络图中工作 $i—j$ 的持续时间用 D_{i-j} 表示。

(2)工期 T。工期泛指完成一项任务所需要的时间。在网络计划中,工期一般有以下三种:

1)计算工期 T_c。是根据网络计划时间参数计算而得到的工期。

2）要求工期 T_r。是任务委托人提出的指令性工期。

3）计划工期 T_p。根据要求工期和计算工期所确定的作为实施目标的工期。

（3）网络计划工作的六个时间参数。它们分别为：

1）最早开始时间 ES_{i-j}。是指在其所有紧前工作全部完成后，本工作有可能开始的最早时刻。

2）最早完成时间 EF_{i-j}。是指在其所有紧前工作全部完成后，本工作有可能完成的最早时刻，它等于本工作的最早开始时间与其持续时间之和。

3）最迟开始时间 LS_{i-j}。是指在不影响整个任务按期完成的前提下，本工作必须开始的最迟时刻，它等于本工作的最迟完成时间与其持续时间之差。

4）最迟完成时间 LF_{i-j}。是指在不影响整个任务按期完成的前提下，本工作必须完成的最迟时刻。

5）总时差 TF_{i-j}。是指在不影响总工期的前提下，本工作可以利用的机动时间，即由于工作最迟完成时间与最早开始时间之差大于工作持续时间而产生的机动时间。

利用这段时间延长工作的持续时间或推迟其开工时间，不会影响计划的总工期。

工作总时差还具有这样一个特点，就是它不仅属于本工作，而且与前后工作都有密切的关系，也就是说它为一条或一段线路共有。前一工作动用了工作总时差，其紧后工作的总时差将变为原总时差与已动用总时差的差值。

6）自由时差 FF_{i-j}。是指在不影响其紧后工作最早开始时间的前提下，本工作可以利用的机动时间。即工作可以在该时间范围内自由地延长或推迟作业时间，不会影响其紧后工作的开工。工作自由时差为工作总时差的一部分，如图 5-14 所示。某项工作的自由时差只属于该工作本身所有，与同一条线路上的其他工作无关。

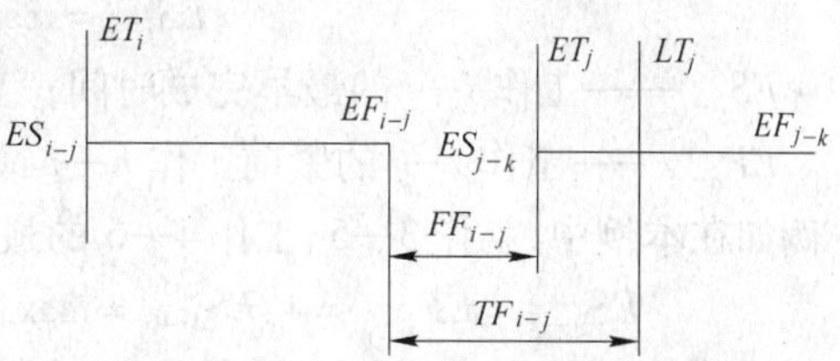

图 5-14　*FF* 与 *TF* 相互关系图

为了简化计算，网络计划时间参数中的开始时间和完成时间都应以时间单位的终了时刻为标准。如第 3 天开始即是指第 3 天终了（下班）时刻开始，实际是第 4 天上班时刻才开始；第 5 天完成即是指第 5 天终了（下班）时刻完成。

（4）网络计划节点的两个时间参数。它们分别为：

1）节点最早时间 ET_i。是指在双代号网络计划中，以该节点为开始节点的各项工作的最早开始时间。

2）节点最迟时间 LT_i。是指在双代号网络计划中，以该节点为完成节点的各项工作的最迟完成时间。

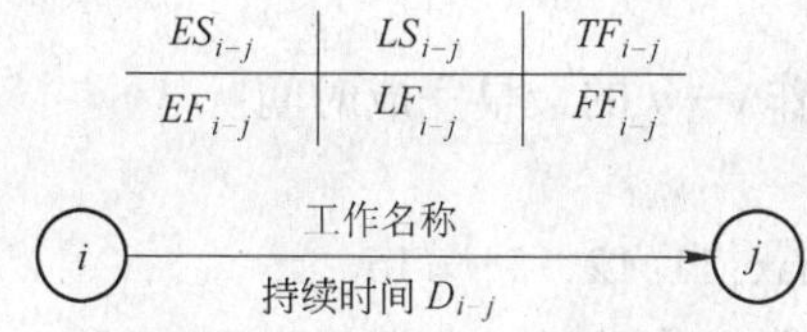

图 5-15　工作计算法的参数标注

B　时间参数的工作计算法

所谓工作计算法，就是以网络计划中的工作为对象，直接计算各项工作的六项时间参数以及网络计划的计算工期。计算时，虚工作必须视同工作进行计算，其持续时间为零。各项工作时间参数的计算结果应标注在箭线之上，如图 5-15 所示。

下面以图 5-16 所示双代号网络计划为例,说明按工作计算法计算时间参数的过程。

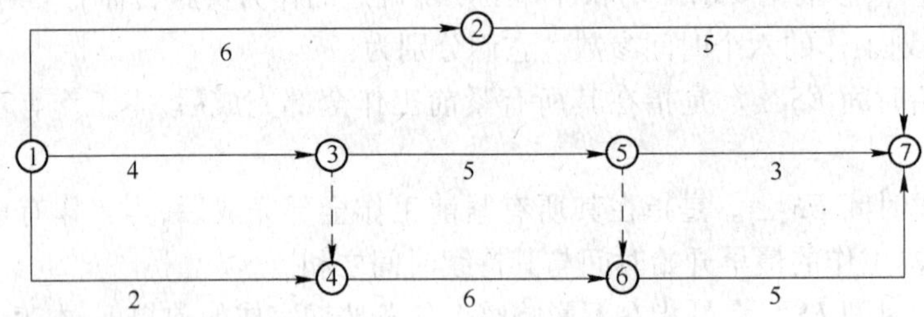

图 5-16　双代号网络计划

(1)计算工作的最早开始时间和最早完成时间。工作最早开始时间和最早完成时间的计算应从网络计划的起点节点开始,顺着箭线方向依次进行。其计算步骤如下:

1)工作的最早开始时间。以网络计划起点节点为开始节点的工作,当未规定其最早开始时间时,其最早开始时间为零。例如在本例中,工作 1—2、工作 1—3 和工作 1—4 的最早开始时间都为零。

其他工作的最早开始时间,应等于其紧前工作(包括虚工作)最早完成时间的最大值,按下式计算:

$$ES_{i-j} = \max\{EF_{h-i}\} \tag{5-8}$$

式中　ES_{i-j}——工作 i—j 的最早完成时间;

EF_{h-i}——工作 i—j 的紧前工作 h—i 最早完成时间。

例如在本例中,工作 3—5、工作 4—6 的最早开始时间分别为:

$$ES_{3-5} = EF_{1-3} = 4, ES_{4-6} = \max\{EF_{3-4}, EF_{1-4}\} = \max\{4,2\} = 4$$

2)工作的最早完成时间。最早完成时间对各项工作而言,都是根据其定义、利用式(5-9)进行计算:

$$EF_{i-j} = ES_{i-j} + D_{i-j} \tag{5-9}$$

式中　EF_{i-j}——工作 i—j 的最早完成时间;

ES_{i-j}——工作 i—j 的最早开始时间;

D_{i-j}——工作 i—j 的持续时间。

例如在本例中,工作 1—2、工作 3—5 的最早完成时间分别为:

$$EF_{1-2} = ES_{1-2} + D_{1-2} = 0 + 6 = 6, EF_{3-5} = ES_{3-5} + D_{3-5} = 4 + 5 = 9$$

(2)网络计划的计算工期和计划工期。网络计划的计算工期,应等于以网络计划终点节点为完成节点的工作的最早完成时间的最大值,如式(5-10):

$$T_c = \max\{EF_{i-n}\} \tag{5-10}$$

式中　T_c——网络计划的计算工期;

EF_{i-n}——以网络计划终点节点 n 为完成节点的工作 i—n 的最早完成时间。

在本例中,网络计划的计算工期为

$$T_c = \max\{EF_{2-7}, EF_{3-7}, EF_{6-7}\} = \max\{11,12,15\} = 15$$

在本例中,假设未规定要求工期,则其计划工期就等于计算工期。即 $T_p = T_c = 15$。

计划工期应标注在网络计划终点节点的右上方。

(3)计算工作的最迟完成时间和最迟开始时间。工作最迟完成时间和最迟开始时间的计算应从网络计划的终点节点开始,逆着箭线方向依次进行。其计算步骤如下:

1)最迟完成时间。以网络计划终点节点为完成节点的工作,其最迟完成时间等于网络计划的计划工期,如式(5-11):

$$LF_{i-n}=T_{\mathrm{p}} \tag{5-11}$$

式中 LF_{i-n}——以网络计划终点节点 n 为完成节点的工作的最迟完成时间;

T_{p}——网络计划的计划工期。

例如在本例中,工作2—7、工作5—7和工作6—7的最迟完成时间为:

$$LF_{2-7}=LF_{5-7}=LF_{6-7}=T_{\mathrm{p}}=15$$

其他工作的最迟完成时间,应等于其紧后工作(包括虚工作)最迟开始时间的最小值,如式(5-12):

$$LF_{i-j}=\min\{LS_{j-k}\} \tag{5-12}$$

式中 LF_{i-j}——工作 i—j 的最迟完成时间;

LS_{j-k}——工作 i—j 的紧后工作 j—k 最迟开始时间。

例如在本例中,工作3—5和工作4—6的最迟完成时间分别为:

$$LF_{3-5}=\min\{LS_{5-7},LS_{5-6}\}=\min\{12,10\}=10,LF_{4-6}=\min\{LS_{6-7}\}=10$$

2)最迟开始时间。最早完成时间对各项工作而言,都是根据其定义、利用式(5-13)进行计算:

$$LS_{i-j}=LF_{i-j}-D_{i-j} \tag{5-13}$$

式中 LS_{i-j}——工作 i—j 的最迟开始时间;

LF_{i-j}——工作 i—j 的最迟完成时间;

D_{i-j}——工作 i—j 的持续时间。

例如在本例中,工作2—7、工作5—7最迟完成时间为:

$$LS_{2-7}=LF_{2-7}-D_{2-7}=15-5=10,LS_{5-7}=LF_{5-7}-D_{5-7}=15-3=12$$

(4)计算工作的总时差。根据定义,工作的总时差等于该工作最迟完成时间与最早完成时间之差,或该工作最迟开始时间与最早开始时间之差,如式(5-14):

$$TF_{i-j}=LF_{i-j}-EF_{i-j}=LS_{i-j}-ES_{i-j} \tag{5-14}$$

式中 TF_{i-j}——工作 i—j 的总时差;其余符号同前。

例如在本例中,工作3—5的总时差为:

$$TF_{3-5}=LF_{3-5}-EF_{3-5}=10-9=1 \text{ 或 } TF_{3-5}=LS_{3-5}-ES_{3-5}=5-4=1$$

通过计算不难看出总时差有如下特性:

1)凡是总时差为最小的工作就是关键工作,由关键工作连接构成的线路为关键线路,关键线路上各工作时间之和即为总工期。如图5-17中,工作1—3、4—6、6—7为关键工作,线路①—③—④—⑥—⑦为关键线路。

2)当网络计划的计划工期等于计算工期时,凡总时差大于零的工作为非关键工作,凡是具有非关键工作的线路即为非关键线路。

3)总时差的使用具有双重性。它既可以被该工作使用,但又属于某非关键线路所共有。当某项工作使用了全部或部分总时差时,则将引起通过该工作的线路上所有工作总时差重新分配。如图5-17中,非关键线路1—2—7中,$TF_{1-2}=4$ 天,$TF_{2-7}=4$ 天,如果工作

1—2 使用了 3 天机动时间,则工作 2—7 就只有 1 天总时差可利用。

(5)计算工作的自由时差。

根据参数的定义,工作自由时差的计算应按以下两种情况分别考虑:

1)对于有紧后工作的工作,其自由时差等于本工作的紧后工作的最早开始时间减本工作最早完成时间所得之差,如式(5-15):

$$FF_{i-j} = ES_{j-k} - EF_{i-j} \tag{5-15}$$

式中 FF_{i-j}——工作 i—j 的自由时差;

ES_{j-k}——工作 i—j 的紧后工作 j—k 最早开始时间;

EF_{i-j}——工作 i—j 的最早完成时间。

例如在本例中,工作 1—4 和工作 5—6 的自由时差分别为:

$$FF_{1-4} = ES_{4-6} - EF_{1-4} = 4 - 2 = 2, FF_{5-6} = ES_{6-7} - EF_{5-6} = 10 - 9 = 1$$

2)对于无紧后工作的工作,也就是以网络计划终点节点为完成节点的工作,其自由时差等于计划工期与本工作最早完成时间之差,如式(5-16):

$$FF_{i-n} = T_p - EF_{i-n} \tag{5-16}$$

式中 FF_{i-n}——以网络计划终点节点 n 为完成节点的工作 i—n 的自由时差;

T_p——网络计划的计划工期;

EF_{i-n}——以网络计划终点节点 n 为完成节点的工作 i—n 的最早完成时间。

例如在本例中,工作 2—7、工作 5—7 的自由时差分别为:

$$FF_{2-7} = T_p - EF_{2-7} = 15 - 11 = 4, FF_{5-7} = T_p - EF_{5-7} = 15 - 12 = 3$$

通过计算可知自由时差有如下特性:

自由时差为某非关键工作独立使用的机动时间,利用自由时差,不会影响其紧后工作的最早开始时间。如图 5-17 中,工作 1—4 有 2 天自由时差,如果使用了 2 天机动时间,也不影响紧后工作 4—6 的最早开始时间。

此外,非关键工作的自由时差必小于或等于其总时差。

需要指出的是,对于网络计划中以终点节点为完成节点的工作,其自由时差与总时差相等;由于工作的自由时差是其总时差的构成部分,所以当工作的总时差为零时,其自由时差必然为零,可不必进行专门计算。如图 5-17 中,工作 1—3 和工作 6—7 的总时差全部为零,故其自由时差也全部为零。

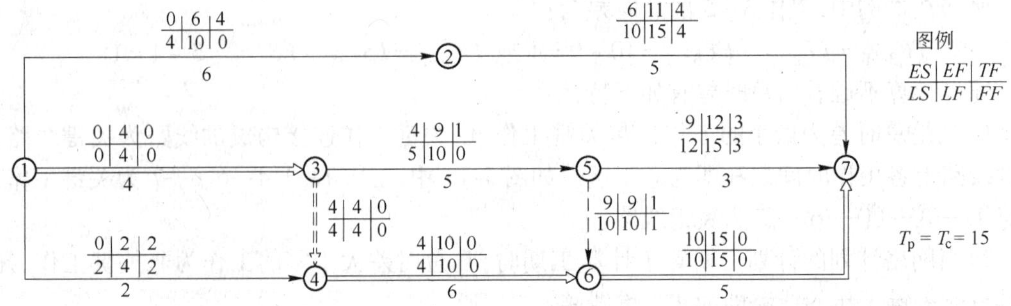

图 5-17 双代号网络计划(六时标注法)

(6)确定关键工作和关键线路。

在网络计划中,总时差最小的工作为关键工作。特别地,当网络计划的计划工期等于计算工期时，总时差为零的工作就是关键工作。例如在本例中，工作 1—3、工作 4—6 和工作 6—7 的总时差均为零，故它们都是关键工作。

找出关键工作之后，将这些关键工作首尾相连，便至少构成一条从起点节点到终点节点的通路，通路上各项工作持续时间总和最大的就是关键线路，其上各项工作的持续时间总和应等于网络计划的计算工期。关键线路上可能有虚工作存在。

关键线路一般用粗箭线或双线箭线标出，也可用彩色箭线标出。在本例中，线路①—③—④—⑥—⑦即为关键线路。

上述计算结果如图 5-17 所示。

5.2.3 单代号网络计划

在双代号网络计划中，为了正确地表达网络计划中各项工作(活动)间的逻辑关系，引入了虚工作这一概念。在绘制和计算过程中可以明显看到，虚工作的存在不仅使图形变得复杂，增大了绘制难度，同时也增大了计算工作量。因此，人们在使用双代号网络图的同时，也设计了第二种网络图——单代号网络图，以解决双代号网络图的上述缺点。

5.2.3.1 单代号网络图的绘制

A 绘图符号

单代号网络图又称节点式网络图，它是以节点及其编号表示工作，箭线表示工作之间的逻辑关系。

通常用一个圆圈或方框代表一项工作，至于圆圈或方框内的内容(项目)可以根据实际需要来填写和列出。一般将工作的名称、编号填写在圆圈或方框的上半部分；完成工作所需要的时间写在圆圈或方框的下半部分，如图 5-18 所示。

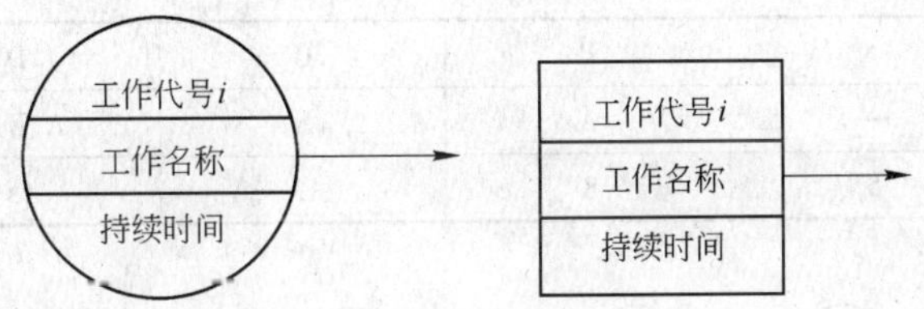

图 5-18 单代号网络图工作的表示方法

B 单代号网络图工作逻辑关系的表示方法

单代号网络图工作逻辑关系的表示方法见表 5-2。

表 5-2 单代号网络图工作逻辑关系表示方法

描 述	图 示	描 述	图 示
A 工作完成后进行 B 工作	Ⓐ → Ⓑ	B 工作完成后，D、C 工作可以同时开始	Ⓑ → Ⓓ、Ⓒ
B、C 工作完成后进行 D 工作	Ⓑ、Ⓒ → Ⓓ	A 工作完成后进行 C 工作，B 工作完成后同时进行 C、D 工作	Ⓐ → Ⓒ；Ⓑ → Ⓒ、Ⓓ

C 绘图规则

同绘制双代号网络图一样，绘制单代号网络图也必须遵循一定的绘图规则：

(1)单代号网络图必须正确表述已定的逻辑关系。

(2)单代号网络图中,严禁出现循环回路。

(3)单代号网络图中,严禁出现双向箭头或无箭头的连线。

(4)在网络图中除起点节点和终点节点外,不允许出现其他没有内向箭线的工作节点和没有外向箭线的工作节点。

(5)绘制网络图时,箭线不宜交叉;当交叉不可避免时,可采用过桥法和指向法绘制。

(6)单代号网络图只应有一个起点节点和一个终点节点;当网络图中有多项起点节点或多项终点节点时,应在网络图的两端分别设置一项虚工作,作为该网络图的起点节点(St)和终点节点(Fin)。这是单代号网络图所特有的。

(7)单代号网络图中不允许出现有重复编号的工作,一个编号只能代表一项工作。

(8)网络图的编号应是箭头节点编号大于箭尾节点编号,即紧前工作的编号一定小于紧后工作的编号。

D　单代号网络图的绘制

单代号网络图的绘制步骤与双代号网络图的绘制步骤基本相同,主要包括两部分:

(1)列出工作一览表及各工作的紧前、紧后工作名称。根据工程计划中各工作在工艺、组织上的逻辑关系来确定其紧前、紧后工作名称。

(2)根据上述关系绘制网络图。首先绘制草图,然后对一些不必要的交叉进行整理,绘出简化网络图,接着完成编号工作。

例 5-3　已知各工作间逻辑关系如表 5-3 所示,绘制单代号网络图的过程如图 5-19 所示。

表 5-3　工作逻辑关系表

工　作	A	B	C	D	E
紧前工作	—	A	A	A、B、C	C、D
工作时间	5	8	15	15	10

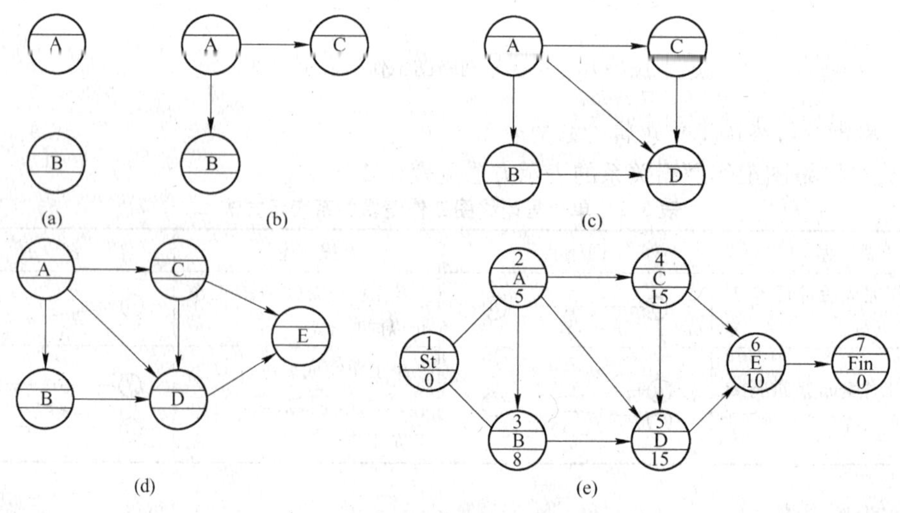

图 5-19　例 5-3 绘图过程

5.2.3.2 单代号网络图时间参数的计算

单代号网络图中节点即为工作,因而单代号网络图只有工作基本时间参数和工作机动时间参数,各参数含义与双代号网络图相同。

单代号网络图时间参数的手工计算方法,基本与双代号网络时间参数的工作计算法相同,其计算结果在图上的标注方式如图5-20所示。

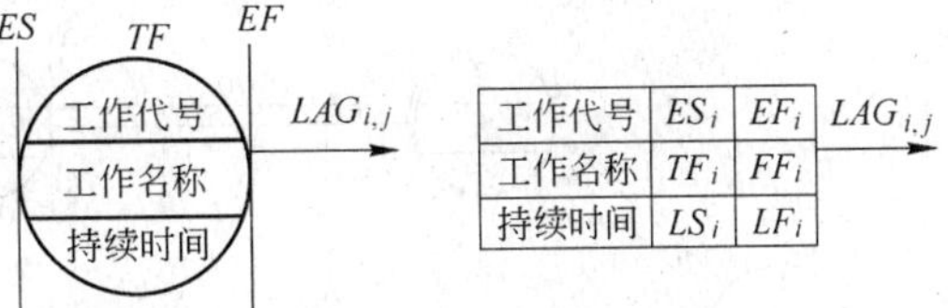

图5-20 时间参数的标注方式

以例5-3所示单代号网络为例来说明具体计算步骤。

A 计算工作的最早开始时间和最早完成时间

工作最早开始时间和最早完成时间的计算应从网络计划的起点节点开始,顺着箭线方向按节点编号依从小到大的顺序依次进行。其计算步骤如下:

(1)工作的最早开始时间。当起点节点的最早开始时间无特别规定时,其值取为零,即作为网络计划起始时刻的相对坐标原点。

一项工作的最早开始时间取决于其紧前工作的完成时间。当一项工作只有一个紧前工作,其最早开始时间就是该紧前工作的最早完成时间;当一项工作有多个紧前工作时,它的最早开始时间等于其紧前工作的最早完成时间的最大值。其公式表达如下:

1)工作 j 只有一个紧前工作时:

$$ES_j = EF_i \tag{5-17}$$

式中 ES_j——工作 j 的最早开始时间;

EF_i——工作 i 的最早完成时间。

2)工作 j 有多个紧前工作时:

$$ES_j = \max\{EF_i\} \quad (i<j) \tag{5-18}$$

(2)工作的最早完成时间。一项工作的最早完成时间应等于本工作的最早开始时间与其持续时间之和,即:

$$EF_j = ES_j + D_j \tag{5-19}$$

式中 EF_j——工作 j 的最早完成时间;

ES_j——工作 j 的最早开始时间;

D_j——工作 j 的持续时间。

如在本例中,起点节点St所代表的工作(虚拟工作)的最早开始时间 $ES_1=0$,最早完成时间 $EF_1=ES_1+D_1=0+0=0$;

工作A的最早开始时间为 $ES_2=EF_1=0$,最早完成时间为 $EF_2=ES_2+D_2=0+5=5$;

工作C的最早开始时间 $ES_4=EF_2=5$,最早完成时间为 $EF_4=ES_4+D_4=5+15=20$;

工作B的最早开始时间为 $ES_3=\max\{EF_1,EF_2\}=\max\{0,5\}=5$,最早完成时间为 $EF_3=ES_3+D_3=5+8=13$;

工作D的最早开始时间为 $ES_5=\max\{EF_2,EF_3,EF_4\}=\max\{5,13,20\}=20$,最早完成时间为 $EF_5=ES_5+D_5=20+15=35$;

工作E的最早开始时间为 $ES_6=\max\{EF_4,EF_5\}=\max\{20,35\}=35$,最早完成时间为 $EF_6=ES_6+D_6=35+10=45$。

结束工作 Fin 的最早开始时间、最早完成时间分别为 $ES_7 = EF_6 = 45$，$EF_7 = ES_7 + D_7 = 45 + 0 = 45$。上述计算结果如图 5-21 所示。

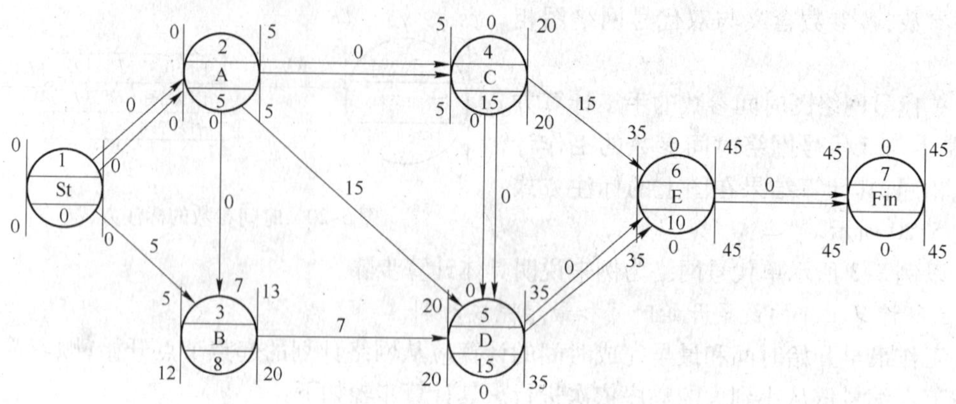

图 5-21　单代号网络计划时间参数计算

B　网络计划的计算工期和计划工期

单代号网络计划的计算工期 T_c 等于其终点节点所代表的工作的最早完成时间 EF_n。在本例中，其计算工期为 $T_c = EF_7 = 45$；未规定要求工期时，计划工期 T_p 同计算工期，即 $T_p = T_c = 45$。

C　计算工作的最迟完成时间和最迟开始时间

工作最迟完成时间和最迟开始时间的计算应从网络计划的终点节点开始，逆着箭线方向按节点编号从大到小的顺序依次进行。

（1）最迟完成时间。网络计划终点节点 n 所代表的工作的最迟完成时间 LF_n，等于该网络的计划工期 T_p，即：

$$LF_n = T_p \tag{5-20}$$

本例中，终点节点⑦所代表的工作 Fin（虚工作）的最迟完成时间为 $LF_7 = T_p = 45$。

其他工作的最迟完成时间 LF_i，等于各紧后工作最迟开始时间 LS_j 中的最小值，即：

$$LF_i = \min\{LS_j\} \tag{5-21}$$

式中　LF_i——工作 i 的最迟完成时间；

LS_j——工作 i 的紧后工作 j 的最迟开始时间。

在本例中，工作 C 和工作 A 的最迟开始时间分别为：$LF_3 = \min\{LS_5, LS_6\} = \min\{20, 35\} = 30$，$LF_2 = \min\{LS_3, LS_4, LS_5\} = \min\{12, 5, 20\} = 5$。

（2）工作的最迟开始时间 LS_i。工作的最迟开始时间 LS_i，等于本工作的最迟完成时间 LF_i 与其持续时间 D_i 之差，即：

$$LS_i = LF_i - D_i \tag{5-22}$$

在本例中，工作 Fin 和工作 C 的最迟开始时间分别为 $LS_7 = LF_7 - D_7 = 45 - 0 = 45$、$LS_4 = LF_4 - D_4 = 20 - 15 = 5$。

D　计算相邻两项工作之间的时间间隔

（1）含义。相邻两项工作之间的时间间隔，用 $LAG_{i,j}$ 表示，是指其紧后工作的最早开始时间与本工作最早完成时间的差值，即：

$$LAG_{i,j} = ES_j - EF_i \tag{5-23}$$

式中 $LAG_{i,j}$——工作 i 与其紧后工作 j 之间的时间间隔；

ES_j——工作 i 的紧后工作 j 的最早开始时间；

EF_i——工作 i 的最早完成时间。

(2)作用。这项参数的计算,有助于简化其他参数的计算,尤其是在单代号搭接网络计划中。计算时,宜逆箭线方向自右向左依次逐项计算时间间隔。

在本例中,工作 A 与工作 D、工作 B 与工作 F 的时间间隔分别为 $LAG_{2,5} = ES_5 - EF_2 = 20 - 5 = 15$,$LAG_{3,5} = ES_5 - EF_3 = 20 - 13 = 7$。其他的时间间隔如图 5-21 所示。

E 计算工作时差

工作时差的概念与双代号网络图完全一致,但由于单代号工作在节点上,所以其表示符号和计算有所不同。

(1)计算工作的总时差。工作总时差的计算应从网络计划的终点节点开始,逆着箭线方向按节点编号从大到小的顺序依次进行。

网络计划终点节点 n 所代表的工作的总时差应等于计划工期与计算工期之差,即:

$$TF_n = T_p - T_c \tag{5-24}$$

当计划工期等于计算工期时,该工作的总时差为零。例如在本例中,终点节点⑦所代表的工作 Fin(虚拟工作)的总时差为 $TF = 0$。

对于其他工作,在四项基本参数 ES、EF、LS、LF 都计算得出后,总时差可按其基本含义计算,这与双代号网络计划的原理是一样的。

对于已计算了时间间隔的单代号网络计划,其他工作总时差可简化为,本工作与其各紧后工作之间的时间间隔加该紧后工作的总时差所得之和的最小值,即按式(5-25)计算:

$$TF_i = \min\{LAG_{i,j} + TF_j\} \tag{5-25}$$

式中 TF_i——工作 i 的总时差;

$LAG_{i,j}$——工作 i 与其紧后工作 j 之间的时间间隔;

TF_j——工作 i 的紧后工作 j 的总时差。

在本例中,工作 A 的总时差为:$TF_2 = \min\{LAG_{2,4} + TF_4, LAG_{2,3} + TF_3, LAG_{2,5} + TF_5\} = \min\{0 + 0, 0 + 7, 15 + 0\} = 0$。其他工作的总时差如图 5-21 所示。

需要指出的是,在总时差计算后,可很方便地完成工作最迟时间的计算。具体为:

工作的最迟完成时间等于本工作的最早完成时间与其总时差之和,即:

$$LF_i = EF_i + TF_i \tag{5-26}$$

而工作的最迟开始时间等于本工作的最早开始时间与其总时差之和,即:

$$LS_i = ES_i + TF_i \tag{5-27}$$

在本例中,工作 A 和工作 B 的最迟完成时间分别为 $LF_2 = EF_2 + TF_2 = 5 + 0 = 5$,$LF_3 = EF_3 + TF_3 = 13 + 7 = 20$;工作 A 和工作 B 的最迟开始时间分别为 $LS_2 = ES_2 + TF_2 = 0 + 0 = 0$,$LS_3 = ES_3 + TF_3 = 5 + 7 = 12$。其他工作的最迟完成时间和最迟开始时间如图 5-21 所示。

(2)计算工作的自由时差。网络计划终点节点 n 所代表工作的自由时差,等于计划工期与本工作的最早完成时间之差,即:

$$FF_n = T_p - EF_n \tag{5-28}$$

式中 FF_n——终点节点 n 所代表的工作的自由时差;

T_p——网络计划的计划工期；

EF_n——终点节点 n 所代表的工作的最早完成时间(即计算工期)。

例如在本例中，终点节点⑦所代表的工作 Fin(虚拟工作)的自由时差为：

$$FF_7 = T_p - EF_7 = 45 - 45 = 0$$

其他工作的自由时差等于本工作与其紧后工作之间时间间隔的最小值，即：

$$FF_i = \min\{LAG_{i-j}\} \tag{5-29}$$

例如在本例中，工作 A、B 的自由时差为：

$$FF_2 = \min\{LAG_{2,4}, LAG_{2,3}, LAG_{2,5}\} = \min\{0,0,15\} = 0$$

$$FF_3 = \min\{LAG_{3,5}\} = \min\{7\} = 7$$

其他工作的自由时差如图 5-21 所示。

F　确定网络计划的关键线路

关键工作的概念及其确定均同双代号网络计划。对于关键线路，在单代号网络中可表述为“从起点节点起到终点节点均为关键工作且所有工作时间间隔均为零的线路”，或者“将关键工作相连并保证相邻两项关键工作之间的时间间隔为零而构成的线路”，或者“从网络计划的终点节点开始，逆着箭线方向依次找出相邻两项工作之间时间间隔为零的线路”，在网络图上应用粗线、双线或彩色线标注。

在本例中，由于工作 A、工作 C、工作 D 和工作 F 的总时差均为零，故它们为关键工作。由网络计划的起点节点①和终点节点⑦与上述四项关键工作组成的线路上，相邻两项工作之间的时间间隔全部为零，故线路①—②—④—⑤—⑥—⑦为关键线路，在图中以双线标注。

5.2.4 双代号时标网络计划

5.2.4.1 概述

双代号时标网络计划是以时间坐标为尺度编制的双代号网络计划，简称时标网络计划。

A　时标网络计划的时标计划表

时标网络计划是绘制在时标计划表上的。时标的时间单位是根据需要，在编制时标网络计划之前确定的，可以是小时、大、周、旬、月或季等。时间可标注在时标计划表顶部，也可以标注在底部，必要时还可在顶部或底部同时标注。时标的长度单位必须注明，必要时可在顶部时标之上或底部时标之下加注日历的对应时间。表 5-4 是时标计划表的表达形式，其中“日历”行，可根据实际需要进行取舍。

表 5-4　时标计划表

日　历																	
(时间单位)	1	2	3	4	5	6	7	8	9	10	11	12	13	14	15	16	17
网络计划																	
(时间单位)	1	2	3	4	5	6	7	8	9	10	11	12	13	14	15	16	17

B　时标网络计划的基本符号

时标网络计划的工作，以实箭线表示；自由时差以波形线表示，虚工作以虚箭线表示。当实箭线之后有波形线且其末端有垂直部分时，其垂直部分用实线绘制；当虚箭线有时差且其末端有垂直部分时,其垂直部分用虚线绘制。

C 时标网络计划的特点

时标网络计划与无时标网络计划相比较,有以下特点:

(1)使用方便。主要时间参数一目了然,具有横道计划的优点。

(2)绘图比较麻烦。由于箭线长短受时标的制约,修改工作持续时间时必须重新绘图。

(3)计算量较小。时标网络计划绘图时可以不进行计算,因而可大大节省计算量。只有在图上没有直接表示出来的时间参数(总时差、最迟开始时间及完成时间等),才需进行计算。

D 时标网络计划的适用范围

(1)编制工作项目较少且工艺过程较简单的建筑施工计划,能迅速边绘、边算、边调整。

(2)对于大型复杂的工程(特别是不使用计算机时),可先用时标网络图的形式绘制各分部分项工程的网络计划,然后再综合起来绘制出较简明的总网络计划;也可先编制一个总的施工网络计划,以后每隔一段时间,对下段时间应施工的工程区段绘制详细的时标网络计划。时间间隔的长短要根据工程的性质、所需的详细程度和工程的复杂性决定。执行过程中,如果时间有变化,则不必改动整个网络计划,而只对这一阶段的时标网络计划进行修订。

(3)有时为了便于在图上直接表示每项工作的进程,可将已编制并计算好的网络计划再复制成时标网络计划。

(4)待优化或执行中在图上直接调整的网络计划。

(5)年、季、月等周期性网络计划。

5.2.4.2 双代号时标网络计划图的绘图方法

A 绘图的基本要求

时间长度是以所有符号在时标表上的水平位置及其水平投影长度表示的,与其所代表的时间值相对应;节点的中心必须对准时标的刻度线;虚工作必须以垂直虚箭线表示,有时差时加波形线表示;时标网络计划宜按最早时间编制;时标网络计划编制前,应先绘制无时标网络计划。

B 时标网络计划图的绘制步骤

(1)绘制方法。时标网络计划图的绘制有两种方法:先计算无时标网络计划的时间参数,再按该计划在时标表上进行绘制;不计算时间参数,直接根据无时标网络计划在时标表上进行绘制。

(2)“先算后绘法”的绘图步骤。绘制时标计划表;计算每项工作的最早开始时间和最早完成时间;将每项工作的箭尾节点按最早开始时间定位在时标计划表上,其布局应与不带时标的网络计划基本相当,然后编号;用实线绘制出工作持续时间,用虚线绘制无时差的虚工作(垂直方向),用波形线绘制工作和虚工作的自由时差。

例 5-4 将图 5-22 按“先算后绘法”绘制成时标网络计划。

解:第一步,计算各节点时间,如图 5-22 所示;

第二步,按上述步骤绘制完成网络计划,如图 5-23 所示。

(3)不经计算,直接按无时标网络计划编制时标网络计划的步骤。仍以图 5-22 为例,其步骤如下:

1)绘制时标计划表。

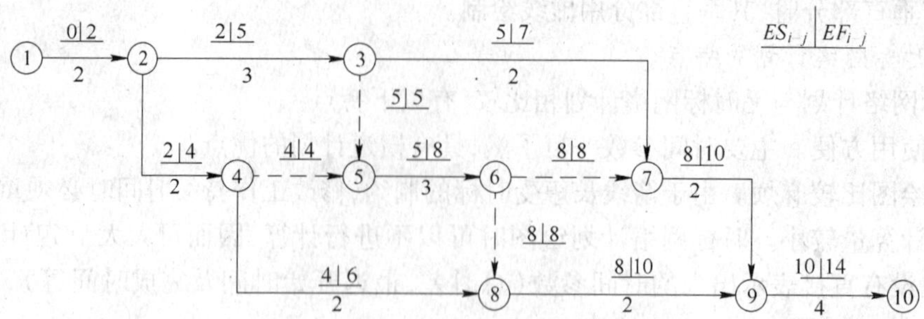

图 5-22　无时标网络计划

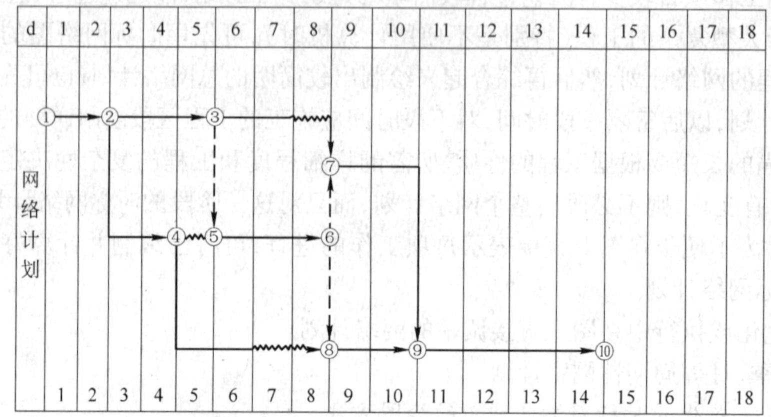

图 5-23　图 5-22 的时标网络计划

2）将起点节点定位在时标计划表的起始刻度线上，见图 5-23 的节点①。

3）按工作持续时间在时标表上绘制起点节点的外向箭线，见图 5-23 的 1—2。

4）工作的箭头节点，必须在其所有内向箭线绘出以后，定位在这些内向箭线中最晚完成的实箭线箭头处，如图 5-23 中的节点⑤、⑦、⑧、⑨。

5）某些内向实箭线长度不足以到达该箭头节点时，用波形线补足，如图 5-23 中的 3—7、4—8。

6）如果虚箭线的开始节点和结束节点之间有水平距离时，以波形线补足，如箭线 4—5。

7）如果没有水平距离，绘制垂直虚箭线，如 3—5，6—7，6—8。

8）用上述方法自左向右依次确定其他节点的位置，直至终点节点定位，绘图完成。

9）注意确定节点的位置时，尽量与无时标网络图的节点位置相当，保持布局基本不变。

10）给每个节点编号，编号与无时标网络计划相同。

5.2.4.3　双代号时标网络计划关键线路和时间参数的确定

A　时标网络计划关键线路的确定与表达方式

自终点节点至起点节点逆箭线方向朝起点观察，自始至终不出现波形线的线路，为关键线路。如图 5-23 中的 1—2—3—5—6—7—9—10 线路和 1—2—3—5—6—8—9—10。

关键线路的表达与无时标网络计划相同，用粗线、双线和彩色线标注均可。

B 时间参数的确定

(1)“计算工期”的确定。时标网络计划的“计算工期”,应是其终点节点与起点节点所在位置的时标值之差,如图5-23所示的时标网络计划的计算工期是14-0=14天。

(2)最早时间的确定

时标网络计划中,每条箭线箭尾节点中心所对应的时标值,代表工作的最早开始时间。箭线实线部分右端或箭头节点中心所对应的时标值,代表工作的最早完成时间。虚箭线的最早开始时间和最早完成时间相等,均为其所在刻度的时标值,如图5-23中箭线6—8的最早开始时间和最早结束时间均为第8天。

(3)工作自由时差的确定

时标网络计划中,工作自由时差等于其波形线在坐标轴上水平投影的长度,如图5-23中工作3—7的自由时差值为1天,工作4—5的自由时差值为1天,工作4—8的自由时差值为2天,其他工作无自由时差。这个判断的理由是,每项工作的自由时差值均为其紧后工作的最早开始时间与本工作的最早完成时间之差。如图5-23中的工作4—8,其紧后工作8—9的最早完成时间以图判定为第8天,本工作的最早开始时间以图判定为第6天,其自由时间为8-6=2天,即为图上该工作实线部分之后的波形线的水平投影长度。

(4)工作总时差的计算

时标网络计划中,工作总时差应自右而左进行逐个计算。一项工作只有其紧后工作的总时差全部计算出以后才能计算出其总时差。

工作总时差等于其诸紧后工作总时差的最小值与本工作自由时差之和。其计算公式是:

1)以终点节点($j=n$)为箭头节点的工作的总时差TF_{i-j},按网络计划的计划工期T_p计算确定,即

$$TF_{i-n}=T_p-EF_{i-n} \tag{5-30}$$

本例中,$TF_{9-10}=14-14=0$

2)其他工作的总时差应为

$$TF_{i-j}=\min\{TF_{j-k}\}+FF_{i-j} \tag{5-31}$$

本例中,$TF_{7-9}=0-0=0$,$TF_{3-7}=0+1=1$,$TF_{2-4}=\min\{2,1\}+0=1$

依此类推,可计算出全部工作的总时差值,如图5-23所示。

(5)工作最迟时间的计算

在最早开始时间ES、最早结束时间EF、总时差TF均已计算出后,工作的最迟时间可按式(5-32)、式(5-33)进行计算:

$$LS_{i-j}=ES_{i-j}+TF_{i-j} \tag{5-32}$$

$$LF_{i-j}=EF_{i-j}+TF_{i-j} \tag{5-33}$$

本例中,工作2—4的最迟时间为

$$LS_{2-4}=ES_{2-4}+TF_{2-4}=2+1=3, LF_{2-4}=EF_{2-4}+TF_{2-4}=4+1=5$$

5.3 施工组织设计

5.3.1 施工组织概述

施工组织设计就是针对施工安装过程的复杂性,用系统的思想并遵循技术经济规律,对

拟建工程的各阶段、各环节以及所需的各种资源进行统筹安排的计划管理行为。它努力使复杂的生产过程，通过科学、经济、合理的规划安排，达到建设项目能够连续、均衡、协调地进行施工，满足建设项目对工期、质量及投资方面的各项要求。又由于建筑产品的单件性，没有固定不变的施工组织设计适用于任何建设项目，所以，如何根据不同工程特点编制相应的施工组织设计则成为施工组织管理中的重要一环。

5.3.1.1　施工组织设计的作用

施工组织设计是指导拟建工程项目进行施工准备和正常施工的基本技术经济文件，是对拟建工程在人力和物力、时间和空间、技术和组织等方面所做的全面合理的安排。

施工组织设计作为指导拟建工程项目的全局性文件，应尽量适应施工安装过程的复杂性和具体施工项目的特殊性，并且尽可能保持施工生产的连续性、均衡性和协调性，以实现生产活动的最佳经济效果，其作用具体表现在：

(1)施工组织设计是施工准备工作的一项重要内容，同时又是指导其他各项准备工作的依据，它是整个施工准备工作的核心。

(2)通过编制施工组织设计，充分考虑了施工中可能遇到的困难与障碍，并事先设法予以解决或排除，从而提高了施工的预见性，减少了盲目性，为实现建设目标提供了技术保证。

(3)施工组织设计为拟建工程所制定的施工方案和施工进度等，是指导现场施工活动的基本依据。

(4)施工组织设计是统筹安排施工企业生产的投入与产出过程的依据和关键。

(5)施工组织设计对施工场地所作的规划与布置，为现场的文明施工创造了条件。

5.3.1.2　工程项目施工组织原则

施工组织设计是建筑业企业和施工项目经理部施工管理活动的重要技术经济文件，也是完成国家和地区工程建设计划的重要手段。而组织项目施工则是为了更好地落实、控制和协调其施工组织设计的实施过程。根据多年以来的实践经验，结合施工项目产品及其生产特点，在组织项目施工过程中应遵守以下几项基本原则：

(1)保证重点、统筹安排，按期按质交付使用。

(2)合理安排施工顺序。

(3)尽量采用流水作业法及网络计划技术组织施工。

(4)提高机械化施工水平。

(5)采用先进科学技术。

(6)合理安排施工现场。

5.3.1.3　施工组织设计的分类

施工组织设计是一个总的概念，根据建设项目的类别、工程规模、编制阶段、编制对象和范围的不同，在编制的深度和广度上也有所不同。

(1)按编制阶段的不同分类。施工组织设计按编制阶段的不同可分为：

设计阶段
- 初步设计阶段→施工组织规划设计
- 技术设计阶段→施工组织总设计
- 施工图设计阶段→单位工程施工组织设计

施工阶段
- 投标阶段→综合指导性施工组织设计
- 中标后施工阶段→实施性施工组织设计

(2)按编制对象范围不同分类。施工组织设计按编制对象范围的不同可分为施工组织总设计、单位工程施工组织设计、分部分项工程施工组织设计三种。

1)施工组织总设计。施工组织总设计是以一个建筑群或一个建设项目为编制对象,用以指导整个建筑群或建设项目施工全过程的各项施工活动的综合性经济技术文件。施工组织总设计一般在初步设计或扩大初步设计被批准之后,在总承包企业的总工程师主持下进行编制。

2)单位工程施工组织设计。单位工程施工组织设计是以一个单位工程(一个建筑物或构筑物,一个交工系统)为编制对象,用以指导其施工全过程的各项施工活动的综合性技术经济文件。单位工程施工组织设计一般在施工图设计完成后,在拟建工程开工之前,由工程处的技术负责人主持进行编制。

3)分部分项工程施工组织设计。分部分项工程施工组织设计也叫分部分项工程作业设计。它是以分部(分项)工程为编制对象,由单位工程的技术人员负责编制,用以具体实施其分部(分项)工程施工全过程的各项施工活动的技术、经济和组织的综合性文件。一般对于工程规模大,技术复杂或施工难度大的建筑物或构筑物,在编制单位工程施工组织设计之后,常需对某些重要的又缺乏经验的分部(分项)工程再深入编制施工组织设计。例如深基础工程、大型结构安装工程、高层钢筋混凝土主体结构工程、地下防水工程等。

5.3.1.4 施工组织设计的内容

A 施工组织总设计的内容

(1)工程概况。应着重说明工程的规模、造价、工程特点、建设期限以及外部施工条件等。

(2)施工准备工作。应列出准备工作一览表,各项准备工作的负责单位、配合单位及负责人,完成的日期及保证措施。

(3)施工布置及主要施工对象的施工方案。包括建设项目的分期建设规划,各期的建设内容,施工任务的组织分工,主要施工对象的施工方案和施工设备,全场性的技术组织措施(如全工地的地方调配、地基的处理、大宗材料的运输、施工机械化及装配化水平等),以及大型暂设工程的安排等。

(4)施工总进度计划。包括整个建设项目的开竣工日期,总的施工程序安排,分期建设进度,土建工程与专业工程的穿插配合,主要建筑物及构筑物的施工期限等。

(5)全场性施工总平面图。图中应说明场内外主要交通运输道路、供水供电管网和大型临时设施的布置、施工场地的用地划分等。

(6)主要原材料、半成品、预制构件和施工机具的需要量计划。

(7)主要技术经济指标。工期与劳动力均衡性指标、综合机械化程度、降低成本率、劳动生产率、工程质量优良率等。

B 单位工程施工组织设计的内容

(1)工程概况和施工条件。包括工程建设、施工概况和工程施工特点。

(2)施工准备工作。施工准备是单位工程施工组织设计的一项重要工作,宏观地分为物的准备和人的准备两大部分。

(3)施工方案。主要包括各主要工种的施工方法、施工程序、顺序和流向的确定、施工段的划分、各主要工种选用机械及其布置和开行路线、构件现场预制与工厂预制的种类和数量的确定等。

(4)施工进度计划表。介绍各分部分项工程的项目、数量、施工顺序、搭接和交叉作业，列出劳动力、材料、机具等需要量计划。

(5)施工平面图。说明现场临时建筑物、围墙、机械、搅拌站及仓库等的位置。

(6)施工技术、组织与安全保证措施。

(7)主要技术经济指标。

C 分部工程施工组织设计的内容

分部工程施工设计也叫作业设计，它是单位工程施工组织设计的具体化。

作业设计的内容，重点在于施工方法和机械设备的选择，保证质量与安全的技术措施，施工进度与劳动力组织等。

5.3.2 单位工程施工组织设计

单位工程施工组织设计是沟通设计与施工的桥梁，它既要体现国家有关法规和施工图的要求，又要符合施工活动的客观规律。它起着指导单位工程施工活动全过程的作用，是单位工程施工中必不可少的指导性文件。

5.3.2.1 单位工程施工组织设计的作用

单位工程施工组织设计是报批开工、备工、备料、备机及申请预付工程款的基本文件，是施工单位有计划地开展施工，检查、控制工程进展情况的重要文件，是施工队组安排施工作业计划的主要依据，是协调各单位、各工种之间、各资源之间的空间布置和时间安排之间关系的依据，是建设单位配合施工、监理，落实工程款项的基本依据。

5.3.2.2 单位工程施工组织设计的编制依据

单位工程施工组织设计的编制依据有：主管部门的批示文件及建设单位的要求，如上级主管部门或发包单位对工程的开、竣工日期、土地申请和施工执照等方面的要求等；施工图纸及设计单位对施工的要求，包括单位工程的全部施工图纸、会审记录和标准图等有关设计资料；建筑业企业年度生产计划对该工程的安排和规定的有关指标，如进度、其他项目穿插施工的要求等；施工组织总设计或大纲对该工程的有关规定和安排；资源配备情况，如施工中需要的劳动力、施工机具和设备、材料、预制构件和加工品的供应能力和来源情况；建设单位可能提供的条件和水、电供应情况；施工现场条件和勘察资料，如施工现场的地形、地貌、地上与地下的障碍物、工程地质和水文地质、气象资料、交通运输道路及场地面积等；预算文件和国家规范等资料；国家的施工验收规范、质量标准、操作规程和有关定额等。

5.3.2.3 单位工程施工组织设计的编制内容

单位工程施工组织设计的内容，根据工程性质、规模、繁简程度的不同，其内容和深、广度要求不同，一般应包括：工程概况及施工特点分析；施工方案设计；单位工程施工进度计划；单位工程施工准备工作计划；劳动力、材料、构件、加工品、施工机械和机具等需要量计划；单位工程施工平面图设计；保证质量、安全、降低成本和冬雨期施工的技术组织措施；各项技术经济指标。

对于一般常见的建筑结构类型且规模不大的单位工程，施工组织设计可以编制得简单一些，其主要内容为施工方案、施工进度计划和施工平面图，并辅以简明扼要的文字说明。

5.3.2.4 施工方案设计

施工方案是单位工程施工组织设计的核心。所确定的施工方案合理与否,不仅影响到施工进度计划的安排和施工平面图的布置,而且将直接关系到工程的施工效率、质量、工期和技术经济效果。施工方案的设计一般包括确定施工程序、确定单位工程施工起点和流向、确定施工顺序、合理选择施工机械和施工方法及相应技术组织措施等内容。

A 确定施工程序

施工程序是指单位工程中各分部工程或施工阶段的先后次序及其制约关系,其任务主要是从总体上确定单位工程主要分部工程的施工顺序。

B 确定单位工程施工流向

施工流向是指单位工程在平面或空间上施工的开始部位及其展开方向,这主要取决于生产需要、缩短工期和保证质量等要求。一般来说,对单层建筑物,只要按其工段、跨间分区分段地确定平面上的施工流向;对多层建筑物,除了确定每层平面上的施工流向外,还要确定其层间或单元空间上的施工流向。

施工流向的确定,影响到一系列施工过程的开展和进程,是组织施工的重要环节。应考虑生产工艺或使用要求、单位工程各部分的繁简程度、房屋高低层或高低跨、工程现场条件和施工方案、施工技术与组织上的要求、分部工程或施工阶段的特点等。

C 确定施工顺序

确定施工顺序主要是指分项工程施工的先后次序,既是为了按照客观施工规律组织施工,也是为了解决工种之间的时间搭接和空间配合问题。在保证质量与安全施工的前提下,充分利用空间、争取时间,实现缩短工期的目的。

D 确定施工方法

(1)确定施工方法应遵循的基本原则如下:

1)施工方法的技术先进性与经济合理性相统一。

2)兼顾施工机械的适用性和多用性,尽可能充分发挥施工机械的使用效率。

3)充分考虑施工单位的技术特点、技术水平、劳动组织形式、施工习惯以及可利用的现有条件等。

(2)拟定施工方法的重点。拟定施工方法应着重考虑影响整个单位工程施工的分部分项工程的施工方法。对于那些按常规做法和生产人员比较熟悉的分项工程可适当简单些,只要提出应该注意的特殊要点和解决措施即可。对于下列项目,在拟定施工方法时则应详细、具体,必要时还应编制单项作业设计:

1)工程量大、在单位工程中占重要地位、对工程质量起关键作用的分部分项工程。如基础工程、钢筋混凝土等隐蔽工程。

2)施工技术比较复杂、施工难度比较大,或采用新技术、新工艺、新结构、新材料的分部分项工程。如采用钢结构预应力、不设缝结构施工、软土地基等。

3)施工人员不太熟悉的特殊结构或专业性很强的特殊专业工程。例如仿古建筑、灯塔及大型钢结构整体提升等。

(3)拟定施工方法的要求如下:

1)拟定主要的操作过程和方法,包括施工机械的选择。

2)提出质量要求和达到质量要求的技术措施,指出可能产生的问题和防治措施。

3)提出季节性施工和降低成本的措施。

4)提出切实可行的安全施工措施。

E　选择施工机械

施工工艺、施工方法和所用施工机械密切相关,施工机械的选择是确定施工方案的一个重要环节。

(1)选择主导施工机械。选择施工机械应根据工程的特点,确定适用的主要施工机械的类型。

(2)施工机械之间的生产能力应协调。为了充分发挥主导机械的生产效率,选择与主导机械直接配套使用的其他各种机械时,必须考虑各种机械之间的生产能力相互协调一致,避免出现“瓶颈”现象而影响主导机械的利用率;同时应根据最大生产能力来配备足够的生产人员和供应足够的生产材料。

F　施工进度计划和资源需要量计划

单位工程施工进度计划是施工组织设计的主要部分,是具体指导施工的计划文件。其任务是在施工方案的基础上,根据规定工期和各种资源供应条件,确定单位工程中各工序的合理施工顺序和施工时间及其搭接关系,并用图表的形式表达出来,指导和保证单位工程在规定期限内有条不紊地完成施工任务。在单位工程施工进度计划正式编制完后,就可以编制各项资源需要量计划,用以确定建筑工地的临时设施,并按计划供应材料、调配劳动力。

单位工程施工进度计划的作用是控制单位工程的施工进度,保证在规定工期内完成符合质量要求的工程任务;确定单位工程各个施工过程的施工顺序、施工持续时间相互衔接和合理配合关系;为编制季度、月度生产作业计划提供依据;是制定各项资源需要量计划和编制施工准备工作计划的依据。

编制单位工程施工进度计划的主要依据有:经过审批的建筑总平面图和单位工程全套施工图,以及地质图、地形图、工艺设计图、设备图及其基础图,采用的各种标准图等图样及技术资料;施工组织总设计对本单位工程的有关规定;施工工期要求及开、竣工日期;施工条件、劳动力、材料、构件及机械的供应条件、分包单位的情况等;主要分部、分项工程的施工方案,包括施工程序、施工段划分、施工流程、施工顺序、施工方法、技术及组织措施等;施工定额;施工合同。

单位工程施工进度计划通常按照一定的格式编制,一般应包括各分部分项工程名称、工程量、劳动量、每天安排的人数和施工时间等内容。表5-5所示为常用的施工进度计划表形式。

表5-5　单位工程施工进度计划表

<table>
<tr><th rowspan="3">序号</th><th rowspan="3">分部分项工程名称</th><th colspan="2">工程量</th><th rowspan="3">时间定额</th><th colspan="2">劳动量</th><th colspan="2">需用机械</th><th rowspan="3">每天工作班次</th><th rowspan="3">每班工人数</th><th rowspan="3">工作天数</th><th colspan="8">施工进度</th></tr>
<tr><th rowspan="2">单位</th><th rowspan="2">数量</th><th rowspan="2">工种</th><th rowspan="2">数量(工日)</th><th rowspan="2">机械名称</th><th rowspan="2">台班数量</th><th colspan="5">月</th><th colspan="3">月</th></tr>
<tr><th>5</th><th>10</th><th>15</th><th>20</th><th>25</th><th>5</th><th>10</th><th>15</th></tr>
<tr><td></td><td></td><td></td><td></td><td></td><td></td><td></td><td></td><td></td><td></td><td></td><td></td><td></td><td></td><td></td><td></td><td></td><td></td><td></td><td></td></tr>
</table>

表格由两部分组成,左边部分是工程项目和有关施工参数,列出各种计算数据,如分部分项工程名称、相应的工程量、采用的定额、需要的劳动量或机械台班数、每天施工的工人数和施工的天数等;右边部分是时间图表部分,即规定的开工之日起到竣工之日止的日历表。

下面是以左面表格的计算数据设计的进度指示图表,用线条形象表现各个分部分项工程的施工进度、各个分部分项工程阶段的工期和整个单位工程的总工期;且综合反映出各分部分项工程相互关系和各个工作队在时间上和空间上开展工作的相互配合关系。有时在其下面汇总每天资源需要量,绘出资源、需要量的动态曲线。

单位工程施工进度计划编制的一般方法是,根据流水作业原理,首先编制各分部工程进度计划,然后搭接各分部工程流水,并合理安排其他不便组织流水施工的某些工序,形成单位工程进度计划。施工进度计划的编制程序如图5-24所示。

(1)划分施工过程。编制进度计划时,首先应按照图纸和施工顺序将拟建单位工程的各个施工过程列出,并结合施工方法、施工条件、劳动组织等因素,经适当调整使其成为编制施工进度计划所需的施工过程。

所采用的施工过程名称可参考现行定额手册上的项目名称;拟建工程所有施工过程应大致按施工顺序的先后进行排列,填在施工进度计划表的有关栏目内。

通常施工进度计划表中只列出直接在建筑物(或构筑物)上进行施工的砌筑安装类施工过程,构件制作和运输等则不需列出,如门窗制作和运输等制备、运输类施工过程;但当某些构件采用现场就地预制方案,单独占工期且对其他分部分项工程施工有影响或其运输工作需与其他分部分项工程施工密切配合(如楼板随运随吊),也需将其列入。

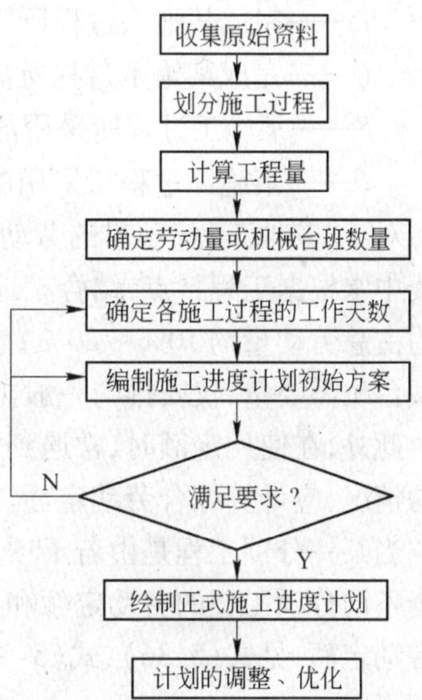

图5-24 施工进度计划的编制程序

施工过程的划分还与所选择的施工方案有关。如结构安装工程,若采用分件吊装法,施工过程的名称、数量和内容及其安装顺序应按照构件来确定;若采用综合吊装法,施工过程应按施工单元(节间、区段)来确定。

在确定施工过程时,尚需注意适当简化进度表的内容,避免划分过细而重点不明。一般可将某些分项工程合并到主要分项工程中去,如安装门窗框可以并入砌墙工程。项目的合并比较灵活,应根据具体情况进行,一般在合并项目时考虑施工过程在施工工艺上是否接近、施工组织上是否有联系等,如对工业厂房中的钢窗油漆、钢门油漆、钢支撑油漆、钢梯油漆合并为钢构件油漆一个施工过程,就是对在同一时间内、由同一工程队施工的项目进行合并;对于次要的、零星的分项工程可合并成一项,以“其他工程”单独列出,在计算劳动量时统一进行考虑。

水、暖、电、卫工程和设备安装工程通常由专业机构负责施工,在施工进度计划中只需反映出这些工程与土建工程如何配合即可,不必细分。

总之,施工过程的划分要粗细得当,单位工程施工进度计划的工程项目不宜列得过多(小于40项为宜)。工程项目应包括从准备工作在内的全部土建工程,也包括有关的配合工程(如水电安装等),切忌漏项或重复。

(2)计算工程量。工程量计算应严格按照施工图纸和工程量计算规则进行。如编制施工进度计划时已有了预算文件,可以直接采用施工图预算的数据,但应注意有些项目的工程量应按实际情况作适当调整。如计算柱基土方工程量时,应根据土壤级别和采用施工方法

（单独基坑开挖、基槽开挖还是大开挖，放边坡还是加支撑）等实际情况进行计算。

（3）确定劳动量和机械台班数量。劳动量和机械台班数量应当根据各分部分项工程的工程量、施工方法和现行的施工定额，并结合当时当地的具体情况加以确定。一般应按式（5-34）、式（5-35）计算：

$$P = \frac{Q}{S} \tag{5-34}$$

或

$$P = Q \cdot H \tag{5-35}$$

式中　P——完成某施工过程所需的劳动量（工日）或机械台班数量（台班）；

Q——完成某施工过程所需的工程量（m^3，m^2，t …）；

S——某施工过程所采用的产量定额（m^3，m^2，t … / 工日或台班）；

H——某施工过程所采用的时间定额（工日或台班 /m^3，m^2，t …）。

对于“其他工程”项目的劳动量或机械台班量，可根据合并项目的实际情况进行计算。实践中常根据工程特点，结合工地和施工单位的具体情况，以总劳动量的一定比例估算，一般约占总劳动量的10% ~20%；水、暖、电、卫及设备安装的工程项目，一般不计算劳动量和机械台班需要量，仅安排与一般土建工程配合的进度。

此外，在使用定额时，常遇到定额所列项目工作内容与编制施工进度计划所列项目不一致的情况，应计算综合劳动定额。

当某一分项工程是由若干项具有同一性质而不同类型的分项工程合并而成时，应根据各个不同分项工程的劳动定额和工程量，按合并前后总劳动量不变的原则，计算合并后的综合劳动定额，见式（5-36）、式（5-37）：

$$S = \frac{\sum_{i}^{n} Q_i}{\frac{Q_1}{S_1} + \frac{Q_2}{S_2} + \cdots + \frac{Q_n}{S_n}} \tag{5-36}$$

或

$$S = \frac{\sum Q_i}{Q_1 H_1 + Q_2 H_2 + \cdots + Q_n H_n} \tag{5-37}$$

式中　S——综合产量定额；

$Q_1, Q_2, \cdots, Q_n$——合并前各分项工程的工程量；

$S_1, S_2, \cdots, S_n$——合并前各分项工程的产量定额；

$H_1, H_2, \cdots, H_n$——合并前各分项工程的时间定额。

实际使用时应特别注意合并前各分项工程的工作内容和工程量单位。

（4）确定各施工过程的施工天数。确定施工过程的工作时间就是计算流水节拍。

（5）编制施工进度计划的初始方案。编制施工进度计划时，必须考虑各分部分项工程的合理施工顺序，尽可能组织流水施工。

（6）检查和调整施工进度。编制施工进度时需考虑的因素很多，初步编制时往往会顾此失彼，难以统筹全局。因此初步进度仅起框架作用，编制后还应进行检查、平衡和调整。一般应检查各分部分项工程的施工时间和施工顺序的安排是否合理；安排的工期是否满足规定要求；所安排的劳动力、施工机械和各种材料供应是否能满足，资源使用是否均衡等。

经过检查，对不符合要求的部分，可采用增加或缩短某些分项工程的施工时间；在施工顺序允许的情况下,将某些分项工程的施工时间向前或向后移动;必要时,改变施工方法或施工组织等方法进行调整。调整某一分项工程时要注意它对其他分项工程的影响。进而作资源和工期优化,使进度计划更加合理,形成最终进度计划表。

通过调整可使劳动力、材料的需要量更为均衡,主要施工机械的利用更为合理,这样可避免或减少短期内资源的过分集中。无论是整个单位工程还是各个分部工程,其资源消耗都应力求均衡。

资源消耗的均衡程度常用资源不均衡系数 K 和资源动态图来表示。资源动态图是把单位时间内各施工过程消耗某一种资源的数量进行累计,然后把单位时间内所消耗的总量按统一比例绘制而成的图形。资源不均衡系数按式(5-38)计算。

$$K=\frac{R_{\max}}{\overline{R}} \tag{5-38}$$

式中 $R_{\max}$——单位时间内资源消耗的最大值;

$\overline{R}$——该施工期内资源消耗的平均值。

资源不均衡系数一般控制在1.5左右为最佳,当有几个单位施工工程统一调配资源时,该值可适当放宽。

G 单位工程资源需要量计划

单位工程施工进度计划确定以后,根据施工图样、工程量数据、施工方案、施工进度计划等有关技术资料,编制劳动力、材料、构配件、施工机械、器具等资源需要量计划,用于确定建筑工地的临时设施,并按照施工先后顺序,组织材料的采购、运输、现场的堆放、调配劳动力和大型设备的进场。资源需要量计划不仅是为了明确各种技术工人和各种技术物资的需要量,还是做好劳动力与物资的供应、平衡、调度、落实的依据,也是施工单位编制月、季生产作业计划的主要依据之一。

(1)劳动力需要量计划。劳动力需要量计划主要是调配劳动力,安排生活和福利设施。其编制方法是将单位工程施工进度计划表内所列各施工过程中每单位时间(天、旬、月)所需工人人数,按工种汇总列成表格,送交劳动人事部门统一调配。

(2)主要建筑材料、构配件需要量计划。该需要量计划主要为组织备料,掌握备料情况,确定现场仓库、堆场面积,组织运输之用。其编制方法是将施工预算中或进度计划表中的工程量,按材料名称、规格、使用时间并考虑材料、构配件的贮存和损耗情况进行统计并汇总成表,送交材料供应部门和有关部门组织采购和运输。

(3)机械、设备需要量计划。根据所采用的施工方案和施工进度计划,确定施工机械和设备的型号、规格、数量、进、退场时间等,汇总成表。在安排施工机械进场日期时,有些大型机械应考虑铺设轨道及安装时间,如塔式起重机、打桩机等。

5.3.2.5 施工平面图设计

单位工程施工平面图是用以指导单位工程施工的现场平面布置图,它涉及与单位工程有关的空间问题,是施工总平面图的组成部分。单位工程施工平面图设计的主要依据是单位工程的施工方案和施工进度计划,一般按1:200~1:500的比例绘制。

单位工程施工平面图应表明以下内容:施工现场内已建和拟建的地上和地面以下的一切建筑物、构筑物以及其他设施;移动式起重机的开行路线、其他垂直运输机械以及其他施工机械的位置,如井架、混凝土搅拌机等;地形等高线、测量放线标志桩位置和有关取舍土的位置;为施工服务的一切临时设施的位置和要求的面积,主要有工地内外的运输道路,各种材料、半成品、构配件以及工艺设备堆放的仓库和场地;装配式结构构件制作和拼装的地点;生产、行政管理和生活用的临时建筑,如办公室、工作车间、食堂等;临时供水、供电,排水的各种管线;一切安全和消防设施的位置,如高压线、消火栓的布置位置等。

上述内容,应根据工程规模、施工条件和生产需要适当增减。例如当现场采用商品混凝土时,混凝土的制备往往在场外进行,则施工现场的临时堆场较为简单;但现场的临时道路要求相对高一些。当工程规模较大,各施工阶段或分部工程施工也较复杂时,其施工平面图应根据情况分阶段地进行设计。

单位工程施工平面图设计的主要依据有:建筑区域平面图或施工组织总平面布置图,用以确定单位工程施工平面图的图幅范围和选定建筑物轮廓线位置、了解单位工程建筑物周围的具体情况和考虑要布置的主要内容;工程施工设计平面图,用以确定建筑物具体尺寸的主要依据;本工程的施工方案、施工进度计划和各种资源需要量计划,用以确定单位工程施工现场具体布置内容的主要依据;施工组织总设计。

设计单位工程施工平面图时,应考虑在保证施工顺利进行的前提下尽量少占施工用地,尽量减少临时设施的用量,最大限度地缩短在场内的运输距离,特别是尽可能减少场内二次搬运,要符合劳动保护、技术安全、消防和文明施工的要求。

单位工程施工平面图的设计步骤如图 5-25 所示。

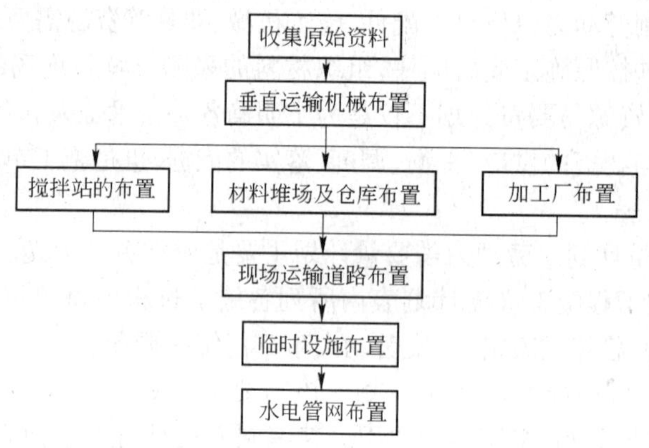

图 5-25　单位工程施工平面图的设计步骤

5.3.3　施工组织总设计

施工组织总设计是以一个建筑群或一个建设项目为编制对象,用以指导整个建筑群或建设项目施工全过程的各项施工活动的综合性经济技术文件。施工组织总设计一般在初步设计或扩大初步设计被批准之后,在总承包企业的总工程师主持下进行编制。

施工组织总设计的主要内容包括:工程概况、施工部署和主要工程项目施工方案、施工总进度计划、资源需要量计划、全场性施工总平面图和技术经济指标等。

5.3.3.1　施工部署

施工部署是对整个建设项目的施工做出全面的战略安排,并解决其中影响全局的重大问题。

施工部署所包括的内容,因建设项目的性质、规模和各种客观条件的不同而不同。一般应包括的内容有:确定工程开展程序,拟定主要工程项目的施工方案,明确施工任务划分与组织安排,编制施工准备工作总计划等。

A 确定工程开展程序

确定工程开展程序,主要考虑以下几点:

(1)在保证工期要求的前提下,实行分期分批施工。这样既能使每一具体工程项目迅速建成,又能在全局上取得施工的连续性和均衡性,并能减少暂设工程数量和降低工程成本。

(2)划分分期分批施工的项目时,应优先安排的工程:

1)按生产工艺要求,须先期投入生产或起主导作用的工程项目。

2)工程量大、施工难度大或工期长的项目。

3)运输系统、动力系统。如厂区内外的铁路、道路和变电站等。

4)生产上需要先期使用的机修、车库、办公楼及部分家属宿舍等。

5)供施工使用的工程项目。如采砂(石)场、木材加工厂、各种构件预制加工厂、混凝土搅拌站等施工附属企业及其他为施工服务的临时设施。

(3)在安排工程顺序时,应按先地下、后地上;先深后浅;先干线后支线的原则进行安排。如地下管线与筑路工程的开展程序,应先铺管线后修筑道路。

(4)施工季节的影响。例如大规模的土方工程和深基础工程施工,最好不在雨季进行,寒冷地区的工程施工,最好在入冬时转入室内作业和设备安装。

B 主要建筑物施工方案的确定

在施工组织总设计中所指的拟定主要建筑物施工方案与单位施工组织设计的施工方案要求的内容和深度是不同的,它只需原则性地提出方案性的问题。

由于机械化是实现现场施工的重要前提,因此,在拟定主要工程项目施工方案时,应注意按以下几点考虑机械化施工总方案的问题:

(1)所选主要机械的类型和数量应能满足各个主要工程项目的施工要求,并能在各工程上进行流水作业。

(2)机械类型与数量尽可能在当地解决。

(3)所选机械化施工总方案应该在技术上先进、适用,在经济上合理。

另外,对于某些施工技术要求高或比较复杂、技术上较先进或施工单位尚未完全掌握的分部分项工程,应提出原则性的技术措施方案。如软弱地基大面积钢管桩工程、复杂的设备基础工程、大跨结构、高炉及高耸结构的结构安装工程等。

C 施工准备工作总计划

根据施工开展程序和主要工程项目施工方案,编制好建设项目全场性的施工准备工作总计划。其主要内容有:

(1)做好现场测量控制网。

(2)做好土地征用、居民迁移和障碍物(房屋、管线、树木和坟墓等)的清除工作。

(3)安排好生产和生活基地建设。包括商品混凝土搅拌站、预制构件厂、钢筋与木材加工厂、金属结构制作加工厂、机修厂等。

(4)组织拟采用的新结构、新材料和新技术的试制和试验工作。

(5)安排好大型临时设施工程,如施工用水、用电和铁路、道路、码头以及场地平整等工作。

(6)做好材料、成品、产成品的货源和运输、贮存方式。

(7)进行技术培训工作。

(8)冬、雨季施工所需的特殊准备工作。

5.3.3.2 施工总进度计划

施工总进度计划是根据施工部署对各项工程项目施工做出时间上的安排,即确定各单位工程、准备工程和全工地性工程的施工期限、开竣工时间以及各项工程施工的衔接关系。并依次确定劳动力及各项物资资源的需要量和调配情况;附属生产企业的生产能力;仓库和堆场的面积;供水、供电和其他动力的数量等。

编制施工总进度计划的基本要求是:保证拟建工程在规定的期限内完成;迅速发挥投资效益;施工的连续性和均衡性;节约施工费用。

编制步骤和方法如下:

(1)计算拟建工程项目及全工地性工程的工程量。根据既定施工部署中分期分批投产的顺序,将每一系统的各项工程项目分别列出。项目划分不宜过多,应突出主要项目。

计算工程量可按初步设计或扩大初步设计图纸和有关定额手册或资料进行。

(2)确定各单位工程的施工期限。影响单位工程施工期限的因素很多,如工程项目类型、结构特征、施工方法、施工单位的技术和管理水平、机械化程度以及施工现场的地形和地质条件等。因此,在确定各单位工程的工期时,应根据具体情况对上述各种因素综合考虑后予以确定。一般参考有关的工期定额。

(3)确定各单位工程的开竣工时间和相互搭接关系。在施工部署中已经确定了工程的开展程序,但对每期工程中的每一个单位工程开竣工时间和各单位工程间的搭接关系,需要在施工总进度计划中予以考虑确定。通常,为解决好各单位工程的开竣工时间和相互搭接关系,主要考虑下列因素:

1)同一时间进行的项目不宜过多,以免使人力和物力分散。

2)要以辅—主—辅的顺序安排。辅助工程(动力系统、给排水工程、运输系统、居住建筑群及汽车库等)应先行施工一部分。这样,既可为主要生产车间投产时使用,又可为施工服务,以节约临时设施费用。

3)应使土建施工中的主要分部分项工程(如土方、混凝土、构件预制、结构安装等)实行流水作业,达到均衡施工,以便在施工全过程中的劳动力、施工机械和主要材料供应上取得均衡。

4)考虑季节影响,以减少施工附加费。

5)安排一部分附属工程或零星项目作为后备项目,用以调节主要项目的施工进度。

(4)绘制施工总进度计划表。施工总进度计划表的格式各地不一,可根据各单位的经验确定。一般格式如表5-6所示。

表5-6 施工总进度计划表

序号	工程名称	建筑指标		设备安装指标/t	工程造价/千元	施工天数/月	进度计划										
							第一年/月								第二年/季		
		单位	数量				1	2	3	4	5	6	…	12	Ⅰ	Ⅱ	Ⅲ

5.3.3.3 资源需要量计划

施工总进度计划编制完成后,以其为依据编制下列各种资源需要量计划:

(1)劳动力需要量计划。劳动力需要量计划是规划临时设施和组织劳动力进场的基本依据。它是按照总进度计划中确定的各项工程主要工程量,查概预算定额或有关资料求出各项工程主要工种的劳动力需要量,再将各项工程所需的主要工种的劳动力汇总,即可得出整个工程项目劳动力需要量计划。

(2)主要材料、预制加工品需要量计划。主要材料、预制加工品需要量计划是组织工程材料、预制加工品的加工、订货、运输和筹建仓库的依据。其编制方法与劳动力需要量计划基本相同。

(3)施工机具需要量计划。施工机具需要量计划是组织机械进场,计算施工用电量,选择变压器容量等的依据。

主要施工机具需要量可按施工部署确定的机械型号并根据工程量和机械产量定额确定。辅助机械可根据1万元、10万元指标或概算指标求得。

5.3.3.4 施工总平面图

A 施工总平面图设计的内容

(1)建设项目施工总平面图上的一切地上、地下已有的和拟建的工程项目以及其他设施的位置和尺寸。

(2)一切为全工地施工服务的临时设施的布置位置,包括:

1)施工用地范围,施工用的各种道路。

2)加工厂、制备站及有关机械的位置。

3)各种工程材料、半成品、构件的仓库和生产工艺设备的主要堆场、取土弃土位置。

4)行政管理房、宿舍、文化生活福利建筑等。

5)水源、电源、变压器位置,临时给排水管线和供电、动力设施。

6)机械站、车库位置。

7)一切安全、消防设施位置。

(3)永久性测量放线标桩位置。许多规模巨大的建设项目,其建设工期往往很长。随着工程的进展,施工现场的面貌将不断改变。在这种情况下,应按不同阶段分别绘制若干施工总平面图,或者根据工地的变化情况及时对施工总平面图进行调整和修正,以便符合不同时期的需要。

B 施工总平面图的设计步骤

(1)运输道路的布置。运输道路的布置,主要取决于大批材料、半成品进入工地的运输方式。

1)当大批材料由铁路运入工地,应先解决铁路由何处引入及可能引到何处的问题。一般大型工业企业厂内都有永久性铁路专用线,通常可提前修建以便为工程施工服务。

2)当大批材料由水路运入工地时,应首先选择或布置卸货码头,尽量利用原有码头的吞吐能力。当需增设码头时,卸货码头不应少于2个,宽度不应小于2.5m。码头距施工现场较近时,在码头附近布置加工厂和转运仓库。

3)当大批材料由公路运入工地时,由于公路可以较灵活地布置,所以首先应将仓库和加工厂布置在最合理、最经济的地方,然后,再将场内道路与场外道路接通,最后再按运距最短、运输费用最低的原则布置场内运输道路。

(2)仓库与材料堆场的布置。通常考虑设置在运输方便、位置适中、运距较短并且安全防火的地方。区别不同材料、设备和运输方式来设置。

1）当采用铁路运输时，仓库通常沿铁路线布置，并且要留有足够的装卸场地，必须在附近设置转运仓库。布置铁路沿线仓库时，应将仓库设置在靠近工地一侧，以免内部运输跨越铁路。同时仓库不宜设置在弯道处或坡道上。

2）当采用水路运输时，一般应在码头附近设置转运仓库，以缩短船只在码头的停留时间。

3）当采用公路运输时，仓库的布置较灵活。一般中心仓库布置在工地中央或靠近使用的地方，也可以布置在靠近于外部交通连接处。砂石、水泥、石灰、木材等仓库或堆场宜布置在搅拌站、预制场和木材加工厂附近；砖、瓦和预制构件等直接使用的材料应布置在施工对象附近，以避免二次搬运。工业项目施工工地还应考虑主要设备的仓库（或堆场），一般笨重设备应尽量放在车间附近，其他设备仓库可布置在外围或其他空地上。

（3）加工厂布置。各种加工厂布置，应以方便使用、安全防火、运输费用最少、不影响工程施工的正常进行为原则。一般应将加工厂集中布置在同一个地区，且多处于工地边缘。各种加工厂应与相应的仓库或材料堆场布置在同一地区。

（4）行政与生活临时设施布置。行政与生活临时设施包括：办公室、汽车库、职工休息室、开水房、小卖部、食堂、俱乐部和浴室等。根据工地施工人数，可计算这些临时设施的建筑面积。应尽量利用建设单位的生活基地或其他永久建筑，不足部分另行建造。

（5）临时水电管网及其他动力设施的布置。当有可以利用的水源、电源时，可将水电从外面接入工地，沿主要干道布置干管、主线，然后与各用户接通。临时总变电站应设置在高压电引入处，不应设在工地中心。临时水池应放在地势较高处。

当无法利用现有水电时，为了获得电源，可在工地中心或工地中心附近设置临时发电设备，沿干道布置主线；为了获得水源，可以利用地表水或地下水，并设置抽水设备和加压设备（简易水塔或加压泵），以便储水和提高水压。然后用水管接出，布置管网。

（6）安全防火设施布置。根据工程防火要求，应设立消防站。一般设置在易燃建筑物（木材、仓库等）附近，并须有通畅的出口和消防车道，其宽度不宜小于6m，与拟建工程项目的距离不得大于25m，也不得小于5m，沿道路布置消火栓时，其间距不得大于100m，消火栓到路边的距离不得大于2m。

5.3.4　施工组织设计技术经济分析

施工组织总设计经济合理与否决定了整个建设项目施工能否顺利进行以及项目的经济效益。为了寻求最经济合理的方案，设计时要考虑几个方案，并根据技术经济指标进行比较，最佳者作为实施方案。

技术经济分析要论证施工组织设计在技术上是否可行、在经济上是否合理；通过科学的计算和分析比较，选择技术经济效果最佳的方案，为不断改进和提高施工组织设计水平提供依据，为寻求增产节约途径和提高经济效益提供信息。技术经济分析既是单位工程施工组织设计的内容之一，也是必要的设计手段。

作技术经济分析时应全面分析，要对施工的技术方法、组织方法及经济效果进行分析，对需要与可能进行分析，对施工的具体环节及全过程进行分析；应抓住施工方案、施工进度计划和施工平面图重点，并据此建立技术经济分析指标体系；要灵活运用定性方法和有针对性地应用定量方法，在做定量分析时，应对主要指标、辅助指标和综合指标区别对待；技术经济指标的名称、内容、统计口径应符合国家、行业和企业要求；应与施工项目目标相一致。

技术经济指标至少应包括：进度方面的指标，如总工期、分部工程工期等；质量方面的指标，如工程整体质量标准、分部分项工程的质量标准；成本方面的指标，如工程总造价或总成本、单位工程成本、成本降低率；资源消耗方面的指标，如总用工量、单位工程量（或其他量纲）、用工量、平均劳动力投入量、高峰人数、劳动力不均衡系数、主要材料消耗量及节约量、主要大型机械使用数量及台班量；其他指标，如施工机械化水平等。

5.3.4.1 施工组织总设计的技术经济指标

施工组织总设计的技术经济指标，应反映出设计方案的技术水平和经济性。一般采用的指标有：

(1)施工工期。根据施工总进度计划安排的从建设项目开工到全部投产使用共多少个月。

(2)全员劳动生产率(元/(人·年))。按下式计算：

$$\text{施工企业全员劳动生产率} = \frac{\text{每年自行完成的建筑安装施工产值}}{\text{全部在册职工人数} - \text{非生产人员平均数} + \text{合同工、临时工人数}} \tag{5-39}$$

(3)非生产人员比例。按下式计算：

$$\text{非生产人员比例} = \frac{\text{管理、服务人员数}}{\text{全部职工人员数}} \tag{5-40}$$

(4)劳动力不均衡系数。按下式计算：

$$\text{劳动力不均衡系数} = \frac{\text{施工高峰期人数}}{\text{施工期平均为数}} \tag{5-41}$$

(5)临时工程费用比。按下式计算：

$$\text{临时工程费用比} = \frac{\text{全部临时工程费}}{\text{建筑安装工程总值}} \tag{5-42}$$

(6)综合机械化程度。按下式计算：

$$\text{综合机械化程度} = \frac{\text{机械化施工完成的工程量}}{\text{总工程量}} \times 100\% \tag{5-43}$$

(7)工业化程度(房建部分)。按下式计算：

$$\text{工业化程度} = \frac{\text{预制加工厂完成的工程量}}{\text{总工程量}} \times 100\% \tag{5-44}$$

(8)装配化程度。按下式计算：

$$\text{装配化程度} = \frac{\text{用装配化施工的房屋面积}}{\text{施工的全部房屋面积}} \times 100\% \tag{5-45}$$

(9)流水施工系数。按下式计算：

$$\text{流水施工系数} = \frac{\text{流水施工固定时期时间}}{\text{总工期时间}} \tag{5-46}$$

(10)施工场地利用系数(K)。按下式计算：

$$K = \frac{\sum F_6 + \sum F_7 + \sum F_4 + \sum F_3}{F} \tag{5-47}$$

其中

$$F = F_1 + F_2 + \sum F_3 + \sum F_4 - \sum F_5$$

式中　F_1——永久厂区围墙内的施工用地面积；

F_2——厂区外施工用地面积；

F_3——永久厂区围墙内施工区域外的零星用地面积；

F_4——施工区域外的铁路、公路占地面积；

F_5——施工区域内应扣除的非施工用地和建筑物面积；

F_6——施工场地有效面积；

F_7——施工区内利用永久性建筑物的占地面积。

5.3.4.2　单位工程施工组织设计技术经济分析

技术经济分析应围绕质量、工期、成本三个主要方面。选用某一方案的原则是，在保证安全、质量能达到优良的前提下，工期合理、成本节约。

对于单位工程施工组织设计，不同的设计内容，应有不同的技术经济分析重点。基础工程应以土方工程、现浇混凝土、打桩、排水和防水、运输进度与工期为重点，结构工程应以垂直运输机械选择、流水段划分、劳动组织、现浇钢筋混凝土支模、绑筋、混凝土浇筑与运输、脚手架选择、特殊分项工程施工方案和各项技术组织措施为重点，装饰工程应以施工顺序、质量保证措施、劳动组织、分工协作配合、节约材料及技术组织措施为重点。

5.4　信息技术在施工组织设计中的应用

信息技术是利用科学方法对信息进行收集、储存、加工、处理并辅助决策的技术的总称，而计算机技术是信息技术主要的、不可缺少的手段。施工组织设计的编制是一项极其复杂而繁琐的工作，它涉及大量的文字处理以及施工图的绘制等工作，传统的手工编制不仅浪费时间，而且有时不能及时满足施工文件完整性的形成。但由于施工组织设计的内容具有很多共同之处，而作为现代化管理工具的计算机具有很强的存储能力、文字处理、图形绘制等功能，因此将这些共同的内容连同新技术、新材料、新工艺、新设备等的具体施工方法预先编制库存于计算机数据库中，根据不同工程的需要进行部分修改和增删文字编辑处理工作，即可完成一个工程的施工组织设计的编制。

施工管理在一定范围内应用了计算机和工具软件，提高了工作效率。在建筑施工中，较早地利用计算机技术进行各项计算作业和辅助管理工作，如办公自动化系统，招投标系统（工程量计算、投标报价、标书制作、施工平面图设计、造价计算、编制工程进度网络），设计计算系统（深基坑支护设计、脚手架设计、模板设计、施工详图设计），项目管理系统（项目成本、质量、进度管理、日常信息管理）等。同时，在编制施工组织设计时，对施工顺序、施工方案和方法、施工图等，从技术、经济效益以及施工工期上进行比较，大量图表的绘制和复杂的计算，都可以用计算机来代替完成。

5.4.1　计算机辅助施工组织设计的概况

随着计算机硬件、软件技术和工程施工组织研究和实践的发展，计算机在工程施工组织设计中得到日渐成熟的应用，已经有不少企业受益于计算机辅助工程施工管理。计算机应用技术可以实现设计、工程量计算、造价分析、招标投标、施工管理、施工技术等各系统间的数据共享，为提高工程管理水平、增强企业竞争力，提供了现代化的工具。因此，计算机在工程建设领域有着极为广泛的应用前景。

目前建筑行业已基本实现计算机出图，在一定范围内应用了计算机和工具软件，提高了工作效率。在建筑施工中，较早地利用计算机技术进行各项计算作业和辅助管理工作，如办公自动化系统，招投标系统（工程量计算、投标报价、标书制作、施工平面图设计、造价计算、编制工程进度网络），设计计算系统（深基坑支护设计、脚手架设计、模板设计、施工详图设计），项目管理系统（项目成本、质量、进度管理、日常信息管理）等。但国内施工企业的计算机应用起步相对较晚，应用水平也参差不齐，但施工软件的应用潜力、前景十分广阔：智能建筑的实际施工近几年呈现出欣欣向荣的景象，仿真与虚拟现实技术得以发展，并已经开始在城市规划设计、虚拟建筑设计、施工组织设计等领域得以应用。

国内外使用最多的计算机辅助施工管理软件是进度计划类软件，从使用层次上可以将其分为两大类：第一类是高层次管理软件。这类软件主要适用于大型工程建设的管理，其特点是功能强，提供了范围广泛的调度选项，能对任务进行精确的控制，具有计算机网络和通信功能，能适应大型工程建设的各种需要，但一般使用复杂，需要进行专门的培训，而且价格高，应用面不广。第二类是一般层次的软件。这类软件主要是为满足一般管理工作的需要，其特点是使用简单，使用者一般只需要经过很短时间的培训就可以在工作中使用，而且价格便宜，但缺点是功能较简单，提供的指标和功能不是很完善，不能满足复杂工程建设的需要。

单一功能的计算机辅助管理软件只能为工程施工的某一方服务，从整个工程建设和管理看，工程各阶段和施工管理的各方是有机联系的一个整体，相互之间有着诸多的约束关系。理想的计算机系统是既能完成某一方的服务和功能，又能为其他各方提供数据共享。因此，计算机在工程施工管理及施工组织设计领域有很大的发展余地。

5.4.2　计算机辅助施工组织设计的内容

5.4.2.1　计算机辅助施工组织设计的基本功能

计算机辅助施工组织设计一般应包括以下基本功能：

(1)提供施工组织设计文件的全套文档的编辑、管理、打印功能。

(2)根据实际工程条件，可以从模板素材库中选取相关内容，任意组合，自动生成规范合理完整的施工组织设计文件。

(3)可以与相关模板或数据库相结合，生成各种资源图表、施工进度计划和施工网络计划图以及施工平面图。

(4)应用计算机编制施工组织设计。应用计算机可以加快编制速度，提高编制质量，有利于及时修改。

(5)利用计算机进行施工进度计划的优化、检查、调整和控制。

(6)利用计算机网络及时获取、处理和利用各种有用信息。信息的来源有三方面：一是项目内部的信息，例如当日完成的工程量；二是企业内部的信息，例如企业内部现有和已占用的资源信息；三是企业外部的信息，例如有关法规、政策等，这些信息都可通过计算机网络进行传输。企业和项目经理部应建立自己的计算机局域网和管理信息系统，以便及时收集有关信息，依据收集的信息对施工组织设计进行及时的调整，以使项目适应环境的变化，确保项目按计划完成。

通过计算机辅助施工组织设计，可以做到施工组织设计文件所需数据与设计阶段的相关数据接口,不需要大量的计算和文字输入就可以快速、准确地制作施工组织设计文件,并且可以随意更改补充施工组织设计内容,使工作变得更方便轻松。

5.4.2.2　计算机辅助施工组织设计的应用

(1)使用模板。施工组织设计的模板可以分门别类,针对性地进行。设置好页面格式、页眉、页脚,章节样式、文字大小、段落间距等,同时将常用的组织方法、技术规程、规章制度、工艺流程做成 Word 模板的形式,从而方便编制施工组织设计,提高工作效率。

(2)用 AutoCAD 绘制施工总平面布置图。将招标图纸中的施工平面布置图扫描形成图像文件,经过图形处理软件(如 ACDsee、Potoshop)转化为 JPG 格式,然后再在 AutoCAD 中导入文件,再经处理后得到施工总平面布置图,然后进行施工辅助设施、临时道路、水电系统等布置的绘制,因为经常用的组件可采用定制成块,进行插入,大大简化了操作。绘制的总平面布置图清晰、标准,美观。一些经常用到的示意图也在平时由 AutoCAD 绘制好后,定制成块,需用时再调入,大大节省投标书的编制时间。

(3)用进度控制管理软件编制施工总进度表及施工网络图。进度控制管理软件目前发展已较为成熟,常用的有 P3、Project、梦龙项目进度管理软件等,均能对工程项目较快的编制出工程进度及画出施工网络图,同时在工程施工时并根据计划进行跟踪管理。为工程管理人员准确捕捉工程信息,快速应变提供了可靠保证。网络计划的类型有肯定型、非肯定型,随机型、循环型等,在土建行业大多采用称作关键线路法的肯定型计划网络。而该类型计划网络以其表达形式来分有:双代号、单代号、单代号搭接网络等表达形式。业主与监理方使用的网络计划大多是控制性进度网络。以考虑到工程建设项目的复杂程度与 P3 软件所能支持网络计划的类型而言,以采用单代号搭接网络最合适。由于它表达相同的计划对象时,可以具有网络的规模最小,表达最为简洁的好处。

近年来,一些实力雄厚的建筑施工单位率先应用先进的计算机技术来辅助参与人进行施工组织设计。例如,专业预算员使用概预算软件编制施工概预算,生产计划员使用网络计划软件安排施工进度,技术资料员使用 AutoCAD 图形软件绘制图纸等,通过这些软件的使用,施工组织设计的质量和效率有了显著改善和提高。应该看到,信息技术对于施工组织设计,不仅仅意味着在施工组织过程中使用计算机,它具有更广泛更深刻的内涵。它基于技术提供的可能性,对施工组织过程中需要处理的所有内容进行高效地采集、加工、传递和实时共享,减少部门之间对处理的重复工作。

6 冶金建设工程施工质量控制技术

6.1 施工质量控制基础

6.1.1 工程项目质量的内涵

6.1.1.1 质量

A 狭义的质量

建筑工程项目质量，即建筑产品质量，其适用性主要表现在安全性、可靠性、功能性、可用性、维修性、经济性等诸多方面。

B 广义的质量

(1)扩大了质量概念的范畴。广义质量定义中的产品，包括物质产品和非物质产品，或者有形产品和无形产品两类，扩大了狭义质量定义中的产品概念，从而扩大了质量概念的范畴。

(2)扩大了质量需求的范畴。广义质量定义中提出的“明确或隐含的需要”是指合同环境明确规定的需要或非合同环境隐含的需要。即是说，对质量的需求不仅包含用户和第三方的需要，也包含生产者自身的需要。从而，广义质量的定义扩大了质量需求的范畴。

6.1.1.2 建设工程项目质量

A 工程项目质量

建设工程项目质量是国家现行的有关法律、法规、规范、规程、技术标准、设计文件及工程合同对工程项目的安全、适用、经济、美观等性能在规定期限内的综合要求。工程项目质量有普遍性和特殊性两个方面，普遍性有国家的相关法律、法规对它们给予规定；特殊性则根据具体的工程项目和业主对它们的要求而定，它们分别体现在工程项目的适用性、经济性、可靠性、外观及环境协调等方面。因此，工程项目质量的目标必须由业主用合同的形式约定。

任何工程项目的建设，都是通过一道道工序来完成的，所以，工程项目质量由工序质量、分项工程质量、分部工程质量和单位工程质量等组成。图 6-1 所示为建筑产品质量组成的系统结构。

B 工程项目质量的特点

工程项目质量的特点是由建设工程产品及其生产的特点决定的。建设工程产品及其生产的特点是：产品的固定性，生产的流动性；产品的多样性，生产的单件性；产品体积庞大、生产周期长、具有风险性；产品的社会性，生产的外部约束性。

正是由于上述这些特点从而形成了建设工程项目质量本身所具有的特点：

(1)涉及面广、影响因素多。工程项目建设周期长、项目投资大。因此，有很多人为因素与自然因素影响工程项目的质量。诸如论证决策阶段的不缜密，造成工程项目与地质条

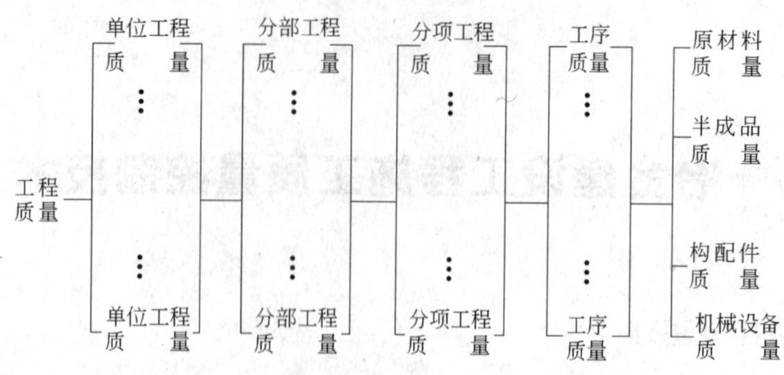

图6-1　工程项目实体质量的系统结构

件不符；设计阶段的粗心大意，导致结构受力不合理；施工阶段盲目追求经济利益、偷工减料，以及施工工艺、施工方案、施工环境、施工人员素质、管理制度、技术措施、操作方法、工艺流程等都会影响工程项目的质量。

（2）工程质量离散、变异性大。由于工程项目的建设具有不可重复性，某一处或某一部位质量好，如果不注意，另一处就可能质量不好。如果某一关键部位质量不好，就可能造成整个单项工程质量不好，或引起整个工程项目的质量变异。

（3）工程质量隐蔽性强。工程项目建设过程中，大部分工序是隐蔽过程，完工后很难看出质量问题，而其内部可能有质量问题。另外，工序之间的交接也容易造成隐蔽性质量事故。

（4）工程质量终检局限性大。工程项目完全建成后，再全面检查工程质量，此时的检查结论有很大的局限性。所以在施工过程中，必须实施现场监督管理，以及时发现隐蔽工程的质量问题。因此，工程质量的控制应重视事前控制、事中监理，消灭工程质量事故。

（5）评价方法的特殊性。建设工程项目质量的检查评定与验收是按检验批、分项工程、分部工程、单位工程进行的。检验批的质量是整个建设工程项目质量的基础，检验批质量合格主要取决于主控项目和一般项目抽样检验的结果。隐蔽工程在隐蔽前要进行验收。涉及结构安全的试块、试件以及有关材料，应根据规定见证取样检测，涉及结构安全和使用功能的重要分部工程要进行抽样检测。工程质量是在施工单位按合格标准自行检查评定的基础上，由监理工程师或业主组织有关单位、人员进行检验确认验收。这种评价方法体现了“验评分离、强化验收、完善手段、过程控制”的指导思想。

C　工程项目质量的形成过程

工程项目质量的形成是伴随着工程建设过程而形成的。

在工程项目决策阶段，需要确定与投资目标相协调的工程项目质量目标。可以说，项目的可行性研究直接关系到项目的决策质量和工程项目的质量，并确定工程项目应达到的质量目标和水平，因此，工程项目决策阶段是影响工程项目质量的关键阶段，在此阶段要能充分反映业主对质量的要求和意愿。

工程项目勘察设计阶段，是根据项目决策阶段确定的工程项目质量目标和水平。通过初步设计使工程项目具体化。然后再通过技术设计阶段和施工图设计阶段，确定该项目技术是否可行、工艺是否先进、经济是否合理、设备是否配套、结构是否安全可靠等。因此，设计阶段决定着工程项目建成后的使用功能和价值,也是影响工程项目质量的决定性环节。

工程项目施工阶段是根据设计和施工图纸的要求,通过一道道工序施工形成工程实体。这一阶段将直接影响工程的最终质量。因此。施工阶段是工程质量控制的关键环节。

工程项目竣工验收阶段是对施工阶段的质量通过试运车、检查、评定、考核,检查质量目标是否达到。这一阶段是工程项目从建设阶段向生产阶段过渡的必要环节。体现了工程质量的最终结果。因此,工程竣工验收阶段是工程项目质量控制的最后一个重要环节。

D 工程项目质量控制的过程

从工程项目质量的形成过程可知,要控制工程项目的质量就应按照程序依次控制各阶段的工程质量。

在工程项目决策阶段,要认真审查可行性研究,使工程项目的质量标准符合业主的要求,并应与投资目标协调;使工程项目与所在地的环境相协调,避免产生环境污染,使工程项目的经济效益和社会效益得到充分发挥。

在工程项目设计阶段,要通过设计招标,组织设计方案竞赛,从中选择优秀设计方案和优秀设计单位。还要保证各部分的设计符合决策阶段确定的质量要求,并保证各部分的设计符合国家现行有关规范和技术标准,同时应保证各专业设计部分之间的协调,还要保证设计文件、图纸应符合施工图纸的深度要求。

在工程项目施工阶段,要组织工程项目施工招标,依据工程质量保证措施和施工方案以及其他因素,从中选择优秀的承包商。在施工过程中应严格监督按施工图纸进行施工。

E 工程项目质量控制的原则

在工程项目建设过程中,对其质量控制应遵循以下几项原则:

(1)质量第一原则。“百年大计,质量第一”,工程建设与国民经济的发展和人民生活的改善息息相关。质量的好坏,直接关系到国家繁荣富强,关系到人民生命财产的安全,关系到子孙幸福,所以必须树立强烈的“质量第一”的思想。

要确立质量第一的原则,必须弄清并且摆正质量和数量、质量和进度之间的关系。不符合质量要求的工程,数量和进度都失去意义,也没有任何使用价值。而且数量越多,进度越快,国家和人民遭受的损失也将越大,因此,好中求多,好中求快,好中求省,才是符合质量管理所要求的质量水平。

(2)预防为主原则。对于工程项目的质量,我们长期以来采取事后检验的方法,认为严格检查,就能保证质量。实际上这是远远不够的。应该从消极防守的事后检验变为积极预防的事先管理。因为好的建筑产品是好的设计、好的施工所产生的,不是检查出来的。必须在项目管理的全过程中,事先采取各种措施,消灭种种不符合质量要求的因素,以保证建筑产品质量。如果各质量因素(人、机、料、法、环)预先得到保证,工程项目的质量就有了可靠的前提条件。

(3)为用户服务原则。建设工程项目,是为了满足用户的要求。尤其要满足用户对质量的要求。真正好的质量是用户完全满意的质量。进行质量控制,就是要把为用户服务的原则,作为工程项目管理的出发点,贯穿到各项工作中去。同时,要在项目内部树立“下道工序就是用户”的思想。各个部门、各种工作、各种人员都有个前、后的工作顺序。在自己这道工序的工作一定要保证质量,凡达不到质量要求不能交给下道工序,一定要使“下道工序”这个用户感到满意。

(4)用数据说话原则。质量控制必须建立在有效的数据基础上,必须依靠能够确切反映客观实际的数字和资料。否则就谈不上科学的管理。一切用数据说话,就需要用数理统计方法,对工程实体或工作对象进行科学的分析和整理,从而研究工程质量的波动情况,寻求影响工程质量的主次原因,采取改进质量的有效措施,掌握保证和提高工程质量的客观规律。

在很多情况下,我们评定工程质量,虽然也按规范标准进行检测计量,也有一些数据,但是这些数据往往不完整、不系统,没有按数理统计要求积累数据,抽样选点,所以难以汇总分析,有时只能统计加估计,抓不住质量问题,不能表达工程的内在质量状态,也不能有针对性地进行质量教育,提高企业素质。所以,必须树立起“用数据说话”的意识,从积累的大量数据中,找出控制质量的规律性,以保证工程项目的优质建设。

F　功能与使用价值

建筑产品的功能和使用价值主要是在建筑设计阶段形成的。建筑产品功能是指满足用户需求的产品质量特征和特性方面的自然属性;而使用价值则反映出建筑产品满足用户有效方面的需要。建筑产品效用是指产品质量满足用户个体或群体的偏爱程度,是由用户自身的价值观来决定的。图6-2所示为建筑产品功能与使用价值的质量系统结构。

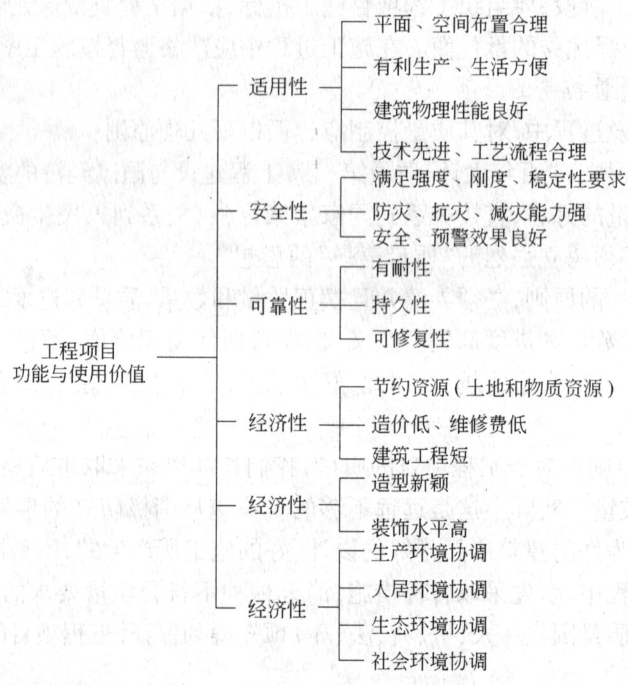

图6-2　工程项目功能与使用价值的质量系统

G　工作质量

工作质量是建筑产品质量形成的重要组成部分。工作质量涉及面广,其核心是人,是参与工程建筑的各类人员和各种组织的素质质量和行为质量的总和。图6-3所示为建筑施工的工作质量系统结构。

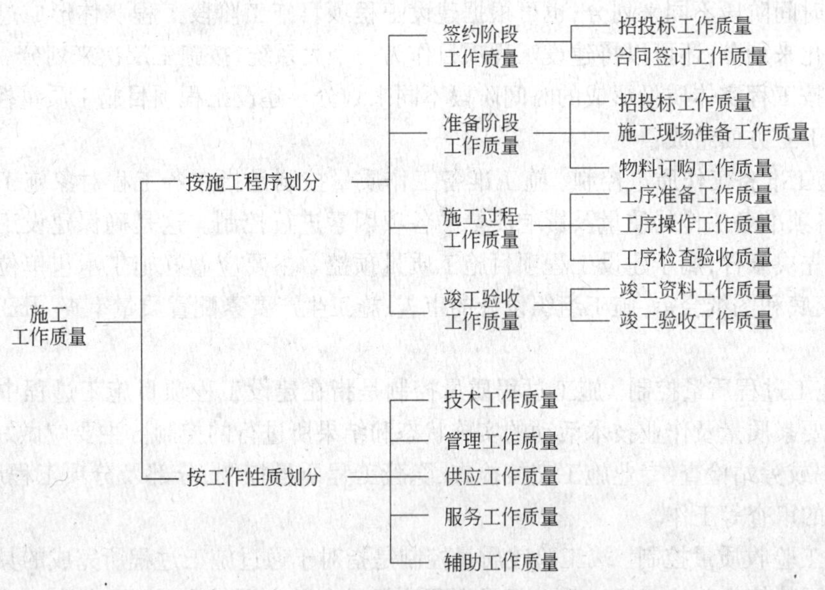

图 6-3 施工的工作质量系统结构

6.1.2 工程项目施工质量控制

6.1.2.1 工程质量控制

质量控制是质量管理的一部分，致力于满足质量要求。质量控制的目标就是确保项目质量能满足有关方面所提出的质量要求（如适用性、可靠性、安全性等）。质量控制的范围涉及项目质量形成全过程的各个环节。项目质量受到质量环各阶段质量活动的直接影响，任一环节的工作没有做好，都会使项目质量受到损害而不能满足质量要求。质量环的各阶段是由项目的特性所决定的，根据项目形成的工作流程，由掌握了必需的技术和技能的人员进行一系列有计划、有组织的活动，使质量要求转化为满足质量要求的项目或产品，并完好地交付给用户，还应根据项目的具体情况进行用后服务，这是一个完整的质量循环，为了保证项目质量，这些技术计划必须在受控状态下进行。

质量控制的工作内容包括了作业技术和活动，即包括专业技术和管理技术两方面，质量控制应贯彻预防为主与检验把关相结合的原则，在项目形成的每一个阶段和环节，即质量环的每一阶段，都应对影响其工作质量的人、机、料、法、环（4M1E）因素进行控制，并对质量活动的成果进行分阶段验证，以便及时发现问题，查明原因，采取措施，防止类似问题重复发生，并使问题在早期得到解决，减少经济损失。为使每项质量活动都能有效，质量控制对干什么、为何干、如何干、由谁干、何时干、何地干等问题应做出规定，并对实际质量活动进行监控。

工程质量控制是指为满足工程项目的质量需求而采取的作业技术和活动。对工程质量的控制是实现工程项目管理控制的重点。

6.1.2.2 工程项目施工质量控制的系统过程

由于建设工程项目施工阶段是使工程设计意图最终实现并形成工程实体的阶段，是最终形成工程实体质量的过程，所以，建设工程项目施工质量控制是一个由对投入的资源和条件的质量控制，进而对生产过程及各环节质量进行控制，直到对所完成的工程产出品的质量检验与控制为止的系统控制过程，这个过程可以根据建设工程项目在施工阶段工程实体质量形成的时间阶段不同来划分;也可根据建设工程项目施工阶段工程实体形成过程中物质形态的转化来划分;还可以将建设工程项目作为一个大系统,按施工层次来划分。

(1) 按工程实体质量形成的时间阶段不同来划分。建设工程项目施工质量控制的系统过程由以下三方面组成:

1) 施工准备工作质量控制。施工准备工作质量控制是指在各工程对象施工活动开始以前,对各项准备工作的质量及影响质量的各项因素进行控制。这是确保建设工程项目施工质量的先决条件,属于建设工程项目施工质量预控。主要应做好施工承包单位资质的核查、设计交底和图纸会审、施工组织设计的审查、施工生产要素配置质量审查、开工申请审查等工作。

2) 施工过程质量控制。施工过程质量控制是指在建设工程项目施工过程中对实际投入的生产要素质量及作业技术活动的实施状态和结果所进行的控制。主要应做好作业技术交底、巡视或旁站检查、专业施工交接检查、隐蔽工程质量控制、分部及分项工程质量验收、工程变更的审查等工作。

3)竣工验收质量控制。竣工验收质量控制是指对于通过施工过程所完成的具有独立的功能和使用价值的单位工程或整个建设工程项目及有关方面的质量进行控制。主要包括竣工质量检验、工程质量评定、技术质量文件审核等工作。

(2) 按工程实体形成过程中物质形态的转化来划分。由于建设工程项目施工是一项物质生产活动,所以,建设工程项目施工质量控制的系统过程也是一个由以下三方面组成的系统控制过程。

1)对投入的物质资源质量的控制。

2)施工过程质量的控制。在使投入的物质资源转化为工程产品的过程中,对影响产品质量的各因素、各环节及中间产品的质量进行控制。

3)对完成的工程产出品质量的控制与验收。

在上述三个阶段的系统控制过程中,前两个阶段对于最终产品质量的形成具有决定性的作用,而所投入的物质资源的质量控制对最终产品质量又具有举足轻重的影响。所以,在质量控制的系统过程中,无论是对投入物质资源的控制,还是对施工及安装过程的控制,都应当对影响工程实体质量的五个重要因素方面,即对施工有关人员因素、材料和构配件因素、机械设备因素、施工方法因素以及环境因素等进行全面的控制。

(3) 按工程实体施工层次划分。一个大中型建设工程项目的施工活动可以划分为检验批、分项工程、分部工程、单位工程等若干层次,这些层次之间具有一定的施工先后顺序关系。显然,施工作业过程的质量控制是最基本的质量控制,它决定着检验批的质量,而检验批的质量决定着分项工程的质量,分项工程的质量决定着分部工程的质量,分部工程的质量决定着单位工程的质量,单位工程的质量决定着建设工程项目的质量。

6.1.2.3 工程项目施工质量控制的依据

(1) 合同文件。围绕着建设工程项目的施工活动,要签订施工合同、材料供应合同、设备供应合同、委托监理合同等合同文件,这些合同文件分别规定了参与建设的各方在质量控制方面的权利和义务,业主要以合同文件为依据。充分利用合同文件规定的权利,要求相关各方必须履行在合同文件中的承诺,实施质量控制。

(2) 设计文件。“按图施工”是建设工程项目施工阶段质量控制的一项重要原则。因此,经过批准的设计文件无疑是建设工程项目施工质量控制的重要依据。在施工活动开始以前,业主要组织设计单位、监理单位、施工承包单位等进行设计交底和图纸会审工作,以达到理解设计意图和质量要求,发现图纸差错和减少质量隐患的目的。

(3) 国家及政府有关部门颁发的有关质量管理方面的法律、法规性文件。为了确保建设工程质量,强化质量管理,国家及政府有关部门颁发了《中华人民共和国建筑法》、《建设工程质量管理条例》、《建筑业企业资质管理规定》等一系列有关质量管理方面的法律、法规性文件。此外,其他各行业如交通、能源、水利、化工等的政府主管部门和各省、市、自治区的有关主管部门,也根据本行业及本地区的特点,制定和颁发了有关的法规性文件。这些文件是建设工程项目质量控制所应遵循的基本文件。

(4) 有关质量检验与控制的专门技术法规性文件。有关质量检验与控制的专门技术法规性文件主要包括各种有关的标准、规范、规程或规定。这些文件概括起来主要有以下几类:

1)建设工程项目施工质量验收标准。

2)有关工程材料、半成品和构配件质量控制的专门技术法规。

3)控制施工作业活动质量的技术规程。

4)采用新技术、新工艺、新材料的有关质量标准和施工工艺。

6.1.2.4 工程项目施工质量控制的主要工作

A 材料、设备进场的质量控制

业主应委托监理工程师对进场的材料、设备进行质量控制。凡运到施工现场的原材料、半成品或构配件,应有产品出厂合格证及技术说明书,并由施工单位按规定进行检验,向监理工程师提交检验或试验报告,经监理工程师审查并确认其质量合格后,方准进场。凡是没有产品出厂合格证明及检验不合格者,不得进场。如果监理工程师认为供货方所提交的有关产品合格证明的文件以及施工单位提交的检验或试验报告,仍不足以说明到场产品的质量符合要求时,监理工程师可以再行组织复检或抽样检查,确认其质量合格后方允许进场。

工地交货的机械、设备也应有产品出厂合格证及技术说明书。机械、设备到场后,订货方应在规定的索赔期限内开箱检验,并按技术说明书和质量保证文件进行检查验收,检验人员对其质量检查确认合格后,予以签署验收单。若检验发现质量不符合要求时,监理工程师不予验收,由供货方予以更换或进行处理,合格后再行检查、验收。

对于由业主订货的大型设备,通常由厂方运至工地后进行组装、调试和试验,经过其自检合格后,再由业主复检,复检合格后予以验收。

对于由业主订货的进口材料、设备的检查验收,应会同国家商检部门进行。如在检验中发现质量问题或数量不符合规定要求时,应取得业主及商检人员签署的商务记录,在规定的索赔期限内进行索赔。

检验合格后的材料、设备的保管存放由施工单位负责,监理工程师应对保管存放的条件和时间进行监控。

B 质量控制点的设置

质量控制点是指为了保证施工作业过程的质量而确定的重点控制对象、关键部位或薄弱环节。设置质量控制点是保证达到施工质量要求的必要前提,因此,业主应会同监理工程师根据施工活动的特点事先确定质量控制点,并分析可能造成质量问题的原因,再针对原因

制定相应的对策和措施进行预控。质量控制点一般应设置在：

(1)施工过程中的关键工序或环节，以及隐蔽工程。

(2)施工中的薄弱环节或质量不稳定的工序、部位。

(3)对后续工程施工或对后续工序质量或安全有重大影响的工序、部位。

(4)采用新技术、新工艺、新材料的部位或环节。

(5)施工中无足够把握的、施工条件困难的或技术难度大的工序或环节。

C　施工现场劳动组织及人员上岗资格的控制

业主应委托监理工程师对施工现场劳动组织及作业人员上岗资格进行检查和控制。施工单位必须做到：

(1)作业活动的直接负责人(包括技术负责人)、专职质检人员、安全员以及与作业活动有关的测量员、材料员、试验员在岗。

(2)从事作业活动的操作者数量必须满足作业活动的需要，相应工种配置能保证作业有序、持续地进行。

(3)管理层及作业层各类人员的岗位职责、作业现场的安全与消防规定、试验室及现场试验检测的有关规定等相关制度要健全。

(4)主要施工管理人员以及从事特殊作业的人员持证上岗。

D　对施工单位质量控制工作的监控

业主应委托监理工程师对施工单位的质量控制工作进行监控，使其能在质量管理中始终发挥良好的作用。如发现不能胜任的管理与作业人员，可要求施工单位撤换，当其组织不完善时，应督促其改进。

监理工程师应监督与协助施工单位完善工序质量控制。使其能将影响工序质量的因素都纳入质量管理的范围，及时检查与审核施工单位提交的质量统计分析资料，对于质量控制点的工作内容还要再进行试验和复核。

E　在施工过程中进行质量跟踪监控

监理工程师要在施工过程中进行跟踪监控，监督各项施工活动。随时注意施工单位在施工准备阶段对影响工程质量的各种因素所做的安排，在施工过程中是否发生了不利于保证工程质量的变化，诸如施工材料质量、混合料的配合比、施工机械的运行与使用情况、计量设备的准确性、上岗人员的组成与变化、工艺与操作等情况是否始终符合要求等。如果发现问题，监理工程师有权要求施工单位予以处理，直至满意。必要时，还可指令施工单位暂时停工加以解决。

监理工程师应严格施工工序间的交接检查，对于主要工序和隐蔽工程，要按照有关规范的要求，由监理工程师在规定的时间内检查，确认质量符合要求后，才能进行下道工序的施工。

F　施工过程中的检查验收

对于各工序的产出品，应先由施工单位进行自检，自检合格后提交监理工程师检查，确认其质量合格后，方可进行下道工序的施工。

对于质量控制点或监理工程师对施工单位的质量状况不能确信者，以及重要的材料、半成品、设备的使用等，还需由监理工程师进行平行检验，亲自进行试验或技术复核。

当检验批、分项、分部工程完工后，应先由施工单位对其进行自检。确认合格后，再提交监理工程师检查、确认,监理工程师应按合同文件的要求,根据施工图纸及有关文件、规范、标准等,从产品外观、几何尺寸以及内在质量等方面进行检查、审核。如确认其质量符合要求,则予以验收;如发现有质量缺陷,则指令施工单位进行处理或返工,待质量合乎要求后再予以验收。监理工程师在根据合同要求进行检验批、分项、分部工程验收的同时,还应根据工程性质,按工程质量检验评定标准,要求施工单位进行分部、分项工程质量等级的评定,以便进行核查。

G 隐蔽工程验收

隐蔽工程是指将被其后工程施工所隐蔽的分项、分部工程。隐蔽工程在隐蔽以前所进行的检查验收称为隐蔽工程验收。由于检查对象要被其他工程覆盖,给以后的检查整改造成障碍,故显得尤为重要,它是施工质量控制的一个关键过程。

隐蔽工程施工完毕,施工单位按有关技术规程、规范、施工图纸等先进行自检,自检合格后,向监理工程师提交隐蔽工程检查记录及有关材料证明、试验报告、复试报告等文件,监理工程师首先对这些文件进行审查,并在合同规定的时间内到现场检查(检测或检查),施工单位的专职质检员及相应的施工人员随同检查。如检查结果符合质量要求,监理工程师在隐蔽工程检查记录上签字确认,准予施工单位进行隐蔽、覆盖;如经现场检查发现不合格,监理工程师指令施工单位整改,整改后自检合格再报监理工程师复查。

H 工程变更的监控

建设工程项目施工过程中,由于前期勘察设计的原因,外界条件的变化,未探明的地下障碍、管线、文物,地质条件不符,施工工艺方面的限制,业主要求的改变等都可能涉及工程变更。做好工程变更的控制工作是施工作业过程质量控制的一项重要内容。

工程变更的要求可能来自施工单位、设计单位或业主。为确保施工质量,不同情况下工程变更的实施,具有不同的工作程序。

6.1.3 施工质量控制的基本形式

(1) 事前质量控制。事前质量控制,又称质量预控,是贯彻落实"预防为主,防重于治"的质量管理方针的一种有效手段。所谓事前质量控制是指在产品或服务质量特征和特性形成之前,就对影响产品或服务质量的各种因素进行事先控制。

(2) 事中质量控制。事中质量控制是指在施工质量形成过程中,应对影响施工质量的各种因素进行全面控制。由于事中质量控制与施工质量形成过程同步进行,所以事中质量控制是质量控制的重要环节,其控制的策略是,全面控制施工过程,重点控制工序质量。

(3) 事后质量控制。所谓事后质量控制是指对施工过程中产生的半成品、成品和最终产品的质量控制。由于事后质量控制因施工质量已经形成,不可能对施工质量起到直接预防和控制作用。但通过对事后质量控制,可以发现施工质量方面的缺陷,并通过分析提出施工质量改进的措施。因此,事后质量控制的基本方法是抽样检查与试验、验收与评价等,来获得质量信息,为改进质量、防范质量事故提供参考依据。

6.2 施工准备工作质量控制

6.2.1 施工图纸及技术资料的质量控制

(1) 施工图纸质量控制。在施工准备阶段,施工单位参与由建设单位组织的设计交底和图纸会审是对施工图纸质量控制的重要手段。在参与设计交底和图纸会审前,施工人员应认真学习图纸,并对图纸中存在的问题和疑点、图纸的补充及修改等提出必要的意见。通过设计交底和图纸会审,使施工人员进一步了解设计意图、工程结构特点、技术难点、重大的施工及工艺要求、解决图纸中的遗留问题等,以避免在施工过程中,因施工人员对设计图纸的片面理解或图纸存在的问题与缺陷等,造成施工质量事故或工程质量隐患。图纸会审应做好记录,图纸会审记录应经建设单位、施工单位和设计单位三方签证,作为施工的重要设计技术文件。

(2) 设计技术资料的质量控制。施工单位在工程开工前,应严格审查参与建设各方提供的各种技术资料,其中包括由建设单位提供的建设项目清单、建设审批文件、测量控制点和红线控制图等;由勘察单位提供的工程地质和水文地质勘察报告;由设计单位提供的设计说明书、施工图纸、标准图集;由供货单位提供的生产厂家的质量保证资料,以及施工单位自身准备的有关施工资料、文件、标准和规范等。对施工技术资料质量控制主要是审查资料的真实性、完备性、科学性和适用性。一旦发现某方提出的资料存在问题,应立即通过对方加以改进或补充技术资料的质量。

6.2.2　施工测量的质量控制

(1) 对施工测量控制网的质量控制。施工控制网起始坐标和起始方向,一般应根据测量控制点来测定。当测定好建(构)筑物长方向主轴线后,作为施工平面控制网的起始方向,在控制网加密或建(构)筑物定位时,不再利用控制点来定向;否则,将会使建(构)筑物产生不同位移和偏差,影响工程质量。对施工测量控制网进行质量控制时,首先应审查控制点是否经建设单位确认,控制红线是否满足规划部门的要求;然后应抽测建筑方格网坐标、高程控制水准是否满足测量精度要求;最后应检查各标桩埋设位置是否合理、牢固,便于保护和方便使用。

质量控制要点:复核建筑物定位测量、基础工程测量;墙体皮数杆检测;楼层轴线投测;楼层之间高程传递检测等。

(2) 工业建筑施工测量质量控制。质量控制要点:复核厂房控制网测量、柱基施工测量、柱网立模轴线与高程测量;厂房结构安装前的原位检测;动力设备基础与预埋地脚螺栓抽测;对建筑物场地控制测量;基础以上的平面与高程控制;高耸建(构)筑物中的垂准测量;高层建筑中的沉降变形观测等都应进行复核。

(3) 管线工程施工测量质量控制。质量控制要点:复核场区管网与输配电线路定位测量;地下管线施工检测验收;架空管线施工检测;各种管线交汇点高程抽测等。

6.2.3　施工技术方案的质量控制

(1) 明确问题,确定控制对象。首先应明确制定的施工方案是解决何种工程问题的施工,进而确定方案制订中的主要控制对象,以保证施工方案的适用性。

(2) 调查研究,收集资料。调查研究,收集资料是制订方案的基础工作。调查研究的内容有:工程特点、施工条件、施工环境、施工工期、承包单位的技术实力及技术装备等。通过调查研究,广泛地收集施工方案制订的技术资料,如对基础工程施工方案的技术资料包括设计资料、工程地质和水文地质资料、质量标准、原材料性能、机械设备技术参数等。在调查研究和收集资料过程中,应深入细致地全面调查、客观公正地对待调查对象,保证资料收集的真实性、全面性、可靠性,为方案制订的质量控制打下良好基础。

(3) 拟订初步方案。在明确问题、拥有适当资料的前提下,应拟定若干初步施工方案(一般是2个或2个以上)。对各种初步方案拟订过程中的质量控制主要是保证方案的适用性和技术的可行性。

(4) 确定施工方案质量控制指标。应根据工程特点、施工条件来建立施工方案质量控制的指标体系。一般应包括适用性指标、可靠性指标、经济性指标等,并测定或估算各初拟方案质量控制指标值。

(5) 选择最佳施工方案。选择最佳施工方案的评价方法包括单指标评价法、多指标评价法、多指标综合评价法等系统评价方法;也可以采用专家调查法(打分法)为主体的定性评价法;还可以采用定量评价方法(层次分析、模糊评判法、多目标规划方法等)等。

(6) 施工方案实施阶段控制。施工方案实施阶段控制属于施工方案事中质量控制的范畴,主要控制方案的实施程序、实施条件(包括原材料、机械设备的质量)、实施环境(施工现场环境、自然环境、作业环境等)诸方面影响因素的质量,以保证施工方案的实施质量控制。

6.2.4　原材料及机械设备的质量控制

6.2.4.1　原材料质量控制

A　原材料采购质量控制

审查供货单位的质量管理体系和质量保证体系。审查供货单位质量管理体系就是审查供货单位生产(或供应)的组织机构和组织制度是否正常,是否有利于高质量生产(供应)原材料。审查质量保证体系就是审查供货单位向用户提供的,对原材料的各种保证,其中主要是审查供货单位提供的质量保证文件,包括供货说明;产品合格证书及技术说明书;质量检验证明;检测及试验者的资质证明;关键工艺操作人员资质证明及操作记录;不合格产品说明及证明;有关图纸及技术资料;对于重要原材料(如结构用钢等),必要时还应附有权威机构的认证资料。通过对供货厂家质量管理和质量保证体系的审查,为确定良好供货厂家提供依据,是原材料质量控制的前提。

对重大原材料或配构件宜采用招标竞争方式来选择优良厂家。

对重要原材料,在订货前应向供货厂家提供样品,供试验或鉴定复查。

对重要的结构构件(如预应力结构构件或钢结构构件),应到供货厂家察看生产工艺情况。

对某些装饰材料订货应一次订齐和备足货源,以免分批订货影响质量。

B　原材料进场质量控制

凡运到工地的材料、半成品或配构件都应出具产品合格证及技术说明书,经抽检验收合格后,方允许进入施工现场。

原材料进场后,应根据其性能特点分别加以存放,需要保护的材料应有保护措施;易变质原材料应根据材料技术性能和有效使用期存放;对易燃、易爆、有毒原材料,应按危险物品管理办法进行存放。

C　现场配制及新材料的质量控制

其控制基本要点是:对现场配制材料,首先应由实验室进行试验配制,质量合格后,出具混合材料配合以及技术要求说明，现场应严格控制混合材料配合比；在施工过程中，还应随时对混合材料质量进行抽检和试验。对新材料，应审查提交的技术鉴定、试验文件、使用报告、质量管理权威部门的认证资料。

6.2.4.2　机械设备质量控制

A　施工机械设备质量控制

应根据工程特点和施工要求，对施工机械质量进行控制。质量控制的基本要点是：合理选择施工机械类型、型号、数量及组合配置；确定施工机械设备技术参数；控制施工机械作业技术环境，如水、电、动力供应，施工照明，安全防护，场地施工空间，运输道路及行走路线；开工前的检查与试运转；施工机械日常维护与保修等。控制施工机械质量，其目的是保证施工的正常进行，防止因机械事故而引起重大的质量与安全事故。

B　生产机械设备的质量控制

(1)生产机械设备订购质量控制。按设计要求列出机械设备类型、数量订购计划；正确选择供货厂家，通过审查厂家的质量管理体系、质量保证体系，以及招标竞争方式来选择产品质量优良或质量信得过的厂家，必要时，需进厂审查厂家重要生产工艺和技术方法。

(2)机械设备包装及运输质量控制。特别是对某些精密设备(如仪器、仪表)和大型机械，应审查设备包装质量、运输方式、运输路线等能否保证设备安全、无损地运到现场。

(3)机械设备进场交货的质量控制。机械设备进场交货质量控制要点是：设备开箱检查，包括开箱前检查设备名称、型号、规格、生产厂家是否符合要求，查对箱号、包装情况以避免开错；开箱后应重点检查外表、零部件、备用品和设备整体是否符合要求；对设备性能、参数、运转、标准进行全面检查，并进行适当抽检或测试；工地交货的机械设备，要求厂家现场组装、试运转、生产性试验，经厂家自检合格，再对设备进行验收，验收合格后进行验收签证；对旧设备，一定要基本达到"完好设备"的标准，经验收后，才允许使用；对解体装运的自组装设备，在对部件、随机附件和备品进行外观检查后，应尽快组织组装并进行必要的检测试验；对于永久性或长期的设备改造项目，应按批准方案的性能要求，经一定时间试生产并经鉴定合格后，才允许验收。

6.2.5　质量教育与培训

通过教育培训和其他措施提高员工的能力，增强质量和顾客意识，使员工满足所从事的质量工作对能力的要求。

项目领导班子应着重以下几个方面的培训：

(1) 质量意识教育。

(2) 充分理解和掌握质量方针和目标。

(3) 质量管理体系方面的内容。

(4) 质量保持和持续改进意识。

6.3　施工过程质量控制

6.3.1　技术交底

按照工程重要程度，单位工程开工前，应由企业或项目技术负责人组织全面的技术交底。工程复杂、工期长的工程可按基础、结构、装修几个阶段分别组织技术交底。各分项工程施工前,应由项目技术负责人向参加该项目施工的所有班组和配合工种进行交底。

交底内容包括图纸交底、施工组织设计交底、分项工程技术交底和安全交底等。通过交底明确对轴线、尺寸、标高、预留孔洞、预埋件、材料规格及配合比等要求,明确工序搭接、工种配合、施工方法、进度等施工安排,明确质量、安全、节约措施。交底的形式除书面、口头外,必要时可采用样板、示范操作等。

6.3.2 测量控制

(1) 测量控制点复核。对于给定的原始基准点、基准线和参考标高等的测量控制点应做好复核工作,经审核批准后,才能据此进行准确的测量放线。

(2) 施工测量控制网复测。准确地测定与保护好场地平面控制网和主轴线的桩位,是整个场地内建筑物、构筑物定位的依据,是保证整个施工测量精度和顺利进行施工的基础。因此,在复测施工测量控制网时,应抽检建筑方格网、控制高程的水准网点以及标桩埋设位置等。

(3) 施工测量复核。常见的施工测量复核有以下几种:

1)民用建筑的测量复核。建筑物定位测量、基础施工测量、墙体皮数杆检测、楼层轴线检测、楼层间高层传递检测等。

2)工业建筑测量复核。厂房控制网测量、桩基施工测量、柱模轴线与高程监测、厂房结构安装定位监测、动力设备基础与预埋螺栓检测。

3)高层建筑测量复核。建筑场地控制测量、基础以上的平面与高程控制、建筑物中垂准检测、建筑物施工过程中沉降变形观测等。

4)管线工程测量复核。管网或输配电线路定位测量、地下管线施工检测、架空管线施工检测、多管线交汇点高程监测等。

6.3.3 计量控制

计量是施工作业过程的基础工作之一,计量作业效果对施工质量有重大影响。计量工作的质量监控主要包括以下内容:

(1) 施工过程中使用的计量仪器、检测设备、称重衡器的质量控制。

(2) 从事计量作业人员技术水平资格的审核,尤其是现场从事施工测量的测量工,从事试验、检测的试验工。

(3) 现场计量操作的质量控制。

作业者的实际作业质量直接影响到作业效果,计量作业现场的质量控制主要是检查其操作方法是否得当。如对仪器的使用,数据的判读,数据的处理及整理方法,对原始数据的检查等。在抽样检测中,现场检测取点、检测仪器的布置是否正确、合理,检测部位是否有代表性,能否反映真实的质量状况,也是审核的内容。

6.3.4 工序控制

工序亦称“作业”,是产品制造过程的基本环节,也是组织生产过程的基本单位。一道工序,是指一个(或一组)工人在一个工作地对一个(或几个)劳动对象(工程、产品、构配件)所完成的一切连续活动总和。

在施工过程中,测得的工序质量特性数据是有波动的,产生波动的原因有两类。一类是正常因素,如构件允许范围内的尺寸误差、季节气候的变化、机具的正常磨损等,这类因素也称偶然性因素,在目前的技术条件下还不能有效控制,但一般不会造成不合格品。另一类是异常因素,如不遵守工艺标准,违反操作规程,机械、设备发生故障,仪器仪表发生失灵等,这类因素也称系统性因素,容易造成废品或不合格品。异常因素在技术上是可以避免的。

工序质量控制就是去分析和发现影响施工质量的异常因素,并采取相应的技术和管理措施,对这些因素进行有效控制,从而保证工序质量。工序质量控制的实质是对工序因素的控制,特别是对主导因素的控制。

6.3.5 质量检验

(1) 检验程序。作业活动结束,应先由施工作业人员按规定进行自检,自检合格后与下一工序的作业人员交接检查,如满足要求则由项目部专职质检员进行检查,以上自检、交检、专检均符合要求后,则由工程师在合同规定的时间内进行检查,确认其质量合格后予以签认验收。

(2) 检验方法。对于现场所用原材料、半成品、工序或工程产品质量进行检验的方法一般可分为三类,即目测法、实测法以及试验法。

1)目测法。即凭借感官进行检查,也可以叫做观感检验。这类方法主要是根据质量要求,采用看、摸、敲、照等手法进行检查。“看”就是根据质量标准和要求进行外观检查;“摸”就是通过触摸手感进行检查、鉴别;“敲”就是运用敲击方法进行音感检查;“照”就是通过人工光源或反射光照射,仔细检查难以看清的部位。

2)实测法。就是利用量测工具或计量仪表,通过实际量测结果与规定的质量标准或规范要求相对照,从而判断质量是否符合要求。实测的手法可归纳为:靠、吊、量、套。所谓“靠”,是使用直尺检查诸如地面、墙面的平整度等;“吊”是指用托线板线锤检查垂直度;“量”是指用量测工具或计量仪表等检查断面尺寸、轴线、标高、温度、湿度等数值并确定其偏差;“套”是指以方尺套方附以塞尺,检查诸如踏脚线的垂直度、预制构件的方正、门窗口及构件的对角线等。

3)试验法。指通过现场试验或实验室试验等理化试验手段,取得数据,分析判断质量情况。包括:

①理化试验。工程中常用的理化试验包括各种物理力学性能方面的检验和化学成分及含量的测定两个方面。

②无损测试或检验。指借助专门的仪器、仪表等手段探测结构物或材料、设备内部的组织结构或损伤状态。

(3) 检验程度。包括:

1)全数检验。全数检验也叫普遍检验,主要用于关键工序或隐蔽工程,以及那些在技术规程、质量检验验收标准或设计文件中有明确规定应进行全数检验的对象。

2)抽样检验。即从一批材料或产品中,随机抽取少量样品进行检验,根据其检验数据的统计分析结果,判断质量状况。对于主要的建筑材料、半成品或工程产品等,由于数量大通常多采用抽样检验。

3)免检。对于已有足够证据证明质量有保证的一般材料或产品;或实践证明其产品质量长期稳定、质量保证资料齐全者;或是某些施工质量只有通过在施工过程中的严格质量监控,而检验人员很难对产品内在质量再作检验的,均可考虑采取免检。

6.3.6　工程变更

工程项目任何形式上的、质量上的、数量上的变动,都称为工程变更。工程变更可能导致项目工期、成本或质量的改变。因此,必须对工程变更进行严格的管理和控制。

在工程变更控制中,主要应考虑以下几个方面:

(1) 控制那些能够引起工程变更的因素和条件。

(2) 分析和确认各方面提出的工程变更要求的合理性和可行性。

(3) 当工程变更发生时,应对其进行管理和控制。

(4) 分析工程变更引起的风险。

6.3.7　成品保护

在施工过程中,有些分部、分项工程已经完成,而其他一些分部、分项工程尚在施工;或者是在分部、分项工程施工中,某些部位已经完成,而其他部位正在施工。在这种情况下,施工单位必须负责对已完成部分采取妥善措施予以保护,以免造成损伤或污染,影响工程质量。成品保护的一般措施主要有:

(1) 防护。就是针对被保护对象的特点采取提前保护的措施,防止损伤及污染。如对清水楼梯踏步,可以采取护棱角铁上下连接固定;对于进出口台阶可垫砖或方木,搭脚手板供人通过;对于门口易碰部位,可钉上防护条或槽形盖铁保护;为防止清水墙面污染,可在相应部位提前钉上塑料布或纸板。

(2) 包裹。就是将被保护物包裹起来,防止损伤或污染。如镶面大理石柱可用立板包裹捆扎保护,铝合金门窗可用塑料布包扎保护等。

(3) 覆盖。就是用表面覆盖的办法防止堵塞或损伤。例如,对地漏、落水口、排水管等安装后可以覆盖,以防止异物落入而被堵塞;预制水磨石或大理石楼梯可用木板覆盖加以保护;地面可用锯末、毡布等覆盖,以防止喷浆等污染;其他需要防晒、防冻、保温养护等项目也应采取适当的防护措施。

(4) 封闭。就是采取局部封闭的办法进行保护。如垃圾道完成后,可将其进口封闭,防止建筑垃圾堵塞通道;房间水泥地面或地面砖完成后,可将该房间局部封闭,防止人们随意进入而损害地面,室内装修完成后,应加锁封闭。

(5) 合理安排施工顺序。主要是通过合理安排不同工作间的施工顺序,以防止后道工序损害或污染已完施工的成品或生产设备。如采取房间内先喷浆或喷涂而后装灯具的施工顺序可防止喷浆污染、损害灯具;先做顶棚、装修而后做地坪,也可避免污染、损害地坪。

6.4　验收过程质量控制

6.4.1　质量验收的划分

建筑工程质量验收应划分为单位(子单位)工程、分部(子分部)、分项工程和检验批等几个层次。

(1) 单位工程的划分。包括以下内容：

1)具备独立施工条件并能形成独立使用功能的建筑物及构筑物为一个单位工程。如一个学校中的一栋教学楼、某城市的广播电视塔等。

2)规模较大的子单位工程,可将其能形成独立使用功能的部分划分为一个子单位工程。一般可根据工程的建筑设计分区、使用功能的显著差异、结构缝的设置等实际情况划分子单位工程。

3)室外工程可根据专业类别和工程规模划分单位（子单位)工程。

(2) 分部工程的划分。包括以下内容：

1)分部工程的划分应按专业性质、建筑部位确定。如建筑工程可划分为地基与基础、主体结构、建筑装饰装修、建筑屋面、建筑给水排水及采暖、建筑电气、智能建筑、通风与空调、电梯9个分部工程。

2)当分部工程规模较大或较复杂时,可按材料种类、施工特点、施工程序、专业系统及类别等划分为若干个子分部工程。如智能建筑分部工程中就包含了火灾及报警消防联动系统、安全防范系统、综合布线系统、智能化集成系统、电源与接地、环境、住宅(小区)智能化系统等子分部工程。

3)分项工程的划分。分项工程应按主要工种、材料、施工工艺、设备类别等进行划分。如混凝土结构工程按主要工种分为模板工程、钢筋工程、混凝土工程等分项工程;按施工工艺又可分为预应力、现浇结构、装配式结构等分项工程。

4)检验批的划分。分项工程可由一个或若干个检验批组成。所谓检验批是按统一的生产条件或按规定的方式汇总起来供检验用的,由一定数量样本组成的检验体。检验批是施工质量验收的最小单位,是分项工程乃至整个建筑工程质量验收的基础。检验批可根据施工、质量控制和专业验收需要按楼层、施工段、变形缝等进行划分。

6.4.2　质量验收的要求及内容

(1) 检验批质量验收。检验批的质量合格标准为：

1)主控项目和一般项目的质量经抽样检验合格。

2)具有完整的施工操作依据、质量检查记录。

主控项目是指建筑工程中对安全、卫生、环境保护和公众利益起决定性作用的检验项目。而除主控项目以外的检验项目都称为一般项目。

检验批的合格质量主要取决于对主控项目和一般项目的检验结果。主控项目对检验批的基本质量有决定性影响,不允许有不符合要求的检验结果,即这种项目的检查具有否决权,因此必须全部符合有关专业工程验收规范的要求。而一般项目则可按专业规范的要求处理。

质量控制资料反映了检验批从原材料到最终验收的各施工过程的操作依据、检查情况以及质量保证所必需的管理制度等。对其完整性的检查,实际是对过程控制的确认,这是检验批合格的前提。

(2) 分项工程质量验收。分项工程的验收在检验批的基础上进行,其合格标准为：

1)分项工程所含的检验批均应符合合格质量的规定。

2)分项工程所含的检验批的质量记录应完整。

(3) 分部(子分部)工程质量验收。分部工程的验收在其所含各分项工程验收的基础上进行,其合格标准为:

1)分部(子分部)工程所含分项工程的质量均应验收合格。

2)质量控制资料应完整。

3)地基与基础、主体结构和设备安装等分部工程有关安全及功能的检验和抽样检测结果应符合有关规定。

4)观感质量验收应符合要求。

(4) 单位(子单位)工程质量验收。单位工程质量验收也称质量竣工验收,是建筑工程投入使用前的最后一次验收,也是最重要的一次验收。验收合格的条件有5个:

1)单位(子单位)工程所含分部(子分部)工程的质量应验收合格。

2)质量控制资料应完整。

3)单位(子单位)工程所含分部工程有关安全和功能的检验资料应完整。

4)主要功能项目的抽查结果应符合相关专业质量验收规范的规定。

5)观感质量验收应符合要求。

(5) 施工质量不符合要求时的处理。包括:

1)经返工重做或更换器具、设备的检验批,应重新进行验收。这种情况是指主控项目不能满足验收规范规定或一般项目超过偏差限制的子项不符合检验规定的要求时,应及时处理的检验批。其中,严重的缺陷应推倒重来;一般的缺陷通过返修或更换器具、设备予以解决,在重新验收后如能符合相应的专业工程质量验收规范,则应认为该检验批合格。

2)经有资质的检测单位鉴定达到设计要求的检验批,应予以验收。这种情况是指个别检验批发现如试块强度等不满足要求,难以确定是否验收时,应请具有资质的法定检测单位检测。当鉴定结果能够达到设计要求时,该检验批应允许通过验收。

3)经有资质的检测单位鉴定达不到设计要求但经原设计单位核算认可、能够满足安全和使用功能的检验批,可予以验收。

一般情况下,规范标准给出了满足安全和功能的最低限度要求,而设计往往在此基础上留有一定余量。不满足设计要求和符合相应规范标准的要求,两者并不矛盾。

4)经返修或加固的分项、分部工程,虽然改变外形尺寸但仍能满足安全使用要求,可按技术处理方案和协商文件进行验收。

这种情况是指可能影响结构的安全性和使用功能的更为严重的缺陷、更大范围内的缺陷,经过加固处理后能够满足安全使用的基本要求,但会造成一些永久性的缺陷,如改变结构的外形尺寸、影响一些次要的使用功能等。为了避免社会财富更大的损失,在不影响安全和主要使用功能的条件下,可按处理技术方案和协商文件进行验收。

5)经过返修或加固仍不能满足安全使用要求的分部工程、单位(子单位)工程,严禁验收。

6.4.3 质量验收程序和组织

(1) 检验批及分项工程。检验批及分项工程应由监理工程师(或建设单位项目技术负责人)组织施工单位专业质量检验员、专业技术负责人等进行验收。验收前,施工单位先填好“检验批和分项工程质量验收记录”,并由项目专业质量检验员和项目专业技术负责人分别在检验批和分项工程质量检验记录中相关栏目签字,然后由监理工程师组织,严格按规定程序进行验收。

(2) 分部工程。分部工程由总监理工程师或建设单位项目负责人组织施工单位项目负责人和技术、质量负责人等进行验收;地基与基础、主体结构分部工程的勘察、设计单位工程项目负责人和施工单位技术、质量部门负责人也应参加相关分部工程的验收。

(3) 单位工程。包括:

1)单位工程完成后,施工单位首先要依据质量标准、设计图纸等组织有关人员进行自检,并对检查结果进行评定,符合要求后向建设单位提交工程验收报告和完整的质量资料,请建设单位组织验收。

2)建设单位收到工程验收报告后,应由建设单位(项目)负责人组织施工(含分包单位)、设计、监理等单位(项目)负责人进行单位(子单位)工程验收。

3)单位工程有分包单位施工时,分包单位对所承包的工程项目应按标准规定的程序检查评定,总包单位应派人参加。分包工程完成后,应将工程有关资料交总包单位。

4)当参加验收各方对工程质量验收意见不一致时,可请当地建设行政主管部门或工程质量监督机构协调处理,也可以由各方认可的咨询单位调解。

5)单位工程质量验收合格后,建设单位应在规定时间内将工程竣工验收报告和有关文件,报建设行政管理部门备案。

7 冶金建设项目安全与环境管理技术

7.1 概述

建设工程职业健康安全与环境管理是一项综合性管理,是施工项目管理的重要组成部分,它是指在项目施工的全过程中,运用科学管理的理论、方法,通过法规、技术、组织等手段所进行的规范劳动者行为,控制劳动对象、劳动手段和施工环境条件,消除或减少不安全因素,使人、物、环境构成的施工生产体系达到最佳安全状态,实现项目安全目标等一系列活动的总称。

由于施工项目具有露天、高空作业多,受环境影响大,工程结构复杂等特性,使得施工项目生产过程的安全事故与其他行业相比,发生的频率要高。因此在项目管理中业主和建筑企业都应高度重视安全管理问题,将其作为一项复杂的系统工程认真加以研究和防范,尽可能事先排除各种导致安全事故的原因。

7.1.1 项目安全与环境管理目的和任务

(1) 目的。工程项目职业健康安全管理的目的是保护产品生产者和使用者的健康与安全。控制影响工作场所内员工、临时工作人员、合同方人员、访问者和其他有关部门人员健康和安全的条件和因素。考虑和避免因使用不当对使用者造成的健康和安全的危害。

工程项目环境管理的目的是保护生态环境,使社会的经济发展与人类的生存环境相协调。控制作业现场的各种粉尘、废水、废气、固体废弃物以及噪声、振动对环境的污染和危害,考虑能源节约和避免资源的浪费。

(2) 任务。职业健康安全与环境管理的任务是建筑生产组织(企业)为达到建筑工程的职业健康安全与环境管理的目的,指挥和控制组织的协调活动,包括制定、实施、实现、评审和保持职业健康安全与环境方针所需的组织机构、计划活动、职责、惯例、程序、过程和资源。业主方也应参与到这个过程,对项目职业健康安全与环境管理做好全面的了解和掌握。如表7-1所示,表中有2行7列,构成了实现职业健康安全和环境方针的14个方面的管理任务。不同的组织(企业)根据自身的实际情况制定方针,并为实施、实现、评审和保持(持续改进)来建立组织机构、策划活动、明确职责、遵守有关法律法规和惯例、编制程序控制文

表7-1 职业健康安全与环境管理的任务

	组织机构	计划活动	职 责	惯例(法律法规)	程序文件	过 程	资 源
职业健康安全方针							
环境方针							

件,实行过程控制并提供人员、设备、资金和信息资源。保证职业健康安全环境管理任务的完成。对于职业健康安全与环境密切相关的任务,可一同完成。

7.1.2 工程项目职业健康安全与环境管理的特点

(1) 建筑产品的固定性和生产的流动性及受外部环境影响因素多,决定了工程项目职业健康安全与环境管理的复杂性。

1)建筑产品生产过程中生产人员、工具与设备的流动性,主要表现为:同一工地不同建筑之间流动;同一建筑不同建筑部位上流动;一个建筑工程项目完成后,又要向另一新项目动迁的流动。

2)工程项目受不同外部环境影响的因素多,主要表现为:露天作业多;气候条件变化的影响;工程地质和水文条件的变化;地理条件和地域资源的影响。

由于生产人员、工具和设备的交叉和流动作业,受不同外部环境的影响因素多,使健康安全与环境管理很复杂,稍有考虑不周就会出现问题。

(2) 产品的多样性和生产的单件性决定了工程项目职业健康安全与环境管理的多样性。建筑产品的多样性决定了生产的单件性。每一个建筑产品都要根据其特定要求进行施工,主要表现为:

1)不能按同一图纸、同一施工工艺、同一生产设备进行批量重复生产。

2)施工生产组织及机构变动频繁,生产经营的"一次性"特征特别突出。

3)生产过程中试验性研究课题多,所碰到的新技术、新工艺、新设备、新材料给职业健康安全与环境管理带来不少难题。

因此,对于每个建设工程项目都要根据其实际情况,制定健康安全与环境管理计划,不可相互套用。

(3)产品生产过程的连续性和分工性决定了工程项目职业健康安全与环境管理的协调性。建筑产品不能像其他许多工业产品一样可以分解为若干部分同时生产,而必须在同一固定场地按严格程序连续生产,上一道程序不完成,下一道程序不能进行,上一道工序生产的结果往往会被下一道工序所掩盖,而且每一道程序由不同的人员和单位来完成。因此,在职业健康安全与环境管理中要求各单位和各专业人员横向配合和协调,共同注意产品生产过程接口部分的健康安全和环境管理的协调性。

(4) 产品的委托性决定了工程项目职业健康安全与环境管理的不符合性。建筑产品在建造前就确定了买主,按建设单位特定的要求委托进行生产建造。而建设工程市场在供大于求的情况下,业主经常会压低标价,造成产品的生产单位对健康安全与环境管理的费用投入的减少,不符合健康安全与环境管理有关规定的现象时有发生。这就要建设单位和生产组织都必须重视对健康安全和环保费用的投入。

(5) 产品生产的阶段性决定了工程项目职业健康安全与环境管理的持续性。一个建设工程项目从立项到投产使用要经历五个阶段,即设计前的准备阶段(包括项目的可行性研究和立项)、设计阶段、施工阶段、使用前的准备阶段(包括竣工验收和试运行)、保修阶段。这五个阶段都要十分重视项目的安全和环境问题,持续不断地对项目各个阶段可能出现的安全和环境问题实施管理。否则,一旦在某个阶段出现安全问题和环境问题就会造成投资的巨大浪费,甚至造成工程项目建设的夭折。

7.1.3 工程项目职业健康安全与环境管理体系

7.1.3.1 职业健康安全管理体系标准的基本结构和运行模式

职业健康安全管理体系是用系统论的理论和方法来解决依靠人的可靠性和安全技术可靠性所不能解决的生产事故和劳动疾病的问题，即从组织管理上来解决职业健康安全问题。我国于2001年发布了GB/T 28001—2001《职业健康安全管理体系—规范》，该体系标准覆盖了OHSAS18001:1999《职业健康安全管理体系—规范》的所有技术内容，并考虑了国际上有关职业健康安全管理体系的现有文件的技术内容。

A 基本结构

职业健康安全管理体系规范的基本结构如图7-1所示，由5个一级要素和17个二级

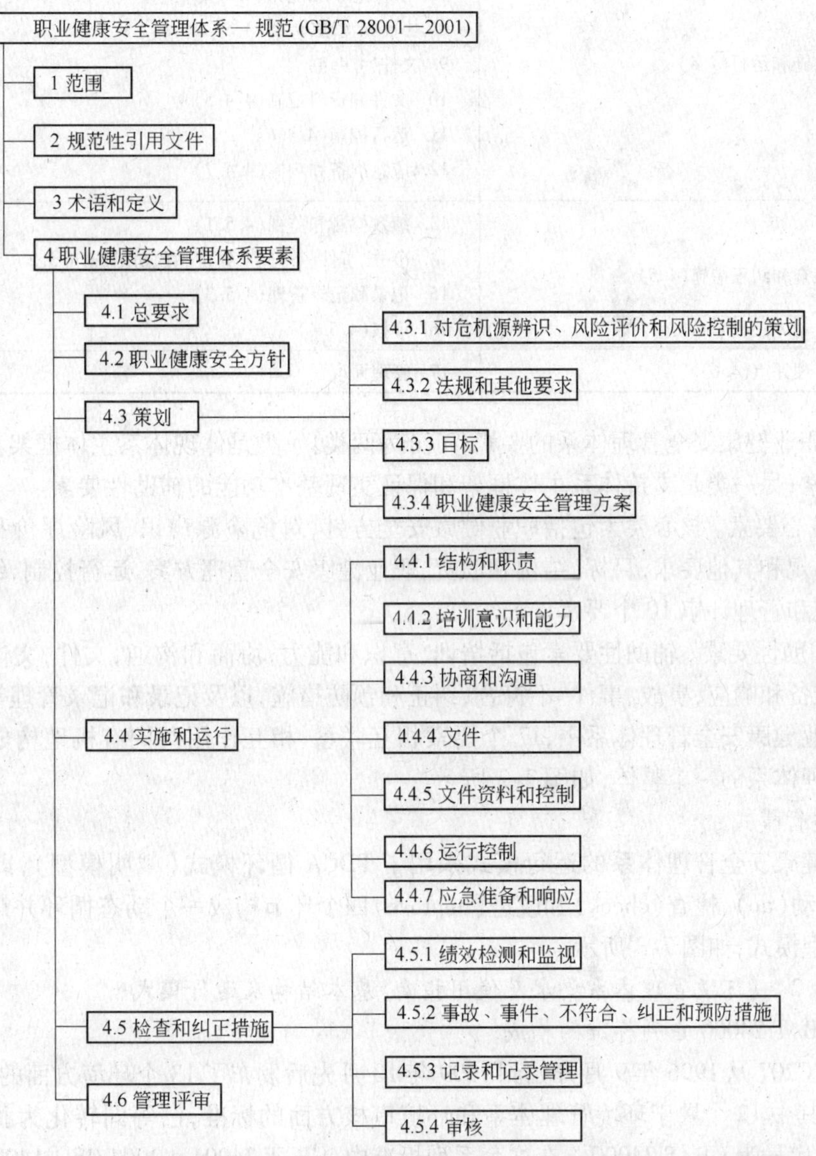

图7-1 职业健康安全管理体系规范总体结构图

要素构成,各要素的内容如表 7-2 所示。

表 7-2 职业健康安全管理体系一、二级要素

<table>
<tr><td rowspan="6">要
素
名
称</td><th>一级要素</th><th>二级要素</th></tr>
<tr><td>(一)职业健康安全方针(4.2)</td><td>1. 职业健康安全方针(4.2)</td></tr>
<tr><td>(二)策划(4.3)</td><td>2. 对危险源辨识、风险评价和风险控制的策划(4.3.1)
3. 法规和其他要求(4.3.2)
4. 目标(4.3.3)
5. 职业健康安全管理方案(4.3.4)</td></tr>
<tr><td>(三)实施和运行(4.4)</td><td>6. 结构和职责(4.4.1)
7. 培训、意识和能力(4.4.2)
8. 协商和沟通(4.4.3)
9. 文件(4.4.4)
10. 文件和资料控制(4.4.5)
11. 运行控制(4.4.6)
12. 应急准备和响应(4.4.7)</td></tr>
<tr><td>(四)检查和纠正措施(4.5)</td><td>13. 绩效检测和监视(4.5.1)
14. 事故、事件、不符合、纠正和预防措施(4.5.2)
15. 记录和记录管理(4.5.3)
16. 审核(4.5.4)</td></tr>
<tr><td>(五)管理评审(4.6)</td><td>17. 管理评审</td></tr>
</table>

构成职业健康安全管理体系的要素,可分为两类:一类是体现体系主体框架和基本功能的核心要素;另一类是支持体系主体框架和保证实现基本功能的辅助性要素。

(1)核心要素。核心要素包括职业健康安全方针,对危险源辨识、风险评价和风险控制的策划,法规和其他要求,目标,结构和职责,职业健康安全管理方案,运行控制,绩效检测和监视,审核和管理评审 10 个要素。

(2)辅助性要素。辅助性要素包括培训、意识和能力,协商和沟通,文件,文件和资料控制,应急准备和响应,事故、事件、不符合、纠正和预防措施,以及记录和记录管理等。

在职业健康安全管理体系中,17 个要素相互联系、相互作用共同有机地构成了职业健康安全管理体系的一个整体,如图 7-2 所示。

B 运行模式

职业健康安全管理体系的运行模式采用了 PDCA 循环模式(戴明模型),即通过策划(plan)、行动(do)、检查(check)和改进(improve)四个环节构成一个动态循环并螺旋上升的系统化管理模式,如图 7-3 所示。

7.1.3.2 《环境管理体系要求及使用指南》基本结构及运行模式

A GB/T 24000 系列标准的构成

ISO/TC207 从 1996 年 9 月开始到 1999 年 10 月先后发布了 13 个环境方面的标准,如表 7-3 所示,其中 12 个属于环境管理体系和环境审核方面的标准,已等同转化为我国的国家标准,标准代号为 GB/T 24000。在这套系列标准中,GB/T 24001—2004/ISO 14001:2004 标准是《环境管理体系要求及使用指南》,属于组织建立环境管理体系的标准。

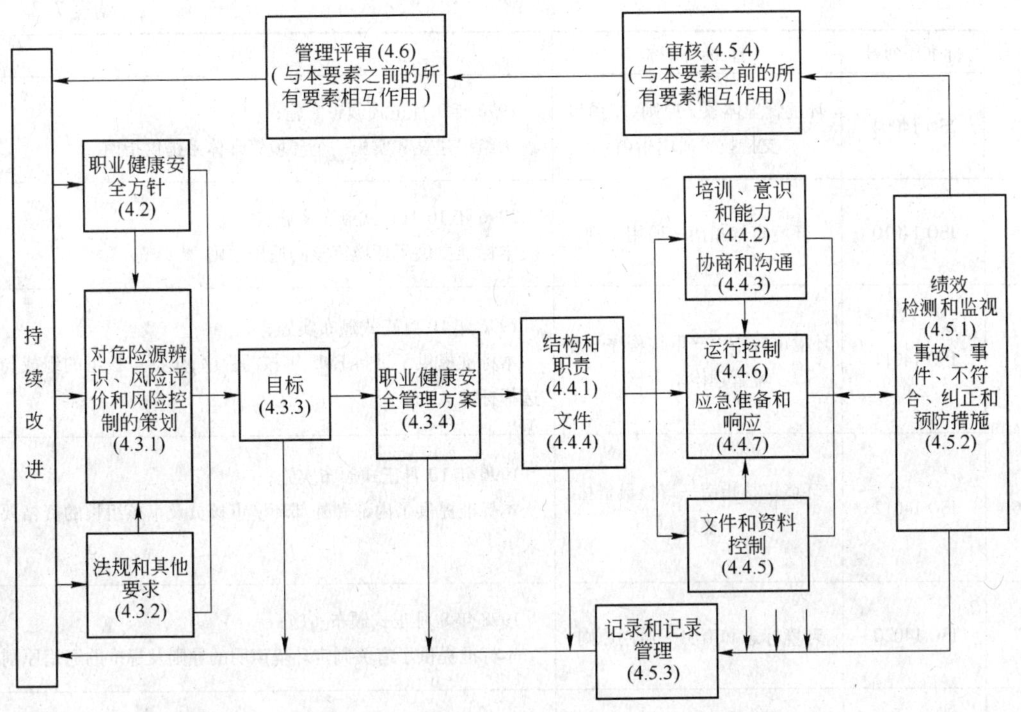

图 7-2 职业健康安全管理体系各要素之间的相互关系图

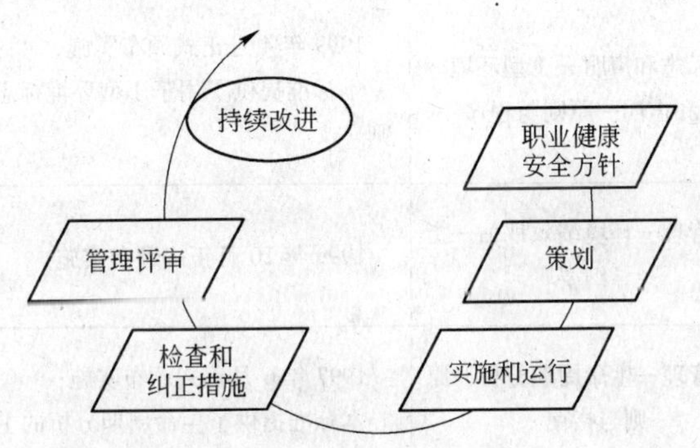

图 7-3 职业健康安全管理体系模式

表 7-3 已经正式颁布的 ISO 14000 系列国际标准(截止到 1999 年末)

序号	标准序列号	标准名称	备注
1	ISO 导则 64	产品标准中的环境因素导则	1997 年 3 月正式颁布实施; 本标准旨在帮助产品标准的编制者确定产品标准中的环境因素
2	ISO 14001	环境管理体系—规范及使用指南	1996 年 9 月正式颁布实施; 本标准规定了对那些用于自我声明或第三方认证/注册目的的可以进行客观审核的一个环境管理体系的要求

续表 7-3

序号	标准序列号	标准名称	备　注
3	ISO 14004	环境管理体系—原则、体系和支持技术通用指南	1996 年 9 月正式颁布实施；为组织建立和实施一个环境管理体系提供指南
4	ISO 14010	环境审核指南—通用原则	1996 年 10 月正式颁布实施；本标准提供了环境审核的通用原则
5	ISO 14011	环境审核指南—审核程序—环境管理体系审核	1996 年 10 月正式颁布实施；本标准提供了进行 EMS 审核的程序，包括审核组的组成与选择标准
6	ISO 14012	环境审核指南—审核员资格要求	1996 年 10 月正式颁布实施；本标准提供了内部和外部环境审核员及审核组长的资格要求
7	ISO 14020	环境标志和声明—通用原则	1998 年 8 月正式颁布实施；本标准提供了有关制定环境声明的导则及标准的通用原则
8	ISO 14021	环境标志和声明—自行声明的环境申诉（Ⅱ型环境标志）	1999 年 10 月正式颁布实施
9	ISO 14024	环境标志和声明—Ⅰ型环境标志和声明—原则与程序	1999 年 4 月正式颁布实施；本标准提供了用于Ⅰ型环境标志的第三方认证的程序与原则
10	ISO 14031	环境管理—环境绩效评估—指导纲要	1999 年 10 月正式颁布实施
11	ISO 14040	环境管理—生命周期分析—原则与指南	1997 年 6 月正式颁布实施，本标准提供了生命周期分析的主要内容、方法和应用领域
12	ISO 14041	环境管理—生命周期分析—目标和范围的界定及清单分析	1998 年 10 月正式颁布实施；本标准提供了确定生命周期分析法的目标和范围的导则，并提供了如何进行生命周期“清单分析”的指南
13	ISO 14050	术语和概念—术语使用原则指南	1998 年 5 月正式颁布实施；本标准旨在帮助一个组织理解用于 ISO 14000 系列标准的术语与定义

B　基本结构

环境管理体系的基本结构由 5 个一级要素和 17 个二级要素构成，如图 7-4 和表 7-4 所示。

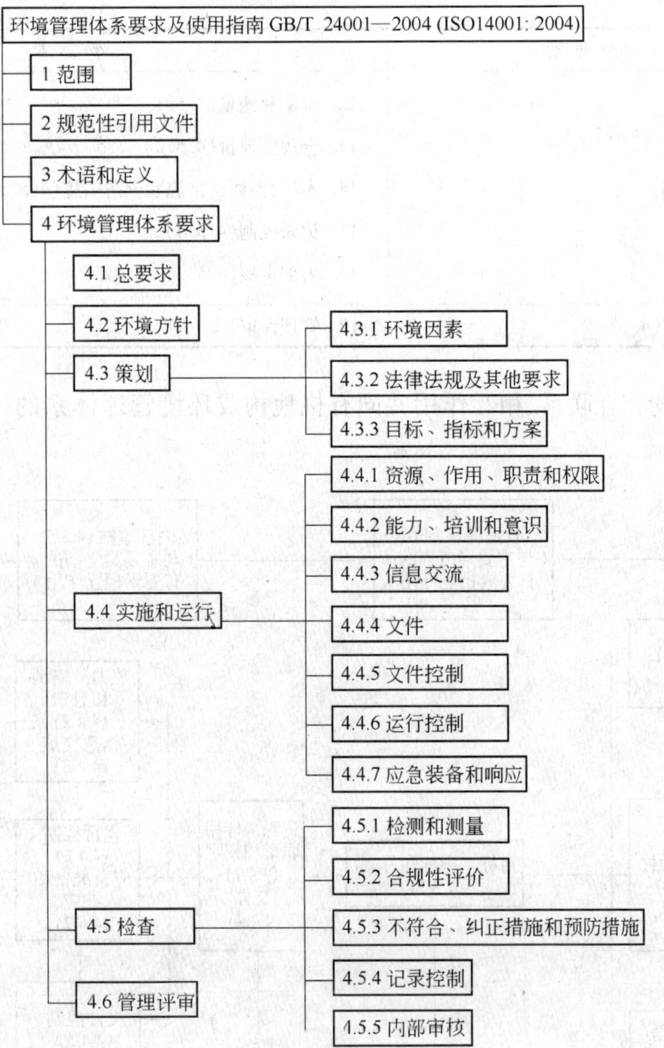

图 7-4　环境管理体系规范总体结构图

表 7-4　环境管理体系一、二级要素

	一级要素	二级要素
要素名称	(一)环境方针(4.2)	1. 环境方针(4.2)
	(二)策划(4.3)	2. 环境因素(4.3.1) 3. 法律法规及其他要求(4.3.2) 4. 目标、指标和方案(4.3.3)
	(三)实施和运行(4.4)	5. 资源、作用、职责和权限(4.4.1) 6. 能力、培训和意识(4.4.2) 7. 信息交流(4.4.3) 8. 文件(4.4.4) 9. 文件控制(4.4.5) 10. 运行控制(4.4.6) 11. 应急准备和响应(4.4.7)

续表 7-4

	一级要素	二级要素
要素名称	(四)检查(4.5)	12. 检测和测量(4.5.1) 13. 合规性评价(4.5.2) 14. 不符合、纠正措施和预防措施(4.5.3) 15. 记录控制(4.5.4) 16. 内部审核(4.5.5)
	(五)管理评审(4.6)	17. 管理评审

17 个要素的相互联系、相互作用共同有机地构成环境管理体系的一个整体,如图 7-5 所示。

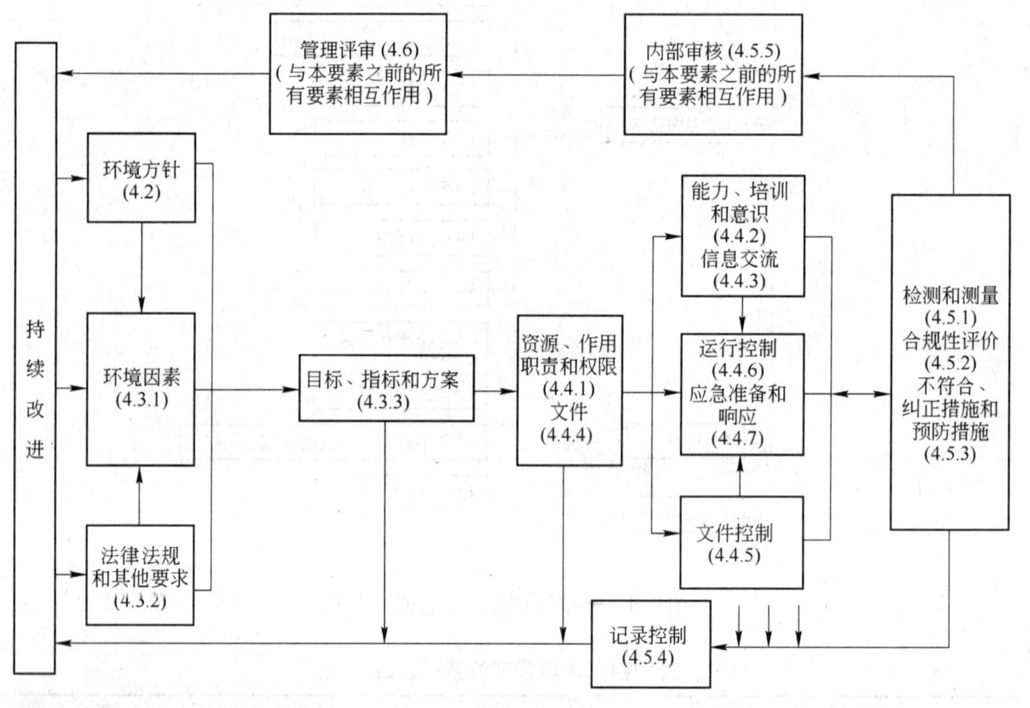

图 7-5 环境管理体系要素关系图

环境管理体系结构和运行框图如图 7-6 所示,整个环境管理体系的运作是从确立"环境方针"开始的(虽然有许多前期工作,那也是为制定方针做准备,如初始环境评审、环境因素的确定和环境影响评价等);随后进行的是"策划",即对如何实现环境方针的策划;"实施与运行"则是对策划的实施并使环境管理体系投入运行;"检查"是保持和改进环境管理体系的措施;最后的"管理评审"是对整个循环过程的总结,发现问题及时纠正,如果发现环境方针和目标方面存在问题,则需要提出修改方针的任务,循环到此告一段落。然后通过方针、目标等的修订,又开始了新的循环,如此周而复始永无止境,使组织的环境状况随着每次目标的实现而改善和提高。

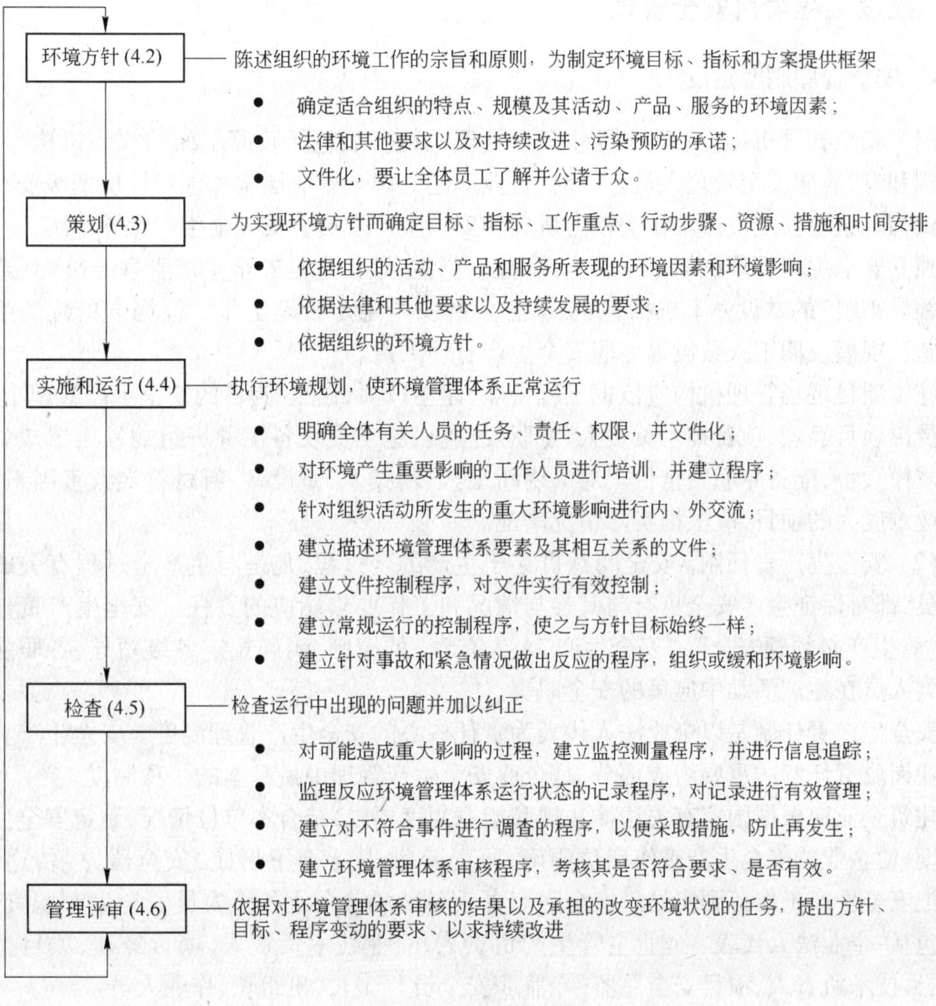

环境方针 (4.2)——陈述组织的环境工作的宗旨和原则，为制定环境目标、指标和方案提供框架

- 确定适合组织的特点、规模及其活动、产品、服务的环境因素；
- 法律和其他要求以及对持续改进、污染预防的承诺；
- 文件化，要让全体员工了解并公诸于众。

策划 (4.3)——为实现环境方针而确定目标、指标、工作重点、行动步骤、资源、措施和时间安排

- 依据组织的活动、产品和服务所表现的环境因素和环境影响；
- 依据法律和其他要求以及持续发展的要求；
- 依据组织的环境方针。

实施和运行 (4.4)——执行环境规划，使环境管理体系正常运行

- 明确全体有关人员的任务、责任、权限，并文件化；
- 对环境产生重要影响的工作人员进行培训，并建立程序；
- 针对组织活动所发生的重大环境影响进行内、外交流；
- 建立描述环境管理体系要素及其相互关系的文件；
- 建立文件控制程序，对文件实行有效控制；
- 建立常规运行的控制程序，使之与方针目标始终一样；
- 建立针对事故和紧急情况做出反应的程序，组织或缓和环境影响。

检查 (4.5)——检查运行中出现的问题并加以纠正

- 对可能造成重大影响的过程，建立监控测量程序，并进行信息追踪；
- 监理反应环境管理体系运行状态的记录程序，对记录进行有效管理；
- 建立对不符合事件进行调查的程序，以便采取措施，防止再发生；
- 建立环境管理体系审核程序，考核其是否符合要求、是否有效。

管理评审 (4.6)——依据对环境管理体系审核的结果以及承担的改变环境状况的任务，提出方针、目标、程序变动的要求、以求持续改进

图 7-6　环境管理体系结构和运行框图

环境管理体系的运行形态、模式也采用了类似质量管理的 PDCA 循环。在环境管理体系运行模式中，方针和策划相当于 P(planning) 阶段，实施与运行相当于 D(do) 阶段，检查相当于 C(checking) 阶段，管理评审相当于 A(action) 阶段。这实际上是借鉴了质量管理的成功经验，使环境管理体系结构合理、逻辑关系清楚、目的明确、要素简练、普遍适用。

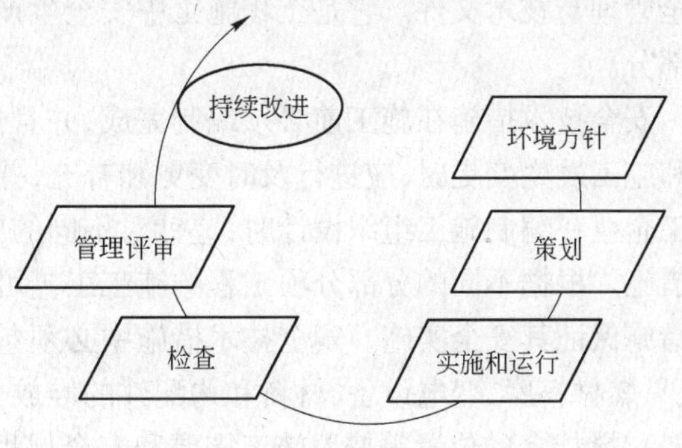

图 7-7　环境管理体系模式

环境管理体系模式图(见图 7-7)形象、直观地表达了环境管理体系的构成要素和各要素之间的关系以及环境管理体系的运行和持续改进的动态过程。

7.2　建设工程项目安全管理

7.2.1　安全管理制度建设

（1）安全管理机构。工程项目的安全管理机构一般包括政府层面的权利机构、专职管理机构和专、兼职安全管理人员。同时，企业应建立健全企业层次和项目层次两级安全生产管理机构。企业安全生产工作的权力机构为安全生产委员会或安全生产领导小组。企业应设立独立安全生产管理机构——安全部（处、科、室、组），它是安全生产管理委员会（或安全生产领导小组）的常设办事机构，负责本企业的安全生产管理工作。根据本单位的生产能力或施工规模及职工人数设置专职安全生产管理人员。

施工项目现场管理机构应依据工程特点，建立以项目经理为首的安全生产管理小组，小组成员由项目经理、项目技术负责人、专职安全员、施工员及各工种班组的领班组成。根据工程规模大小，配备专职安全员。对采用新工艺、新技术、新设备、新材料或致害因素多、施工作业难度大的项目，应根据实际情况增配。

（2）安全生产责任制。安全问题贯穿于生产的全过程，凡是与生产全过程有关的部门和人员，都对保证生产安全负有与其参与情况和工作要求相应的责任。安全生产责任制是根据"管生产必须管安全"、"安全生产，人人有责"的原则，明确规定各级领导、各职能部门和各类人员在生产活动中应负的安全职责。

安全生产责任制是以企业法人代表为责任核心的安全生产管理制度。安全生产责任制是企业岗位责任制的重要组成部分，是企业安全生产管理中最基本的一项制度。

建筑企业应根据国家有关法律法规和规章制度要求，结合本单位情况，制定安全生产责任制度，使企业的安全生产工作岗位明确、职责清楚，从上至下形成"安全压力"传递链条，真正把安全生产工作落到实处。安全生产责任制度涵盖企业各级人员安全生产职责，从上到下包括：企业法人代表、企业主管生产负责人、企业技术负责人、项目经理、项目生产经理、项目技术负责人、项目安全总监（专兼职安全员）、工长、班组长、作业人员。

（3）安全生产技术管理制度。建筑施工生产中的安全技术涉及面广，需要解决的问题多种多样，因此，需要建立一个可以全面适应安全生产管理要求的、科学的技术保证体系。

1）施工安全技术措施审批制度。施工安全技术措施是具体安排和指导工程安全施工的安全管理与技术文件。它是工程施工中安全生产的指令性文件，是施工组织设计的重要组成部分。

安全技术措施在施工前必须编制完成，并且经过审批手续后正式下达指导施工。当设计和施工发生变更时，应进行及时变更和补充，并对变更补充部分重新履行审批手续。建筑施工企业在编制施工组织设计时，应针对不同的施工方法和施工工艺等制定相应的安全技术措施。根据不同的分部分项工程的施工工艺可能给施工带来的不安全因素，从技术上采取措施保证其安全实施。安全技术措施中必须包含施工总平面图，在图中必须对危险的油库、易燃材料库、变电设备、材料和构配件的堆放位置、塔式起重机、物料提升机（井字架、龙门架）、搅拌台的位置等按照施工需要和安全规程的要求明确定位，并提出具体要求。

严格执行建设部发布的《危险性较大工程安全专项施工方案编制及专家论证审查办法》（建质［2004］213 号）规定，对特殊和危险性较大的工程，如基坑支护与降水工程，土方开挖工程,模板工程,起重吊装工程,脚手架工程,拆除、爆破工程以及其他危险性较大工程,应当在施工前由专业工程技术人员单独编制安全专项施工方案并经过审核批准。符合专家组论证审查条件的工程,还应经过专家组论证审查通过后,方可实施。

2)安全技术交底制度。工程项目必须实行逐级安全技术交底制度。安全技术交底必须具体、明确,针对性强。内容必须针对分部分项工程中施工给作业人员带来的潜在危险因素而编写。各级安全技术交底必须有交底时间、内容、交底人和被交底人签字。

安全技术交底的主要内容包括:本工程项目施工作业的特点和危险点;针对危险点的具体预防措施;应注意的安全事项;相应的安全操作规程和标准;发生事故后应采取的应急措施。

(4) 安全生产教育制度。人是安全管理、安全技术中的关键因素,提高人的素质和技能是安全生产的重要保障。业主应对安全教育产生重视,向下传达安全教育的理念,并通过建筑企业把安全教育逐步落实下去。企业安全教育内容、方式按管理层次、岗位的不同而不同。安全教育的主要内容应包括:安全知识、安全技能、设备性能、操作规程、安全法规等。企业要建立经常性的安全教育考核制度,并将考核成绩记入员工档案。

(5) 安全生产检查制度。安全生产检查方式有企业组织的定期安全检查,各级管理人员的日常巡回检查,专业性检查,季节性检查,节假日前后的安全检查,班组自检、交接检查,不定期检查等。除了建筑企业外,业主方也要不定期地进行安全生产检查,并协同施工方和监理方一起做好安全生产检查。

安全检查的内容主要包括:查思想、查管理、查隐患、查整改、查伤亡事故处理等。安全检查的重点是检查"三违"和安全责任制的落实。检查后应编写安全检查报告,报告应包括以下内容:已达标项目,未达标项目、存在问题、原因分析、纠正和预防措施。

对查出的安全隐患,不能立即整改的要制定整改计划,定人、定措施、定经费、定完成日期,在未消除安全隐患前,必须采取可靠的防范措施,如有危及人身安全的紧急险情,应立即停工。应按照"登记—整改—复查—销案"的程序处理安全隐患。

(6) 安全生产投入保证制度。安全生产投入是确保施工生产安全的物质基础。建立安全投入保证制度是保证安全资金的按时足量支付,从而保证安全措施及时到位并有效发挥作用。安全作业环境及安全施工措施所需费用主要用于施工安全防护用具及设施的采购和更新、安全施工措施的落实、安全生产条件的改善。建筑企业在管理中应根据企业自身资金管理的常规制度,考虑工程项目的特点,建立安全生产资金的投入管理制度,列入项目的生产成本计划,并督促、检查、落实资金的使用情况。

7.2.2 建设工程施工事故的分类

(1) 按事故作用的对象划分。建筑施工事故分为质量事故和安全事故。质量事故通常是指在施工过程中,凡未达到设计文件、承包合同及建筑安装工程质量验收标准的要求,造成(或隐含)危及工程的功能、使用价值和工程结构安全的事故。施工安全事故是指在施工过程中,因为人为因素或不可抗拒的自然因素危及或造成人员身体健康和人身伤亡的事故。

(2) 按事故后果划分。建筑施工事故分为未遂事故和已遂事故。未遂事故是指在施工过程中发现了质量和不安全问题、经及时采取措施,避免了事故发生,未造成经济损失、延误工期、人员伤亡及其他不良后果的,均称为未遂事故。已遂事故是指已发生的施工事故,并造成了经济损失或人员伤亡及其他不良后果的事故。

(3) 按事故性质严重程度划分。建筑施工事故分为一般事故和重大事故。一般事故通常是指经济损失在5000元至10万元额度内的质量事故或未造成人员重大伤亡的安全事故。重大事故是指危及工程结构安全性、可靠性和功能要求的质量事故或造成人员重大伤亡的安全事故。按建设部1989年发布的《工程建设重大事故报告和调查程序规定》,重大事故分为四个等级:

1)一级重大事故。具备下列条件之一者为一级重大事故:

①死亡30人以上。

②直接经济损失在300万元以上。

2)二级重大事故。具备下列条件之一者为二级重大事故:

①死亡10人以上,29人以下。

②直接经济损失100万元以上,不满300万元。

3)三级重大事故。具备下列条件之一者为三级重大事故:

①死亡3人以上,9人以下。

②重伤20人以上。

③直接经济损失30万元以上,不满100万元。

4)四级重大事故。具备下列条件之一者为四级重大事故:

①死亡2人以下。

②重伤3人以上,19人以下。

③直接经济损失10万元以上,不满30万元。

(4) 按事故责任划分。建筑施工事故分为指导责任事故和操作责任事故。指导责任事故是指由于在施工过程中因指导或领导失误造成的事故;操作责任事故是指操作人员违背技术标准、施工及安全规程所进行的违章作业而引发的事故。

(5) 按事故产生的原因划分。建筑施工事故可分为技术原因、管理原因、社会与经济原因和不可抗拒的自然原因等引发的事故。技术原因引发的事故是因设计技术、施工技术、材料及机械设备性能不满足相关技术标准、规程、规范等要求而造成失误所引发的事故;管理原因引发的事故是指因管理组织、管理制度及施工技术管理和生产管理不严格、不健全而引起管理混乱所造成的事故;社会与经济原因引发的事故是施工现场周边环境社会秩序混乱,生产资金供不应求而造成停工待料,职工福利工资奖金分配不公造成操作者情绪低落等诱发的事故;自然因素(如暴雨、洪水、狂风等)突变,未能做出充分预测和防范准备而引起的事故。

7.2.3 事故处理程序

(1) 事故发生。施工人员应善于洞察事故苗头,并采取有效措施防范未遂事故的出现。如果一旦事故发生,应采取果断措施,防止事故蔓延、扩大,避免造成更大的损失,并严格保护事故现场,妥善保护现场重要痕迹、物证,有条件的可以拍照录像。

(2) 事故上报。重大事故书面报告应包括以下内容:

1)事故发生的时间、地点、工程项目、企业名称。

2)事故发生的简要经过、伤亡人数和直接经济损失的初步估计。

3)事故发生原因的初步判断。

4)事故发生后采取的措施及事故控制情况。

5)事故报告单位。

(3) 事故调查。事故调查,特别是对重大事故调查,应由事故发生地的市、县级以上建设主管部门或国务院有关主管部门组成调查组负责进行。调查组可以聘请有关方面的专家协助进行技术鉴定、事故分析和财产损失的评估工作。调查组在调查工作结束后10日内,应将调查报告送交组织调查的部门审查,经同意后调查工作即告结束。

事故调查报告的主要内容有:

1)与事故有关的工程情况。

2)事故发生的详细情况,如发生时间、地点、工程部位、性质、现状及发展变化等。

3)事故调查中的有关数据和资料。

4)事故原因分析和判断。

5)事故发生后所采取的临时防护措施。

6)事故处理的建议方案及措施。

7)事故涉及的有关人员及责任情况。

(4) 制定事故处理方案。制定事故处理方案,必须要对事故进行深入调查研究,收集充分的数据资料,广泛听取专家及其各方面的意见,经科学论证,决定该事故是否需要做出处理。如果事故需要处理,应坚持实事求是的科学态度,制定安全、可靠、适用及经济的事故处理方案。

(5) 事故处理方案实施、检查和验收。特别是对质量事故处理,必须按处理方案的技术要求高质量地组织实施。在实施过程应加强指导和检查,完成后应按规定要求组织验收。

建筑施工事故处理一般程序如图7-8所示。

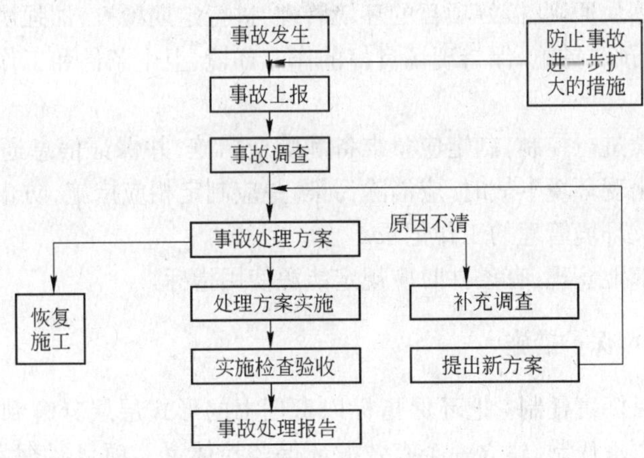

图7-8　建筑施工事故处理一般程序

对重大事故承担直接责任的设计单位、勘察设计单位、施工单位、构配件生产单位及其他单位,由上级主管部门或当地建设行政主管部门,根据调查组的建议,令其限期改善工程建设技术安全措施,并依有关法规给予处罚。

(6) 事故处理报告。事故处理结束后,事故发生单位应当尽快写出详细的事故处理报告,逐级上报有关单位。

1)事故处理报告内容包括:事故的基本情况;事故调查及检查情况;事故原因分析;事故处理的依据;质量缺陷处理方案及技术措施;实施质量处理中的有关数据、记录、资料;对质量处理结果的检查、鉴定和验收;结论意见。

2)事故责任。对造成重大事故的责任者,由其所在单位或上级主管部门给予行政处分;构成犯罪的,由司法机关依法追究刑事责任。

7.3 建设工程项目环境管理

7.3.1 项目环境管理的程序

企业应根据批准的建设项目环境影响报告,通过对环境因素的识别和评估,确定管理目标及主要指标,并在各个阶段贯彻实施。而业主也应对工程环境有详细的了解,并对环境管理进行要求,而由建筑企业进行完善和落实。施工项目的环境管理应遵循下列程序:

(1) 确定项目环境管理目标。

(2) 进行项目环境管理策划。

(3) 实施项目环境管理策划。

(4) 验证并持续改进。

7.3.2 项目环境管理的工作内容

项目经理负责现场环境管理工作的总体策划和部署,建立项目环境管理组织机构,制定相应制度和措施,组织培训,使各级人员明确环境保护的意义和责任。

项目经理部的工作应包括以下几个方面:

(1) 按照分区划块原则,搞好项目的环境管理,进行定期检查,加强协调,及时解决发现的问题,实施纠正和预防措施,保持现场良好的作业环境、卫生条件和工作秩序,做到污染预防。

(2) 对环境因素进行控制,制定应急准备和响应措施,并保证信息通畅,预防可能出现非预期的损害。在出现环境事故时,应消除污染,并应制定相应措施,防止环境二次污染。

(3) 应保存有关环境管理的工作记录。

(4) 进行现场节能管理,有条件时应规定能源使用指标。

7.3.3 项目现场环境保护措施

(1) 实行环保目标责任制。把环保指标以责任书的形式层层分解到有关单位和个人,列入承包合同和岗位责任制,建立一个有效的环保监控体系。项目经理是环保工作的第一责任人,是施工现场环境保护自我监控体系的领导者和责任者,要把环保政绩作为考核项目经理的一项重要内容。

(2) 加强检查和监控工作。要加强对施工现场粉尘、噪声、废气的检查、监测和控制工作。要与文明施工现场管理一起检查、考核、奖罚。及时采取措施消除粉尘、废气和污水的污染。

(3) 保护和改善施工现场的环境。一方面施工单位要采取有效措施控制人为噪声、粉尘的污染和采取措施控制烟尘、污水、噪声污染;另一方面,建设单位应该负责协调外部关系,同当地居委会、村委会、办事处、派出所、居民、施工单位、环保部门加强联系。要做好宣传教育工作,认真对待来信来访,凡能解决的问题,立即解决,一时不能解决的扰民问题,也要说明情况,求得谅解并限期解决。

(4) 制定技术措施,严格执行国家法律、法规。在编制施工组织设计时,必须有环境保护的技术措施。在施工现场平面布置和组织施工过程中都要执行国家、地区、行业和企业有关防治空气污染、水源污染、噪声污染等环境保护的法律、法规和规章制度。

(5) 采取措施防止大气污染。内容包括:

1) 施工现场垃圾渣土要及时清理出现场。高层建筑物和多层建筑物清理施工垃圾时,要搭设封闭式专用垃圾道,采用容器吊运或将永久性垃圾道随结构安装好以供施工使用,严禁凌空随意抛撒。

2)施工现场道路采用焦渣、级配砂石、粉煤灰级配砂石、沥青混凝土或水泥混凝土等,有条件的可利用永久性道路,并指定专人定期洒水清扫,形成制度,防止道路扬尘。

3)袋装水泥、白灰、粉煤灰等易飞扬的细颗散体材料,应库内存放。室外临时露天存放时,必须下垫上盖,严密遮盖防止扬尘。

散装水泥、粉煤灰、白灰等细颗粉状材料,应存放在固定容器(散装罐)内,没有固定容器时,应设封闭式库存放,并具备可靠的防扬尘措施。

运输水泥、粉煤灰、白灰等细颗粒粉状材料时,要采取遮盖措施,防止沿途遗洒、扬尘。卸运时,应采取措施,以减少扬尘。

4)车辆不带泥砂出现场措施,可在大门口铺一段石子,定期过筛清理;设置一段水沟冲刷车轮。

5)除设有符合规定的装置外,禁止在施工现场焚烧油毡、橡胶、塑料、皮革、树叶、枯草、各种包皮等以及其他会产生有毒、有害烟尘和恶臭气体的物质。

6)机动车都要安装 PCV 阀,对那些尾气排放超标的车辆要安装净化消声器,确保不冒黑烟。

7)工地茶炉、大灶、锅炉,尽量采用消烟除尘型。

8)工地搅拌站除尘是治理的重点。有条件的要修建集中搅拌站,由计算机控制进料、搅拌、输送全过程,在进料仓上方安装除尘器,可使水泥、砂、石中的粉尘降低99%以上。采用现代化先进设备是解决工地粉尘污染的根本途径。

9)拆除旧有建筑物时,应适当洒水,防止扬尘。

(6) 防止水源污染措施。内容包括:

1)禁止将有毒有害废弃物作土方回填。

2)施工现场搅拌站废水、现制水磨石的污水、电石(碳化钙)的污水须经沉淀池沉淀后再排入城市污水管道或河流。最好将沉淀水用于工地洒水降尘或采取措施回收利用。上述污水未经处理不得直接排入城市污水管道或河流中。

3)现场存放油料,必须对库房地面进行防渗处理。如采用防渗混凝土地面,铺油毡等。使用时要采取措施,防止油料跑、冒、滴、漏、污染水体。

4)施工现场100 人以上的临时食堂,污水排放时可设置简易有效的隔油池,定期掏油和杂物，防止污染。

5）场地临时厕所及化粪池应采取防渗漏措施。中心城市施工现场的临时厕所可采取水冲式厕所，蹲坑上加盖，并有防蝇、灭蛆措施，防止污染水体和环境。

6）化学药品、外加剂等要妥善保管，库内存放，防止污染环境。

（7）防止噪声污染措施。内容包括：

1）严格控制人为噪声，进入施工现场不得高声喊叫、无故甩打模板、乱吹哨，限制高音喇叭的使用，最大限度地减少噪声扰民。

2）凡在人口稠密区进行强噪声作业时，须严格控制作业时间。一般晚 10 点到次日早 6 点之间停止强噪声作业。确系特殊情况必须昼夜施工时，尽量采取降低噪声措施，并会同建设单位找当地居委会、村委会或当地居民协调，出安民告示，求得群众谅解。

3）在传播途径上控制噪声。采取吸声、隔声、隔振和阻尼等声学处理的方法来降低噪声。

①吸声。吸声是利用吸声材料（如玻璃棉、矿渣棉、毛毡、泡沫塑料、吸声砖、木丝板、干蔗板等）和吸声结构（如穿孔共振吸声结构、微穿孔板吸声结构、薄板共振吸声结构等）吸收通过的声音，减少室内噪声的反射来降低噪声。

②隔声。隔声是把发声的物体、场所用隔声材料（如砖、钢筋混凝土、钢板、厚木板、矿棉被等）封闭起来与周围隔绝。常用的隔声结构有隔声间、隔声机罩、隔声屏等。有单层隔声和双层隔声结构两种。

③隔振。隔振就是防止振动能量从振动源传递出去。隔振装置主要包括金属弹簧、隔振器、隔振垫（如剪切橡皮、气垫）等。常用的材料还有软木、矿渣棉、玻璃纤维等。

④阻尼。阻尼就是用内摩擦损耗大的一些材料来消耗金属板的振动能量并变成热能散失掉，从而抑制金属板的弯曲振动，使辐射、噪声大幅度地消减。常用的阻尼材料有沥青、软橡胶和其他高分子涂料等。

7.4　建设工程项目风险管理

风险（risk）是经济学中的一个基本概念，用来描述经济活动中一类非常普遍的现象：发生了某种不测事件，并因此带来损失。回避风险、消除风险只是相对的，只能通过种种经济的技术的手段转移和分散风险造成的损失，将风险发生的概率降至最低。风险的程度大小、风险由可能转变为现实的时间地点均不能肯定，但它和完全无法预测的无规则的随机即不确定性不同。它是可以用定性或定量的方法进行估计的。运用科学的方法和手段对风险进行分析和预测，进而对风险进行有效的管理和防范，能够将风险的损失降到最低程度。

项目风险管理是指通过风险识别、风险分析和风险评价去认识项目风险，并以此为基础合理地使用各种风险应对措施、管理方法、技术和手段对项目风险进行有效的控制，妥善处理风险事件造成的不利后果，以最少的成本保证项目总体目标的实现。高水平的风险管理不仅能使项目获得良好的经济效益，还能促使项目整体管理水平和竞争能力的提高。

7.4.1　工程项目风险识别

风险识别是指风险管理人员在收集资料和调查研究的基础上，运用各种方法找出影响项目质量、进度、投资等目标顺利实现的主要风险，并进行系统归类和全面识别。这既是项目风险管理的第一步,也是最重要的一步。

7.4.1.1 风险识别的步骤

(1)项目状态分析。这是一个将项目原始状态与可能状态进行比较及分析的过程。项目原始状态是指项目立项、可行性研究及建设计划中的预想状态,是一种比较理想化了的状态;可能状态则是基于现实、基于变化的一种估计。比较这两种状态下的项目目标值的变化,如果这种变化是恶化的,则为风险。

理解项目原始状态是识别项目风险的基础。只有深刻理解了项目的原始状态,才能正确认定项目执行过程中可能发生的状态变化,进而分析状态的变化可能导致的项目目标的不确定性。

(2)对项目进行结构分解。通过对项目的结构分解,可以使存在风险的环节和子项变得容易辨认。

(3)历史资料分析。通过对以前若干个相似项目情况的历史资料分析,有助于识别目前项目的潜在风险。

(4)确认不确定性的客观存在。风险管理者不仅要辨识所发现或推测的因素是否存在不确定性,而且要确认这种不确定性是客观存在的,只有符合这两个条件的因素才可以视作风险。

(5)建立风险清单。如果已经确认了是风险,就需将这些风险一一列出,建立一个关于本项目的风险清单。开列风险清单必须做到科学、客观、全面,尤其是不能遗漏主要风险。

(6)进行风险分类。将风险清单中的风险进行分类,可使风险管理者更彻底地了解风险,管理风险时更有目的性、更有效果,并为下一步分析和评价风险做好准备。

按风险产生的原因分类可以分为政治风险、经济风险、法律风险、自然条件风险、社会风险等。

按风险产生的结果分类可以分为工期风险、费用风险、质量风险、生产能力风险、市场风险、信誉风险、安全风险、法律风险等。

按风险产生的阶段分类可以分为战略风险、项目策划风险、决策风险、技术设计风险、计划风险、实施风险、运营管理风险等。

7.4.1.2 风险识别的方法

风险识别的方法有许多,只要能从工程项目建设环境中找出影响项目目标的风险的方法就是好方法,常用的有头脑风暴法、德尔菲法、因果分析法、情景分析法和访谈法等。

(1)头脑风暴法。通过主持专家会议的人在会议开始时的发言激起专家们的思维“灵感”,促使专家们感到急需回答会议提出的问题而激发创造性的思维,在专家们回答问题时产生信息交流,受到相互启发,从而诱发专家们产生“思维共振”,以达到互相补充并产生“组合效应”,获取更多的未来信息,使预测和识别的结果更准确。

(2)德尔菲法。又称专家调查法,是通过函询征集若干位该项目相关领域内专家的意见,然后加以综合整理,再匿名反馈给各位专家,再次征询意见。这样反复经过四至五轮,逐步使专家的意见趋向一致,作为最后预测和识别的根据。

(3)因果分析法。因果分析图因其图形像鱼刺,故也称鱼刺图分析法。图中主干是风险的后果,枝是风险因素和风险事件,分支为相应的小原因。用因果分析图来分析风险,可以从原因预见结果,也可以从可能的后果中找出诱发原因。

(4)情景分析法。情景分析法又称幕景分析法,是根据发展趋势的多样性,通过对系统内外相关问题的系统分析,设计出多种可能的未来前景,然后用类似于撰写电影剧本的手法,对系统发展态势作出自始至终的情景和画面的描述。

(5)访谈法。访谈法是通过对资深项目经理和相关领域专家进行访谈来识别风险。负责访谈的人员首先要选择合适的访谈对象;其次应向访谈对象提供项目内外部环境、假设条件和约束条件等信息。访谈对象根据自己丰富的经验、掌握的项目信息,对项目风险进行识别。

7.4.1.3 项目风险表

采用项目风险表将风险识别的结果准确地描述出来并划分等级。项目风险表又称项目风险清单,可将已识别出的项目风险列入表内。表的详细程度可根据工程项目的实际情况而定,表述可至 WBS(工作分解结构)的最底层。表中对风险的描述应该包括:

(1)已识别项目风险发生概率大小的估计。

(2)项目风险发生的可能时间、范围。

(3)项目风险事件带来的损失。

(4)项目风险可能影响的范围。

找出风险因素后,为了在采取控制措施时能分清轻重缓急,故需要给风险因素划定一个等级。通常按照事故发生后果的严重程度进行划分。如可将风险等级划分为以下四级:

一级:后果小,可以忽略,可不采取措施。

二级:后果较小,暂时还不会造成人员伤亡和其他损失,应考虑采取控制措施。

三级:后果严重,会造成人员伤亡和其他损失,需要立刻采取有效措施。

四级:灾难性后果,必须立刻予以排除。

7.4.2 工程项目风险分析与评价

风险分析是指应用各种风险分析技术,用定性、定量或两者相结合的方式处理不确定性的过程。

在项目生命周期的全过程中,会出现各种不确定性,这些不确定性将对项目目标的实现产生积极或消极影响。项目风险分析就是对将会出现的各种不确定性及其可能造成的各种影响和影响程度进行恰如其分的分析和评估。通过对那些不太明显的不确定性的关注,对风险影响的揭示,对潜在风险的分析和对自身能力的评估,采取相应的对策,从而达到降低风险的不利影响或减少其发生的可能性的目的。

7.4.2.1 风险分析过程

(1)采集数据。首先必须采集与所要分析的风险相关的各种数据。这些数据可以从投资者或者承包商过去类似项目经验的历史记录中获得。所采集的数据必须是客观的、可统计的。某些情况下,直接的历史数据资料还不够充分,尚需主观评价,特别是那些对投资者来讲在技术、商务和环境方面都比较新的项目,需要通过专家调查方法获得具有经验性和专业知识的主观评价。

(2)完成不确定性模型。以已经得到的有关风险的信息为基础,对风险发生的可能性和可能的结果给以明确的定量化。通常用概率来表示风险发生的可能性,可能的结果体现在项目现金流量表上,用货币表示。

(3)对风险影响进行评价。在不同风险事件的不确定性已经模型化后，紧接着就要评价这些风险的全面影响。通过评价把不确定性与可能结果结合起来。

7.4.2.2 风险分析的内容

由于每一个风险都有自身的规律和特点、影响范围和影响量，通过分析可以将它们的影响统一成成本目标的形式，按货币单位来度量。具体可作如下分析和评价：

(1)风险存在和发生的时间分析。即风险可能在项目的哪个阶段、哪个环节上发生。有许多风险有明显的阶段性，有的风险是直接与具体的工程活动相联系的。这个分析对风险的预警有很大的作用。

(2)风险的影响和损失分析。风险的影响是个非常复杂的问题，有的风险影响面较小，有的风险影响面很大，可能引起整个工程的中断或报废。风险之间常常是有联系的，例如：经济形势的恶化不但会造成物价上涨，而且可能会引起业主支付能力的变化；通货膨胀引起了物价上涨，则不仅会影响后期的采购、工人工资及各种费用支出，而且会影响整个后期的工程费用。由于设计图纸提供不及时，不仅会造成工期拖延，而且会造成费用提高(如人工和设备闲置、管理费开支)，还可能在按原计划可以避开的冬、雨季施工，造成更大的拖延和费用增加。

有的风险是相克的，其作用可以相互抵消。例如反常的气候条件、设计图纸拖延、承包人设备拖延等在同一段时间段发生，则它们之间对总工期的影响可能是有重叠的。

(3)风险发生的可能性分析。风险发生的可能性分析，是研究风险自身的规律性，通常可用概率表示。

(4)风险级别。风险因素非常多，涉及各个方面，但人们并不是对所有的风险都予以十分重视。否则将大大增加管理费用，而且谨小慎微，反过来会干扰正常的决策过程。在二维坐标表示的风险预测图中，根据一个具体的风险所处点的位置可定出该风险的级别，如A、B、C分类法。

1)A类。损失期望值很大的风险，通常发生的可能性很大，而且一旦发生损失也很大。

2)B类。损失期望值一般的风险，通常发生的可能性不大，损失也不大的风险，或可能性很大但损失极小，或损失比较大但可能性极小的风险。

3)C类。损失期望值极小的风险，即发生的可能性极小，即使发生损失也很小的风险。

在具体的风险管理中A类是重点，B类要顾及到，C类可以不考虑。

(5)风险的起因和可控性分析。对风险起因的研究是为风险预测、对策研究、责任分析服务的。风险的可控性是指人对风险影响的可能性，如有的风险是人力(业主、项目管理者或承包商)可以控制的，而有的却不可控制。例如承包商对招标文件的理解风险、实施方案的安全性和效率风险、报价的正确性风险等属于可控制的风险；而物价风险、反常的气候风险等属于不可控制的风险。

7.4.2.3 风险分析的方法

风险分析比较常用的方法是专家经验法(德尔菲法)。专家经验法不仅用于风险因素的罗列，而且用于对风险影响和发生可能性的分析，一般不要采用提问表的形式，而采用专家会议的方法。

(1)组建有代表性的专家小组，一般以4~8人最好，专家应具有实践经验和代表性。

(2 通过专家会议，对风险进行界定、量化。召集人应让专家尽可能多地了解项目目标、项目结构、环境及工程状况，详细地调查并提供信息，有可能时请专家进行实地考察。并对项目的实施、措施的构想做出说明，使大家对项目有一个共识，否则容易增加评价的离散程度。

(3)召集人有目标地与专家合作，一起定义风险因素和结构，以及可能的成本范围，作为讨论的基础和引导。专家对风险进行讨论，按以下次序逐渐深入：

1)引导讨论各个风险的原因。

2)风险对实施过程的影响。

3)风险对具体工程的影响范围，如技术、工期、费用等。

4)将影响统一到对成本的影响上，估计影响量。

(4)风险评价。各个专家对风险的程度(影响量)和出现的可能性，给出评价意见。在这个过程中，如果有不同的意见，可以提出讨论，但不能提出批评。为了获得真正的专家意见，可以采用匿名的形式发表意见，也可以采用争吵技术进行分析。

(5)统计整理专家意见，得到评价结果。专家咨询得到的风险期望的各单个值(风险期望值为风险损失值与风险发生可能性的乘积)，按统计方法进行信息处理。总风险期望值为各单个风险期望值之和，而各个风险期望值与各个风险影响值和出现的可能性有关。它们可分别由专家意见结合相加得到。

7.4.2.4　其他分析方法

人们对风险分析、评价方法做了许多研究，有许多常用的切实可行的分析评价方法，如：

(1)列举法。

(2)对历史资料进行统计分析的方法。

(3)模拟方法即蒙特卡罗法。

(4)决策树分析法。

(5)敏感性分析。

(6)因果关系分析。

(7)头脑风暴法。

(8)价值分析法。

(9)变量分析法。

风险分析结果必须用文字、图表进行表达说明，作为风险管理的文档，即以文字、表格的形式作出风险分析报告。这个结果表达不仅作为风险分析的成果，而且应作为人们风险管理的基本依据。

7.4.3　工程项目风险应对

风险应对就是根据风险评估以及风险分析的结果，采取相应的措施，也就是制定并实施风险处置计划。设法降低不利事件发生的概率，甚至彻底消除风险发生的可能性或者采取预案设法降低风险发生后所造成的损失。如果既不能有效降低风险发生概率，又无法降低风险损失，更无法直接承担该风险时，只有采取回避的策略即不承担风险。

常用的风险应对措施主要有四种：

(1) 风险回避。风险回避就是在考虑到某项目的风险及其所致损失都很大时，主动放弃或终止该项目以避免与该项目相联系的风险及其所致损失的一种处置风险的方式。它是一种最彻底的风险处置技术,在风险事件发生之前将风险因素完全消除,从而完全消除了这些风险可能造成的各种损失。同时,风险回避是一种消极的风险处置方法,因为再大的风险也都只是一种可能,即可能发生,也可能不发生。采取回避,当然是能彻底消除风险,但同时也失去了实施项目可能带来的收益。

(2) 风险控制。对损失小、概率大的风险,可采取控制措施来降低风险发生的概率,当风险事件已经发生则尽可能降低风险事件的损失,也就是风险降低。所以,风险控制就是为了最大限度地降低风险事故发生的概率和减小损失幅度而采取的风险处置技术。为了控制工程项目的风险,首先要对实施项目的人员进行风险教育以增强其风险意识,同时采取相应的技术措施。风险控制是一种最积极、最有效的处置方式,它不仅能有效地减少项目由于风险事故所造成的损失,而且能使全社会的物质财富少受损失。

(3) 风险转移。风险转移是指借用合同或协议,在风险事件发生时将损失的一部分或全部转移到有相互经济利益关系的另一方。风险转移主要有两种方式,即保险风险转移和非保险风险转移。保险是最重要的风险转嫁方式,是指通过购买保险的办法将风险转移给保险公司或保险机构。非保险风险转移是指通过保险以外的其他手段将风险转移出去,如担保合同、租赁合同、委托合同、分包合同等。对损失大、概率小的风险,可通过保险或合同条款将责任转移。

(4) 风险保留。对损失小、概率小的风险留给自己承担。这种方法通常在下列情况下采用:

1)处理风险的成本大于承担风险所付出的代价。

2)预计某一风险造成的最大损失项目可以安全承担。

3)当风险降低、风险控制、风险转移等风险控制方法均不可行时。

4)没有识别出风险,错过了采取积极措施处置的时机。

参 考 文 献

[1] 李慧民. 建筑工程经济与项目管理[M]. 北京:冶金工业出版社,2002.
[2] 李慧民. 建筑工程技术与计量[M]. 北京:中国计划出版社,2002.
[3] 李慧民. 土木工程项目管理[M]. 北京:科学出版社,2009.
[4] 李慧民. 冶金建设工程技术[M]. 北京:冶金工业出版社,2005.
[5] 张训鹏. 冶金工程概论[M]. 长沙:中南大学出版社,1998.
[6] 中国工程建设标准化协会工业炉砌专业委员会. 筑炉工程手册[M]. 北京:冶金工业出版社,2007.
[7] 王英俊. 上海建设科技第二期上钢一厂 1780mm 热轧工程超深旋流池施工技术[R].
[8] http://www.zidonghua.com.cn/hygc/yj/xk.html. 自动化网 - 冶金自动化频道.
[9] 李书全,何亚伯. 土木工程施工[M]. 上海:同济大学出版社,2004.
[10] 林知炎,曹吉明. 工程施工组织与管理[M]. 上海:同济大学出版社,2002.
[11] 应惠清. 土木工程施工[M]. 北京:高等教育出版社,2004.
[12] 工程网络计划技术规程(JTJ/T 121—1999). 北京:中国建筑工业出版社,1999.
[13] 王庆义. 冶金技术概论[M]. 北京:冶金工业出版社,2006.
[14] 张磊,等. COREX 炼铁工程熔融气化炉冷却设备安装技术[C]. 技术论文总结汇编——宝钢集团浦钢搬迁罗泾工程专集. 上海宝冶建设有限公司,2008.
[15] 陶福兵,张磊. COREX 炼铁工程熔融气化炉炉壳施工技术[C]. 技术论文总结汇编——宝钢集团浦钢搬迁罗泾工程专集. 上海宝冶建设有限公司,2008.
[16] 关丕东,等. 宝钢四号高炉工程高炉本体耐材施工技术[C]. 技术论文总结汇编——宝钢“十五”规划工程专集. 上海宝冶建设有限公司,2005.
[17] 杨毅,王楠. 宝钢四号高炉工程炉体框架施工技术[C]. 技术论文总结汇编——宝钢“十五”规划工程专集. 上海宝冶建设有限公司,2005.
[18] 邹怡菲. 送风支管的安装技术[C]. 技术论文总结汇编——宝钢“十五”规划工程专集. 上海宝冶建设有限公司,2005.
[19] 刘亚宁,刘宁. 工程管理概论[M]. 大连:大连理工大学出版社,2008.
[20] 田元福. 建设工程项目管理[M]. 北京:清华大学出版社;北京交通大学出版社,2005.
[21] 苟伯让. 建设工程项目管理[M]. 北京:机械工业出版社,2005.
[22] 梁世连,惠恩才. 工程项目管理学[M]. 大连:东北财经大学出版社,2004.
[23] 梁世连. 工程项目管理[M]. 北京:清华大学出版社;北京交通大学出版社,2006.
[24] 成虎. 工程项目管理[M]. 北京:高等教育出版社,2004.
[25] 成虎. 工程管理概论[M]. 北京:中国建筑工业出版社,2007.
[26] 全国一级建造师职业资格考试用书编写委员会. 建设工程项目管理[M]. 北京:中国建筑工业出版社,2007.
[27] 赛云秀. 现代矿山井巷施工技术[M]. 西安:陕西科学技术出版社,2000.
[28] 崔云龙. 简明建井工程手册(上、下册)[M]. 北京:煤炭工业出版社,2003.
[29] 何伯森. 工程项目管理的国际惯例[M]. 北京:中国建筑工业出版社,2007.
[30] 王士川,李慧民. 施工技术[M]. 北京:冶金工业出版社,2000.
[31] 龚晓南. 地基处理手册[M]. 3 版. 北京:中国建筑工业出版社,2008.
[32] 朱合华. 地下建筑结构[M]. 北京:中国建筑工业出版社,2005.
[33]《建筑施工手册》编写组. 建筑施工手册[M]. 4 版. 北京:中国建筑工业出版社,2003.

[34]《基础工程施工手册》编写组．基础工程施工手册[M]．北京:中国计划出版社,2002.

[35]《建设工程项目管理规范》编写委员会．建设工程项目管理规范实施手册[M].2版．北京:中国建筑工业出版社,2006.

[36] 王祖和,等．现代工程项目管理[M]．北京:电子工业出版社,2007.

[37] 国际咨询工程师联合会,中国工程咨询协会编译．风险管理手册[M]．北京:中国计划出版社,2001.

[38] 刘钧．风险管理概论[M]．北京:清华大学出版社,2008.

[39] 顾慰慈．工程项目职业健康安全与环境管理[M]．北京:中国建材工业出版社,2007.

[40] 郭波,等．项目风险管理[M]．北京:电子工业出版社,2008.

[41] 方东平,等．工程建设安全管理[M]．北京:中国水利水电出版社,2001.

[42] 张世廉,董勇,潘承仕．建筑安全管理[M]．北京:中国建筑工业出版社,2005.

[43] 王燕,周鹤松．COREX熔融还原炼铁工艺简介[J]．秦皇岛秦冶重工有限公司,2009.

冶金工业出版社部分图书推荐

书　名	作　者	定价(元)
建筑工程经济与项目管理	李慧民　主编	28.00
土木工程安全管理教程(本科教材)	李慧民　主编	33.00
现代建筑设备工程(第2版)(本科教材)	郑庆红　等编	59.00
土木工程材料(本科教材)	廖国胜　主编	40.00
混凝土及砌体结构(本科教材)	王社良　主编	41.00
岩土工程测试技术(本科教材)	沈　扬　主编	33.00
建设工程监理概论(本科教材)	杨会东　主编	估33.00
地基处理(本科教材)	武崇福　主编	29.00
工程地质学(本科教材)	张　荫　主编	32.00
工程造价管理(本科教材)	虞晓芬　主编	39.00
建筑施工技术(第2版)(国规教材)	王士川　主编	42.00
土力学地基基础(本科教材)	韩晓雷　主编	36.00
建筑安装工程造价(本科教材)	肖作义　主编	45.00
高层建筑结构设计(第2版)(本科教材)	谭文辉　主编	39.00
土木工程施工组织(本科教材)	蒋红妍　主编	26.00
施工企业会计(第2版)(国规教材)	朱宾梅　主编	46.00
工程荷载与可靠度设计原理(本科教材)	郝圣旺　主编	28.00
流体力学及输配管网(本科教材)	马庆元　主编	49.00
土木工程概论(第2版)(本科教材)	胡长明　主编	32.00
土力学与基础工程(本科教材)	冯志焱　主编	28.00
建筑装饰工程概预算(本科教材)	卢成江　主编	32.00
建筑施工实训指南(本科教材)	韩玉文　主编	28.00
支挡结构设计(本科教材)	汪班桥　主编	30.00
建筑概论(本科教材)	张　亮　主编	35.00
Soil Mechanics(土力学)(本科教材)	缪林昌　主编	25.00
SAP2000结构工程案例分析	陈昌宏　主编	25.00
理论力学(本科教材)	刘俊卿　主编	35.00
岩石力学(高职高专教材)	杨建中　主编	26.00
建筑设备(高职高专教材)	郑敏丽　主编	25.00
岩土材料的环境效应	陈四利　等编著	26.00
混凝土断裂与损伤	沈新普　等著	15.00
计算机辅助建筑设计	刘声远　编著	25.00
建筑施工企业安全评价操作实务	张　超　主编	56.00
现行冶金工程施工标准汇编(上册)		248.00
现行冶金工程施工标准汇编(下册)		248.00